河南省"十四五"普通高等教育规划教材

数字图像处理技术

基于 Python 的实现

梁义涛 李永锋 巩立新 张庆辉 傅洪亮◎编著

人民邮电出版社

北 京

图书在版编目（CIP）数据

数字图像处理技术：基于 Python 的实现 / 梁义涛等编著. -- 北京：人民邮电出版社，2024. -- ISBN 978 -7-115-64754-2

I. TN911.73

中国国家版本馆 CIP 数据核字第 2024N04F17 号

内 容 提 要

本书全面介绍数字图像处理的基本理论、基本算法，以及基于 Python 语言的实现，不仅关注理论与实践的结合，还关注基本理论和基本算法的研究发展及延伸。

本书共 8 章。第 1 章简要介绍数字图像的基本概念、基本的图像处理系统，以及数字图像处理技术的应用与发展等。第 2 章针对 Python 语言在图像处理算法开发中的应用，概述 Python 开发环境配置、Python 基本语法等。在前两章的基础上，第 3～8 章逐一介绍图像的像素运算与几何变换、图像的空间域处理、图像的频率域处理、图像复原、图像分割及形态学图像处理等理论内容和主要算法的 Python 代码实现。此外，在代码实现部分，本书还附加了相关 Python 图像处理函数的详细使用说明。同时，考虑初学者的接受程度，部分章节安排了综合应用案例或经典算法改进的相关内容，旨在帮助读者丰富认知、拓宽视野。

本书内容系统，重点突出，工程实现介绍详尽，可以作为高等学校工科电子信息相关专业的本科生和研究生的数字图像处理课程教材，也可以作为从事数字图像处理相关工作的开发人员的参考书。

- ◆ 编　　著　梁义涛　李永锋　巩立新　张庆辉　傅洪亮
  责任编辑　韩　松
  责任印制　陈　犇
- ◆ 人民邮电出版社出版发行　　北京市丰台区成寿寺路 11 号
  邮编　100164　　电子邮件　315@ptpress.com.cn
  网址　https://www.ptpress.com.cn
  三河市祥达印刷包装有限公司印刷
- ◆ 开本：787×1092　1/16
  印张：17　　　　　　　　　　2024 年 12 月第 1 版
  字数：330 千字　　　　　　　2024 年 12 月河北第 1 次印刷

定价：69.80 元

读者服务热线：(010)81055410　印装质量热线：(010)81055316
反盗版热线：(010)81055315
广告经营许可证：京东市监广登字 20170147 号

前言

FOREWORD

数字图像处理是20世纪60年代发展起来的一门新兴学科，也是集光学、数学、计算机科学、电子学、信息论、控制论、物理学、心理学和生理学等学科于一体的一门综合性学科。随着大规模集成电路技术和计算机科学技术的快速发展，数字图像处理的理论和方法获得了长足的进步。目前，数字图像处理已在人工智能、卫星遥感、医疗卫生、智能交通、生产生活、军事公安、教育办公等众多领域广泛应用，并产生了巨大的经济效益和社会效益，展现出了广阔的应用前景，成为信息科学领域的研究热点之一，对推动社会信息化、数字化发展，提高人们的生活水平都起到了重要的作用。

面对快速发展的数字图像处理技术，相关领域的学生或从业者有必要学习和掌握数字图像处理的基本理论、图像处理系统的开发和应用、图像处理算法的实现和优化等，并及时、准确地进行归纳、总结、更新和推广。基于此，编者主持编写了本书。与以往的数字图像处理著作相比较，本书力求突出以下特色。

（1）内容合理、新颖。本书系统讲述数字图像处理的基本理论和方法，尽可能反映数字图像处理新技术，使读者能了解和掌握数字图像处理学科的前沿知识。读者可以根据自身的具体情况灵活选学或自学较深入的内容。

（2）理论系统，具备可实践性。本书从工程的角度，注重算法原理的阐述和分析，并结合近年来电子信息领域新出现的工具语言——Python语言讲述算法实现，拓展新的应用场景。

（3）逻辑性强。本书内容由浅入深，按照原理—算法—改进—实现的流程进行分层次阐述和讲解，在篇幅和阐述上突出重点内容，侧重数字图像处理的思想方法和算法实现。

（4）代码丰富。本书从理论算法到代码实现给出相对完整的介绍，代码实现侧重于应用开发，通过对实例的分析和实现，帮助读者深刻理解数字图像处理的基本理论和方法，突出其实用性。

（5）以Python为编程工具。本书详细介绍将Python用于数字图像处理的相关知识，提供书中所涉及的数字图像处理算法的完整的程序代码和编译后的运行结果，对读者学习和掌握数字图像处理的程序实现，以及用Python开发实用数字图像处理系统均有一定的参考价值。

（6）案例分析注重理论与实践的结合。本书给出了工程领域的热门应用综合案例的分析与实现。

本书内容安排如下。

第1章简要介绍数字图像的基本概念、基本的图像处理系统、数字图像处理技术的应用与发展、数字图像及其表示、图像文件格式等。

第2章介绍Python开发环境配置、Python基本语法等。

第3章介绍如何用Python实现图像点运算、图像代数运算、图像逻辑运算、图像的缩放、图像的旋转、图像的平移、图像的裁剪、图像的转置、图像的镜像。

第4章针对空间域中的图像增强，介绍空间滤波的机理、基本概念，以及使用的基本技术。该章内容包括空间滤波基本概念、灰度增强、图像平滑、图像锐化及彩色图像增强。

第5章从频率域入手对图像处理及增强方法展开介绍，因为频率域滤波涉及的数学知识较多，所以该章采用由浅入深的方式，首先介绍傅里叶变换基础知识；然后介绍频率域滤波基础；最后介绍图像频率域滤波中出现的各种技术，其大体可分为低通滤波器和高通滤波器两大类。

第6章从图像降质的原因入手对图像复原和增强方法进行介绍。该章首先介绍图像降质原因与复原技术基础；然后重点介绍无约束的图像复原和有约束的图像复原。在无约束的图像复原中重点讲解逆滤波复原的原理、实现、病态性、改进；在有约束的图像复原中重点讲解维纳滤波复原。

第7章首先介绍图像分割的定义、分类；然后分别讲解基于阈值的图像分割方法、基于区域的图像分割方法、基于边缘的图像分割方法。在基于阈值的图像分割方法中重点讲解峰-谷阈值选取法、微分阈值选取法、迭代阈值选取法、最优阈值法、最大类间方差法；在基于区域的图像分割方法中重点讲解区域生长算法、区域分裂与合并，以及四叉树数据结构；在基于边缘的图像分割方法中重点讲解Roberts算子、Sobel算子、Prewitt算子、LoG算子、Canny算子及分水岭算法。

第8章首先从图像位置关系、结构元素和集合的基本运算入手介绍形态学及其运算过程；然后详细讲解腐蚀、膨胀、开启、闭合、击中、击不中等基本的形态学运算；最后介绍如何将数学形态学应用到图像处理领域中，主要介绍细化、厚化、形态滤波、平滑、边缘提取、区域填充等。

本书可作为高等院校电子信息工程、通信工程、信号与信息处理、电子科学与技术、信息工程、计算机科学与技术、软件工程、自动化、电气工程、生物医学工程、物联网工程和遥感科学与技术等相关专业的本科生和研究生的教材，也可作为工程技术人员或其他相关人员的参考书。

　　本书由梁义涛任主编、李永锋、巩立新任副主编，张庆辉、傅洪亮参与编写。其中，第1章和第2章由梁义涛编写；第3章由傅洪亮编写；第4章和第5章由李永锋编写，第6章由张庆辉编写；第7章和第8章由巩立新编写。

　　在本书的编写过程中，编者竭尽所能地将较好的讲解呈现给读者，但书中也难免有疏漏和不妥之处，敬请广大读者不吝指正。若读者在阅读本书时遇到困难或疑问，或有任何建议，可发送邮件至hansong@ptpress.com.cn。

编　者

2023年8月

目录
CONTENTS

第 1 章　绪论

1.1　数字图像的基本概念　　　　　　　　　　2

　　1.1.1　数字图像的概念　　　　　　　　2

　　1.1.2　图像的特点　　　　　　　　　　2

1.2　基本的图像处理系统　　　　　　　　　　3

　　1.2.1　图像处理硬件系统　　　　　　　4

　　1.2.2　图像处理软件系统　　　　　　　5

1.3　数字图像处理技术的应用与发展　　　　　5

　　1.3.1　数字图像处理研究内容　　　　　5

　　1.3.2　数字图像处理技术分层　　　　　7

　　1.3.3　数字图像处理技术的发展　　　　8

　　1.3.4　数字图像处理技术的应用　　　　9

1.4　数字图像离散化及分类　　　　　　　　12

　　1.4.1　数字图像离散化　　　　　　　12

　　1.4.2　数字图像分类　　　　　　　　15

1.5　图像文件格式　　　　　　　　　　　　16

1.6　图像质量的评价方法　　　　　　　　　20

　　1.6.1　图像质量评价方法概述　　　　20

　　1.6.2　主观质量评价方法　　　　　　21

　　1.6.3　客观质量评价方法　　　　　　21

第2章 Python图像处理编程基础

2.1	引言		28
2.2	Python开发环境配置		29
	2.2.1	Anaconda安装和使用	29
	2.2.2	PyCharm安装和使用	30
	2.2.3	Python图像处理库安装	33
2.3	Python基础		35
	2.3.1	基础语法	35
	2.3.2	数据类型	37
	2.3.3	运算符	48
	2.3.4	程序流程控制	51
	2.3.5	函数	54

第3章 图像的像素运算与几何变换

3.1	引言		59
3.2	图像点运算		59
	3.2.1	图像点运算算法	59
	3.2.2	图像点运算实现	60
3.3	图像代数运算		62
	3.3.1	图像代数运算算法	62

　　3.3.2　图像代数运算实现　　65

3.4　图像逻辑运算　　68

　　3.4.1　图像逻辑运算算法　　68

　　3.4.2　图像逻辑运算实现　　69

3.5　图像的缩放　　70

　　3.5.1　图像缩放变换算法　　70

　　3.5.2　图像缩放实现　　73

3.6　图像的旋转　　74

　　3.6.1　图像旋转变换算法　　74

　　3.6.2　图像旋转实现　　76

3.7　图像的平移　　77

　　3.7.1　图像平移变换算法　　77

　　3.7.2　图像平移实现　　78

3.8　图像的裁剪　　79

　　3.8.1　图像裁剪算法　　79

　　3.8.2　图像裁剪实现　　79

3.9　图像的转置　　80

　　3.9.1　图像转置算法　　80

　　3.9.2　图像转置实现　　80

3.10　图像的镜像变换　　81

　　3.10.1　图像镜像变换算法　　81

　　3.10.2　图像镜像变换实现　　82

第 **4** 章　**图像的空间域处理**

4.1　引言　　85

4.2　灰度增强　　　　　　　　　　　　　85

4.2.1　直方图修正法　　　　　　　　　86

4.2.2　灰度的线性变换　　　　　　　　92

4.2.3　灰度的分段线性变换　　　　　　94

4.2.4　灰度的非线性变换　　　　　　　94

4.3　图像平滑　　　　　　　　　　　　　97

4.3.1　图像噪声　　　　　　　　　　　98

4.3.2　邻域平均法　　　　　　　　　100

4.3.3　多幅图像平均法　　　　　　　103

4.3.4　中值滤波法　　　　　　　　　105

4.3.5　模板操作　　　　　　　　　　108

4.4　图像锐化　　　　　　　　　　　　　110

4.4.1　一阶微分法　　　　　　　　　110

4.4.2　梯度算子　　　　　　　　　　111

4.4.3　拉普拉斯算子　　　　　　　　112

4.5　图像的伪彩色处理　　　　　　　　　114

4.5.1　色彩模型　　　　　　　　　　114

4.5.2　密度分割法　　　　　　　　　118

4.5.3　灰度变换法　　　　　　　　　119

4.5.4　频率域滤波法　　　　　　　　121

4.5.5　彩色图像灰度化　　　　　　　121

知识拓展（一）　CLAHE算法及其Python实现　　123

知识拓展（二）　自适应中值滤波及其Python实现　　126

第5章　图像的频率域处理

5.1　引言　　　　　　　　　　　　　132

5.2 傅里叶变换基础知识   132

　5.2.1　连续傅里叶变换   132

　5.2.2　离散傅里叶变换   133

　5.2.3　幅度谱、相位谱、功率谱   135

　5.2.4　二维离散傅里叶变换的性质   136

　5.2.5　离散图像傅里叶变换的实现   137

5.3 频率域滤波基础   138

　5.3.1　频率域滤波和空间域滤波的关系   138

　5.3.2　数字图像的频谱图   138

　5.3.3　频率域滤波的基本步骤   139

5.4 频率域低通滤波器   140

　5.4.1　理想低通滤波器及其Python实现   140

　5.4.2　高斯低通滤波器及其Python实现   143

　5.4.3　巴特沃思低通滤波器及其Python实现   145

　5.4.4　指数低通滤波器及其Python实现   147

5.5 频率域高通滤波器   147

　5.5.1　常用的高通滤波器   148

　5.5.2　同态滤波   152

　知识拓展（一）　Retinex理论及其Python实现   155

　知识拓展（二）　双边滤波器及其Python实现   164

第6章　图像复原

6.1 引言   168

6.2 图像退化原因与复原技术基础   169

　6.2.1　图像降质的数学模型   169

　6.2.2　离散图像退化的数学模型   171

6.3　逆滤波复原　　　　　　　　　　　　173

　　6.3.1　逆滤波复原原理　　　　　　　173

　　6.3.2　病态性及其改进　　　　　　　175

6.4　维纳滤波复原　　　　　　　　　　　　176

　　6.4.1　有约束的复原方法　　　　　　176

　　6.4.2　维纳滤波　　　　　　　　　　177

第 **7** 章　**图像分割**

7.1　引言　　　　　　　　　　　　　　　182

　　7.1.1　图像分割的定义　　　　　　　182

　　7.1.2　图像分割的分类　　　　　　　183

7.2　基于阈值的图像分割方法　　　　　　184

　　7.2.1　阈值分割概述　　　　　　　　184

　　7.2.2　峰-谷阈值选取法　　　　　　185

　　7.2.3　微分阈值选取法　　　　　　　186

　　7.2.4　迭代阈值选取法　　　　　　　187

　　7.2.5　最优阈值法　　　　　　　　　189

　　7.2.6　最大类间方差法　　　　　　　190

7.3　基于区域的图像分割方法　　　　　　194

　　7.3.1　区域生长算法　　　　　　　　194

　　7.3.2　区域分裂与合并　　　　　　　197

　　7.3.3　四叉树数据结构　　　　　　　198

7.4　基于边缘的图像分割方法　　　　　　200

　　7.4.1　Roberts算子　　　　　　　　201

　　7.4.2　Sobel算子　　　　　　　　　203

7.4.3 Prewitt算子 205

7.4.4 LoG算子 206

7.4.5 Canny算子 207

7.4.6 分水岭算法 211

知识拓展（一） DoG算法及其Python实现 215

知识拓展（二） 基于边缘/区域的图像分割及其
Python实现 218

知识拓展（三） 图像分割的无监督学习及其
Python实现 223

第8章 形态学图像处理

8.1 引言 228

8.1.1 数学形态学简介 228

8.1.2 图像位置关系 229

8.1.3 结构元素 229

8.1.4 形态学运算过程 230

8.2 集合论基础知识 231

8.2.1 元素和集合 231

8.2.2 集合的基本运算 231

8.3 基本形态学运算 232

8.3.1 腐蚀 233

8.3.2 膨胀 236

8.3.3 开运算和闭运算 239

8.3.4 击中/击不中 243

8.4 数学形态学应用 246

8.4.1　细化　　　　　　　　　　　　　　246

8.4.2　厚化　　　　　　　　　　　　　　247

8.4.3　形态滤波　　　　　　　　　　　　248

8.4.4　平滑　　　　　　　　　　　　　　248

8.4.5　边缘提取　　　　　　　　　　　　249

8.4.6　区域填充　　　　　　　　　　　　251

知识拓展　高级形态学处理及其Python实现　　252

第1章

绪论

人们常说："眼见为实。"经过统计证实，人们获取的信息约有80%来自图像。图像信息的直观性是文字信息和语音信息所无法比拟的。因此，图像对于人类而言，是一种重要的信息来源，是人们从自然界获得有效信息的主要途径。数字图像是基于计算机、电子技术等信息技术对自然界进行量化采样而获取的，或者通过计算机技术自动生成的可供人通过视觉感受的二维数据信息，也是计算机视觉和人工智能的数据基础。为了满足实际需求，人们会对数字图像进一步加工和处理，从而形成了数字图像处理技术。

作为本书的开端，本章主要涉及数字图像及其处理的一些基本概念和知识，其中包括数字图像的基本概念、基本的图像处理系统、数字图像处理技术的应用与发展、数字图像及其表示、图像文件格式、图像质量的评价方法等。这些基本概念和知识将为后续章节的学习与实践提供必要的支持和指导。

1.1 数字图像的基本概念

1.1.1 数字图像的概念

图像本身是客观景物的主观反映，即在人脑中的反映，它是人类认识外界和自身的重要数据信息来源。因此，图像既有客观属性，也有主观属性。

数字图像可以用数学方式描述与之对应的场景。一幅三维动态图像可以定义为

$$I = f(x, y, z, t) \tag{1-1}$$

式(1-1)中，x、y、z是三维空间变量，t是时间变量。在实际中，有很多种图像获取方式，目前最常见的是电磁波成像。电磁波成像的频段范围很广，可从可见光扩展到其他频段，在低频段有红外线、微波等；在高频段有紫外线、X射线、γ射线等。例如，红外成像是利用物体自然发射的红外辐射或运用不同物体对红外辐射的不同反射率进行成像的。此时图像可以用式(1-2)表示：

$$I = f(x, y, z, \lambda, t) \tag{1-2}$$

式(1-2)中，λ是波长。λ不同则物体的反射、发射或吸收特性不同，所得到的图像也不同。图像记录的是物体辐射能量的空间分布，一般使用灰度图像记录，辐射度对应灰度值。当对可见光成像时，灰度值对应客观景物被观察到的亮度。

在一般情况下，由于I表示的是与景物相关的某种形式的能量信号，因此它是正的、有界的，即

$$0 \leqslant I \leqslant I_{\max} \tag{1-3}$$

其中，$I_{\max}$表示I的最大值，$I = 0$表示黑色。

对于彩色图像，根据"三基色原理"可知，I可以表示为3个基色分量之和，即

$$I = I_{\mathrm{R}} + I_{\mathrm{G}} + I_{\mathrm{B}}$$

$$\begin{cases} I_{\mathrm{R}} = f_{\mathrm{R}}(x, y, z, \lambda_{\mathrm{R}}, t) \\ I_{\mathrm{G}} = f_{\mathrm{G}}(x, y, z, \lambda_{\mathrm{G}}, t) \\ I_{\mathrm{B}} = f_{\mathrm{B}}(x, y, z, \lambda_{\mathrm{B}}, t) \end{cases} \tag{1-4}$$

其中，λ_{R}、λ_{G}、λ_{B}分别是三基色的波长。

1.1.2 图像的特点

在日常生活中，我们经常接触到的信息主要分为3种类型：语音信息、文本信息和图像信

息。相较于语音信息和文本信息，图像信息有其独特之处。首先，图像信息是直观的，它直接反映了人们用肉眼所看到的实际场景，即"眼见即所得"，无须进行特别的训练或学习，人们便能理解图像的含义。然而，每个人对图像的解读可能会有所不同，因此图像的含义并不能绝对确定，具有一定的不确切性。其次，人眼接收图像信息的方式是一种"并行"的方式，即人的目光所及之处，所有景象都会被同时收入眼底，而不是逐行、逐点地接收。这种接收方式使得图像信息具有一些特性。

图像信息具有如下特性。

（1）直观形象。图像能够真实地呈现客观事物的原形，为具有不同目的、不同能力和不同水平的人提供观察、理解和认知的直接途径。它能够让人们直观地感知事物的形象和特征，具有很强的视觉冲击力和表现力。

（2）容易理解。人类的视觉系统具有瞬间获取、分析和识别图像的能力，只要将一幅图像呈现在人的眼前，人的视觉系统就会立即获取这幅图像所描述的内容，进而指导后续的行为；相比之下，对于文字信息和语音信息则需要更多的注意力和理解力才能获取和理解。

（3）信息量大。图像信息量大有两层含义。首先，就图像本身所携带的信息而言，图像信息比文字信息和语音信息更丰富，能够提供更多的视觉细节和场景信息。其次，对于图像设备或系统而言，图像数据量大，需要占据较大的存储空间和花费较长的传输时间。

（4）表意存在不确切性。图像尤其是自然场景图像的表意往往存在一定的不确切性，这使得不同的观察者对同一幅图像会有不同的理解和感受。这种不确切性可能受到观察者主观因素（如文化背景、经验阅历等）的影响。因此，对于图像信息的解读需要考虑这种主观性和不确切性。

1.2　基本的图像处理系统

数字图像处理技术的飞速发展和广泛应用，推动了数字图像处理系统硬件的研发进程。不同行业的应用环境不同，对数字图像处理系统的性能要求也会有所不同。尽管对各种图像处理系统的具体要求各异，但常见的数字图像处理系统的基本架构却是大体一致的。下面我们将分别从数字图像处理的硬件系统和软件系统两个核心方面进行详细介绍。

1.2.1 图像处理硬件系统

一个经典的数字图像处理硬件系统架构如图1-1所示,主要包括图像输入设备、算法系统、输出与存储设备等。

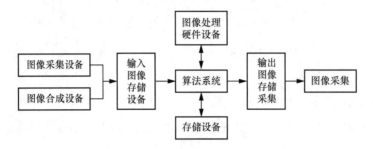

图1-1 图像处理硬件系统架构

1. 图像输入设备

图像输入设备包括图像采集设备与图像合成设备,以及输入图像存储设备等。随着相关技术的发展,图像输入设备的性能越来越高,但价格却越来越低。常用的图像输入设备主要包括图像采集卡、工业摄像机、光电扫描仪、数字相机、遥感仪等设备。

2. 算法系统

算法系统一般由台式计算机、笔记本计算机、服务器以及其他各种高性能主机系统组成,包括硬件和软件两大部分。

3. 输出与存储设备

输出与存储设备主要有如下3种类型。

(1)显示设备。早期的图像处理系统中最常用的输出设备是由光栅扫描阴极射线管(Cathode Ray Tube,CRT)构成的CRT监视器。然而,随着技术的进步,液晶显示器(Liquid Crystal Display,LCD)和有机发光二极管(Organic Light Emitting Diode,OLED)显示器等先进显示设备逐渐成为主流。这些设备具有高清晰度、高分辨率和高对比度等特点,能够提供出色的图像质量和视觉效果。

(2)打印设备。显示设备通常用于图像的暂时显示,而打印设备则可以将图像永久地记录在纸质媒介上。目前,常用的图像打印设备主要包括彩色喷墨打印机和激光彩色打印机等。这些打印设备具有高打印质量、高速度和低成本等优点,能够满足不同场景和用途的打印需求。

（3）其他设备。根据应用场景和目的的不同，数字图像可以通过一些专门的记录设备存储到移动存储设备（如U盘、存储卡、移动硬盘等）或大容量硬盘等存储器以及云端数据中心等专用数据存储系统中。这些设备和系统能够提供大容量、高速度和安全可靠的存储解决方案，以满足不同用户的需求。

1.2.2　图像处理软件系统

数字图像处理系统不仅需要具有硬件设备，而且需要一定的软件环境支持。从现阶段的情况看，图像处理软件系统一般在Windows下开发，可使用的图像软件工具多种多样，主要包括Python、MATLAB、OpenCV等。

1.3　数字图像处理技术的应用与发展

直至今日，图像处理技术已经融入人们工作和生活的方方面面，成了人们的"朋友"。当前，数字图像处理的研究领域快速拓展，新技术日新月异，应用场景越来越广。

1.3.1　数字图像处理研究内容

数字图像处理研究的内容包括图像获取、图像变换、图像增强、图像复原、图像分割、彩色图像处理、形态学图像处理、图像编码和图像识别等。

1. 图像获取

图像获取是指通过包括光电传感器件［CCD（Charge Coupled Device，电荷耦合器件）、CMOS（Complementary Metal Oxide Semiconductor，互补金属氧化物半导体）器件等］的成像设备，将物体表面的反射光或折射光转换成电信号，成像过程有时需要经过模数转换（CCD系统）来实现数字图像的获取。

2. 图像变换

图像变换是指对图像进行某种正交变换，将空间域的图像转换到频率域，并进行相应的处理和分析。经变换后，图像信息的表现形式发生了变化，某些特征会凸显出来，方便进行后续操作，比如低通滤波、高通滤波、编码、压缩等。图像变换常用的正交变换有离散傅里叶变换、离散余弦变换、沃尔什变换、阿达马变换等。

3. 图像增强

图像增强的作用是将一幅图像中的有用信息（即我们感兴趣的信息）进行增强，同时压制无用信息（即干扰信息或噪声），提高图像的可观察性和使用效率。图像增强的主要方法有灰度变换、直方图增强、图像平滑、边缘检测等。

4. 图像复原

图像复原是图像降质的逆过程，是基于我们的认知先验，先对图像降质的过程加以估计，然后建立降质过程的数学模型，进而补偿降质过程造成的失真的过程。图像复原的作用是尽可能地恢复自然场景图像的原有信息，使图像清晰化。

5. 图像分割

图像分割是指按照图像的灰度、颜色、空间纹理、几何形状等特征，把一幅图像分成一些互不相交的区域，以便进一步分析或处理图像的图像处理方式。图像分割是从图像处理过渡到图像分析的关键步骤，也是一种基本的计算机视觉技术。由于图像内容的复杂性较高，利用计算机实现图像自动分割是图像处理中很有挑战性的问题之一，没有一种分割方法适用于解决所有问题。经验表明，实际应用中需要结合众多图像分割方法，根据具体的领域知识确定图像分割方案。

6. 彩色图像处理

一般来说，彩色图像包含的信息量较大，人眼对于颜色信息也较为敏感，因而，尽管彩色图像处理和灰度图像处理有很多的共同之处，但是其也有个性化的需求。在灰度图像处理的基础上，针对图像的彩色特性进行处理就形成了独具特色的彩色图像处理，如颜色空间转换、饱和度提升、假/伪彩色处理等。

7. 形态学图像处理

数学形态学应用于图像处理领域形成了一种新的图像处理技术，它主要用于描述和处理图像中的形状和结构。在形态学图像处理中，用集合来描述图像目标及图像各部分之间的关系，说明目标的结构特点。其基本思想是利用一种特殊的结构元来测量或提取输入图像中相应的形状或特征，以便进一步进行图像分析和目标识别。在形态学图像处理中，特别设置了一种"结构元素"来度量和提取图像中的对应形状，以达到对图像进行分析和识别的目的。形态学图像处理可以用于提取特征、降噪声、改变图像的形态和特征等。

8. 图像编码

图像编码研究属于信息论中的信源编码范畴，其主要作用是利用图像信号的统计特性以及人类视觉的生理学及心理学特性对图像信号进行高效压缩，从而减少数据存储量、降低传输带宽、压缩信息量以便于图像分析与识别。图像编码的主要方法有去冗余编码、变换编码、神经网络编码和模型基编码等。

9. 图像识别

图像识别是数字图像处理的重要研究分支，其方法大致可分为统计识别、句法（结构）识别和模糊识别等。统计识别侧重于图像的统计特征，可以用贝叶斯分类器、卷积神经网络（Convolutional Neural Networks，CNN）、支持向量机（Support Vector Machine，SVM）来实现。句法识别聚焦于图像模式的结构，可以通过句法分析或对应的自动机来实现。而模糊识别则是将模糊数学理论引入图像识别领域，从而简化识别系统的结构，提高系统的实用性和可靠性，可更为广泛和深入地模拟人脑认识事物的模糊性。

1.3.2 数字图像处理技术分层

数字图像处理技术通常分为3个层次，分别是狭义图像处理、图像分析和图像理解，如图1-2所示。狭义图像处理是指对输入图像进行变换，以改善其视觉效果或增强某些特定信息，是从图像到图像的处理过程。例如，图像平滑、图像锐化、彩色图像处理、图像复原、图像和重建等处理技术都属于狭义图像处理。

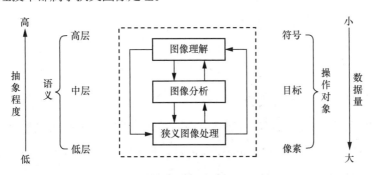

图1-2 数字图像处理技术的3个层次

图像分析是指通过对图像中感兴趣的目标进行检测和计算，获取目标的特征信息，从而建立对图像及相关目标的描述。这个过程旨在识别、分类和理解图像内容，是从图像到非图像（数据或符号）的处理过程。图像分割、图像描述和分析等处理技术都属于图像分析。

图像理解则是指在图像分析的基础上，依据从图像中提取出的数据，利用模式识别的方法和理论，进一步研究图像中各目标的性质及其相互关系。这个过程旨在达到理解图像内容的目的，从而指导和规划后续的系统行为。

这3个层次相互关联，构成了数字图像处理技术的完整框架。通过这样的层次划分，我们可以更好地理解和应用数字图像处理技术，提高对图像的处理能力和效率。

狭义图像处理、图像分析和图像理解相互联系又有一定的区别。狭义图像处理是低层操作，它主要进行的是图像像素级的处理，处理的数据量非常庞大。图像分析是中层操作，它经分割和特征提取，把原来以像素构成的图像转换成较简洁的、非图像的形式。图像分析和狭义图像处理两者有一定程度的交叉，但是又有所不同。狭义图像处理侧重于对图像数据的修正，使得修正后的图像能够更适合应用，其中包括对图像对比度的调节、图像编码、降噪等技术的研究。但是图像分析更侧重于研究图像的内容及其描述，包括但不局限于使用狭义图像处理的各种技术，它更倾向于对图像内容的分析和表达。图像理解是高层操作，它是对描述中抽象出来的符号进行推理，处理过程和方法与人类的思维有类似之处。

1.3.3　数字图像处理技术的发展

最早的数字图像处理可以追溯到20世纪20年代：一是人们借助于打印设备进行数字图像处理，即让电报打印机采用特殊字符在编码纸带上打出了图像；二是人们通过海底电缆从英国伦敦向美国纽约传输了一张照片，采用了数字压缩技术。这些表明当时就有了数字图像的概念。现代意义的数字图像处理技术建立在计算机技术快速发展的基础之上，始于20世纪60年代初期。第3代计算机的研制成功、快速傅里叶变换（Fast Fourier Transform，FFT）的出现等使得某些图像处理算法可以在计算机上实现。

在图像处理技术的研究和应用方面，经典的、开拓性的工作始自美国喷气推进实验室（Jet Propulsion Laboratory，JPL）。1964年，JPL使用计算机以及其他设备，考虑了太阳位置和月球环境的影响，采用几何校正、灰度变换、去噪、傅里叶变换以及二维线性滤波等方法对航天探测器"徘徊者7号"发回的月球表面照片进行处理，最终利用计算机成功绘制了月球表面地图。1965年，JPL又对"徘徊者8号"发回地球的几万张照片进行了复杂的处理。20世纪70年代以来，JPL及各国有关部门已把数字图像处理技术从空间技术推广到生物学、X射线图像增强、光学显微图像的分析、陆地卫星、多波段遥感图像的分析、粒子物理、地质勘探、人工智能、工业检测等应用领域。其中，X射线计算机断层成像（X-ray Computed Tomography，X-CT）技术的发明，使得CT（Computed Tomography，计算机断层成像）技术在临床诊断中广泛应用，继而使医学数字图像处理技术备受关注。这些成功的应用又促使图像处理这门技术得到了更加深入和广泛的发展。1979年，CT技术的先行者美国物理学家艾伦·M.科马克（Allan M. Cormack）和英国电子工程师戈弗雷·纽博尔德·豪恩斯费尔德（Godfrey Newbold Hounsfield），因分别独立研发出CT原型机而获得了诺贝尔生理学或医学奖。

从20世纪80年代到21世纪，越来越多的数学、物理、计算机科学等领域的研究人员关注到图像处理这一领域。各种与图像处理有关的新理论与新技术不断涌现，如小波分析、机器学习、形态学、模糊集合、计算机视觉、人工神经网络等，已经成为图像处理理论与技术的研究热点，并取得了丰硕的研究成果。与此同时，计算机运算速度的提高、硬件处理器能力的增强，使得人们由仅能够处理单幅图像，到开始能够处理多频段彩色图像、三维图像以及视频等。另外，卫星遥感、军事、气象等学科的发展也促进了数字图像处理技术的发展。数字图像处理技术一般都使用计算机对图像进行处理，因此也被称作计算机图像处理技术。

1.3.4　数字图像处理技术的应用

图像处理可分为模拟图像处理和数字图像处理。模拟图像处理主要有光学处理和电子处理两种方法，其特点是处理速度快（理论上可以达到光速），可实现实时处理和并行处理。光学处理建立在傅里叶光学基础上，对图像进行光学滤波、相关运算、频谱分析等，可以实现图像质量改善、图像识别、图像的几何畸变和光度校正、光信息的编码和存储、图像的伪彩色化、三维图像的显示、对非光学信号进行光学信号处理等。电子处理把光强度信号转换成电信号，用电子学的方法，对信号进行加减乘除运算，以及强度分割、反差放大、彩色合成、光谱对比等操作，在电视视频信号处理中常采用这种方法。

数字图像处理技术的迅速发展为人类带来了巨大的社会效益和经济效益，从应用遥感卫星的全球环境气候监测，到应用指纹识别技术的安全领域，数字图像处理技术已经融入科学研究的各个领域。可以预见，数字图像处理技术对自然科学，甚至人类社会的发展，必将具有深远的意义。

首先，数字图像处理技术可以帮助人们更加客观、准确地认识世界。人的视觉系统可以帮助人类从外界获得3/4以上的信息，而图像、图形是所有视觉信息的载体。尽管人眼的分辨率很高，可以识别上千种颜色，但在许多情况下，图像对于人眼来说是模糊的，甚至是不可见的，通过图像增强技术，可以使模糊甚至不可见的图像（如一幅模糊褪色的图像）变得清晰明亮。

其次，数字图像处理技术可以拓宽人类获取信息的视野。人眼只能看到电磁波谱中的可见光部分（波长范围为0.38μm～0.78μm），其余的紫外波段、红外波段和微波波段等对于人眼来说都是不可见的。然而，通过数字图像处理技术却可以利用红外、微波等波段的信息进行数字成像，将不可见信息变为可见信息——图像。比如，美国国家航空航天局（National Aeronautics and Space Administration，NASA）和美国地质调查局（U.S. Geological Survey，USGS）联合发射的太空遥感卫星Landsat 7的多光谱图像在利用可见光波段的同时，也充分利用了近红外波段（0.78μm～3μm）和热红外波段（3μm～15μm）等的不可见波谱信息。近红外波段可用来探测植被的生长情况，热红外波段可用来监测地表大气层的热源污染情况。此外，相对模拟图像处理来说，数字图像处理有精度高、复现性好、通用性高、灵活性高的优点。数字图像处理技术已经渗透到人类社会的各个领域。下面列举数字图像处理技术的一些典型应用实例。

1. 在生物医学领域中的应用

图像处理技术在生物医学领域中的应用非常广泛，无论是临床诊断还是病理研究都大量采用了图像处理技术，如图1-3所示。以医用超声成像、X光照影成像、X光断影成像、核磁共振断层成像技术为基础的生物医学图像处理技术已经在疾病诊断中发挥着重要的作用。以生物医学图像处理技术为基础的医疗"微观手术"是指使用微型外科手术器械进行血管内、脏器内的

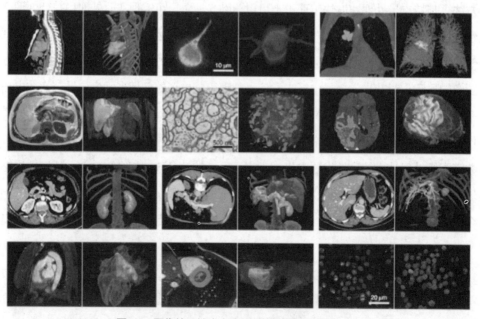

图1-3　图像处理技术在生物医学领域中的应用

微观手术。其中特制的图像内窥镜、体外X光监视和测量技术及仪器设备保证了手术的安全性和准确性。图像处理技术在生物医学领域的主要应用包括：显微图像处理，DNA 显示分析，红/白细胞分析计数，虫卵及组织切片的分析，癌细胞识别，染色体分析，心血管数字减影及其他减影技术，内脏大小、形状及异常检测，微循环的分析判断，心脏活动的动态分析，X光照片增强、冻结及伪彩色增强，生物进化的图像分析，等等。

2. 在遥感航天领域中的应用

航空遥感和卫星遥感图像需要用数字图像处理技术进行加工和处理，并从中提取有用的信息。以多光谱图像综合处理和像素模式分类为基础的遥感图像处理是对地球的整体环境进行监测的强有力手段。空间探测和卫星图像侦察技术也已经成为军事领域的常规技术。图像处理技术在遥感航天领域的主要应用包括：军事侦察、定位、导航、指挥等，多光谱卫星图像分析用于地形、地图、国土普查，地质、矿藏勘探，森林资源探查、分类、防火，水利资源探查、洪水泛滥监测，海洋、渔业方面如温度、鱼群的监测、预报，农业方面如谷物估产、病虫害调查，自然灾害、环境污染的监测，气象、天气预报图的合成分析预报，天文研究中太空天体的探测及分析，空中交通管理、铁路选线，等等。

3. 在工业中的应用

在工业生产线上对产品及部件进行无损检测是图像处理技术的重要应用。图像处理技术在工业中的主要应用（见图1-4）包括：零件、产品无损检测，焊缝及内部缺陷检查，流水线零件自动检测识别（供装配流水线用）；生产过程的自动控制；CAD（Computer Aided Design，计算辅助设计）和 CAM（Computer Aided Manufacturing，计算机辅助制造）技术用于模具、零件制造、服装、印染业；邮件自动分拣、包分拣识别；印制电路板质量、缺陷的检出；生产过程的监控，交通管制、机场监控；纺织物花型、图案设计；金相分析；光弹性场分析；标识、符号识别（如超级市场算账、火车车皮识别）；支票、签名、文件识别及辨伪；运动车、船的视觉反馈控制；密封元器件内部质量检查；等等。

图1-4 图像处理技术在工业中的应用

4. 在军事和公安领域中的应用

图像处理技术在军事和公安领域的主要应用有：巡航导弹地形识别；指纹自动识别；罪犯脸型的合成；侧视雷达的地形侦察；遥控飞行器（Remotely Piloted Vehicle，RPV）的引导，目标的识别与制导；警戒系统及自动火炮控制；反伪装侦查，手迹、人像、印章的鉴定识别；过期档案文字的复原；集装箱的不开箱检查；等等。

5. 其他应用

图像处理技术的其他应用包括：图像的远距离通信；多媒体计算机系统及应用，电视电话；服装试穿显示，理发发型预测显示；电视会议；办公自动化、现场视频管理；等等。

当前，数字图像处理技术需进一步深入研究的挑战性问题主要涉及以下几个方面：

（1）在提高精度的同时，着重解决处理速度的问题；

（2）加强软件研究，开发新的处理方法，借鉴其他学科的研究成果；

（3）加强边缘学科的研究工作，促进图像处理技术的发展；

（4）加强理论研究，逐步形成图像处理科学自身的理论体系；

（5）将图像处理领域标准化。

另外，深度学习（Deep Learning）的引入成为数字图像处理技术最新的发展趋势。2012年，欣顿（Hinton）课题组为了证明深度学习的潜力，首次参加ImageNet大规模视觉识别挑战赛，并通过构建的卷积神经网络AlexNet一举夺得冠军，且该网络在分类性能上碾压第二名（采用SVM方法）。也正是由于该比赛，卷积神经网络受到了众多研究者的关注。2012年深度学习技术在物体分类领域取得的突破性进展，极大地推动了计算机视觉从理论走向应用。当前，随着深度学习在各个领域不断取得突破性的进展，许多计算机视觉公司纷纷成立，有力地推动科研与应用的深度结合。

1.4 　数字图像离散化及分类

1.4.1　数字图像离散化

图像是三维场景映射到二维平面上的影像。根据图像的存储方式和表现形式，可以将图像分为模拟图像和数字图像两大类。传统意义上的图像是连续的，如式(1-2)所示，表示的是物体辐射能量在空间上的连续分布，连续图像也称为模拟图像。为了便于利用计算机对图像进一步加工和处理，需要把模拟图像在空间位置、幅度上进行离散化，将其量化为对应的数字形式，经过离散化处理的图像称为数字图像。

图像的离散化过程包括两种处理：采样和量化。一幅模拟图像的坐标及幅度都是连续的，为了将它量化为对应的数字形式，必须对它的坐标和幅度都进行离散化操作。数字化坐标值称为采样，它确定了图像的空间分辨率；数字化幅度值称为量化，它确定了图像的幅度分辨率（也称灰度分辨率）。以空间的均匀采样为例，模拟图像的数字化过程示意如图1-5所示。

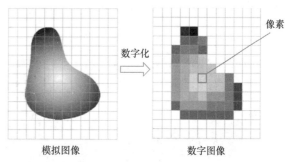

图1-5 模拟图像的数字化过程示意

一般来说，采样间隔越大，所得图像像素数越少，图像空间分辨率（大小，Size）越低，质量越差，严重时会出现像素呈块状的棋盘效应（马赛克，Mosaic）；采样间隔越小，所得图像像素数越多，图像空间分辨率越高，质量越好，但数据量越大。不同空间分辨率的数字图像效果如图1-6所示。图1-6（a）被命名为原图（256×256），256×256表示图像的空间分辨率，即横向有256像素，纵向也有256像素；其他图像以类似方式命名。

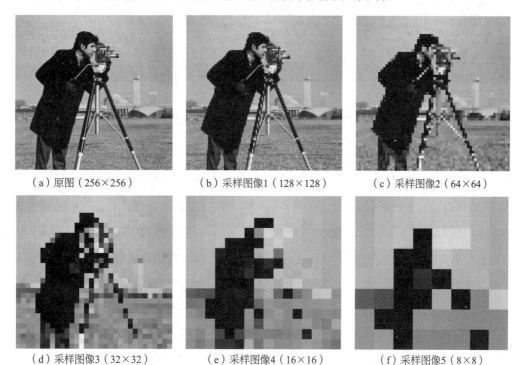

（a）原图（256×256）　　（b）采样图像1（128×128）　　（c）采样图像2（64×64）

（d）采样图像3（32×32）　　（e）采样图像4（16×16）　　（f）采样图像5（8×8）

图1-6 不同空间分辨率的数字图像效果

对于图像的灰度分辨率而言，量化等级越多，所得图像层次越丰富，灰度分辨率越高，质量越好，数据量越大；而量化等级越少，所得图像层次越欠丰富，灰度分辨率越低，质量越差，甚至可能出现假轮廓现象，数据量越小。不同灰度分辨率的数字图像效果如图1-7所示。图1-7（a）被命名为原图（256色），256色表示图像的灰度分辨率为256，即图像由8位二进制值表示，最多可以包含256个灰度等级；其他图像以类似方式命名。

（a）原图（256色）　　　　　　　　（b）量化图像1（64色）　　　　　　　　（c）量化图像2（32色）

（d）量化图像3（16色）　　　　　　　（e）量化图像4（4色）　　　　　　　　（f）量化图像5（2色）

图1-7　不同灰度分辨率的数字图像效果

为后续说明方便起见，我们假设沿 x 轴方向的采样间隔为等间距 Δx，沿 y 轴方向的采样间隔为等间距 Δy，则均采样过程可被看作将图像平面划分为规则、均匀的网格，每个网格的位置由 (x,y) 表示，x 的取值范围为 $[0,M-1]$，M 为沿 x 方向的采样点数；y 的取值范围为 $[0,N-1]$，N 为沿 y 方向的采样点数。需要特别强调的是，对于一维信号的采样过程来说，为了准确恢复出实际信号，必须满足香农采样定理。同样，从采样图像中恢复出原始图像需要满足二维采样定理，即

$$\begin{cases} \Delta x \leqslant \dfrac{1}{2\omega_u} \\ \Delta y \leqslant \dfrac{1}{2\omega_v} \end{cases} \tag{1-5}$$

式(1-5)中，ω_u、ω_v 分别为 x、y 方向上的最高空间频率。

对于灰度图像，量化是对采样所得的离散样本点上的灰度值进行离散化，将原图像的连续灰度用 $L = 2^k$（k 为整数）个等间距的灰度级进行表示。连续图像被采样与量化后可以用一个 $M \times N$ 矩阵来表示，如式(1-6)所示。

$$f(x,y) = \begin{bmatrix} f(0,0) & f(0,1) & \cdots & f(0,N-1) \\ f(1,0) & f(1,1) & \cdots & f(1,N-1) \\ \vdots & \vdots & \vdots & \vdots \\ f(M-1,0) & f(M-1,1) & \cdots & f(M-1,N-1) \end{bmatrix} \tag{1-6}$$

$f(x,y)$ 称为数字图像，矩阵中的每一个元素称为像素（Pixel），有时也称为像元或图像元素。$f(x,y)$ 也可代表像素点 (x,y) 的灰度值，即亮度值。这里需要说明的是，当 $f(x,y)$ 代表 (x,y) 点的光强度时，由于光是能量的一种形式，故 $f(x,y)$ 必须大于0，且为有限值，即 $0 < f(x,y) < +\infty$。存储每一像素所需的二进制位数称为比特数或颜色深度。通常灰度图像的比特数为8。对于一幅数字图像，存储该数字图像需要的比特数为 $b = M \times N \times k$。

1.4.2 数字图像分类

随着计算机图形学及相关技术的发展，人们可以应用一定的数学模型生成图像，如卡通图像、游戏中的场景等。为了表示区别，有时我们会将依据数学模型人为生成的图像称为图形（Graphics）；将从自然场景获取的图像称为图片（Picture）。

在数字图像处理中，图像一般分为以下4类。

1. 灰度图像

当一幅图像有 2^k 灰度级时，通常称该图像是 k 位图像。例如，当一幅图像有256（$=2^8$）个可能的灰度级时，称该图像是8位图像。灰度图像矩阵元素的取值范围通常为[0, 255]，因此其数据类型一般为8位无符号整型，这就是人们经常提到的256级灰度图像（见图1-8（a））。在该取值范围中，"0"表示黑色，"255"表示白色，中间的数字从小到大表示由黑到白的过渡色。

（a）灰度图像　　　　（b）二值图像

图1-8　图像分类

2. 二值图像

一幅二值图像的二维矩阵仅由0、1两个逻辑值构成，"0"代表黑色，"1"代表白色，如

图1-8（b）所示。由于二值图像中的每一像素的取值仅有0、1两种可能，所以计算机中二值图像的数据类型通常为一个二进制位。二值图像通常用于文字、线条图的扫描与识别，以及掩模图像的存储。二值图像可被看成灰度图像的一个特例。为了显示二值图像，逻辑值"0"对应于灰度值"0"，逻辑值"1"则对应于灰度值"255"。

3. 彩色图像

RGB色彩模式常用来表示彩色图像。它分别用红（R）、绿（G）、蓝（B）三基色来表示每一像素的颜色。图像中每一像素的颜色值直接存放在图像矩阵中，由于每一像素的颜色需由R、G、B这3个分量来表示，因此RGB色彩模式的图像矩阵与其他色彩模式的图像矩阵不同，是一个三维矩阵，可用$M \times N \times 3$表示，其中，M、N分别表示图像的行、列数；3个$M \times N$的二维矩阵分别表示各像素的R、G、B分量。RGB色彩模式的数据类型一般为8位无符号整型，通常用于表示和存放真彩色图像，当然也可以用于存放灰度图像。

综上所述，可以看出在图像的这3种基本类型中，随着图像所表示的颜色类型的增加，图像所需的存储空间也增加。二值图像仅能表示黑、白两种颜色，所需的存储空间最小；灰度图像所需存储空间与图像的灰度级有关，灰度级越高，所需的存储空间越大；RGB图像的存储空间是对应8位灰度图像所需存储空间的3倍。

4. 索引图像

索引图像是一种把像素值直接作为RGB调色板索引的图像，可把像素值"直接映射"为调色板数值。调色板是一个矩阵形式描述，它可以预先定义好每种颜色，且可供选用的一组颜色数最多为256种。调色板通常与索引图像存储在一起，装载图像时，调色板将和图像一同自动装载。

1.5 图像文件格式

数字图像文件在计算机中存储的格式多种多样，每一种格式的图像文件都包含头文件和数据文件。头文件的内容由制作图像的公司规定，包括文件类型、制作时间、文件大小、制作人及版本号等信息。图像文件制作时还涉及图像的压缩和存储效率等。常用的图像文件格式有以下几种。

1．BMP

BMP（Bitmap，位图）是Windows系统中的一种标准图像文件格式。BMP文件采用位映射存储格式，除了图像深度可选以外，不采用其他任何方式的压缩，因此BMP文件所占用的空间很大。BMP文件的图像深度可选1位、4位、8位及24位。在使用BMP格式存储数据时，图像按从左到右、从下向上的顺序扫描。BMP文件不受Web浏览器支持。BMP文件默认的文件扩展名是.BMP或.bmp。

BMP文件的结构可以分为3部分：文件头［由位图文件头（Bitmapfileheader）和位图信息头（Bitmapinfoheader）两部分组成］、调色板（Palette）和位图数据（ImageData）。BMP文件头的长度固定为54字节，其中，Bitmapfileheader结构占14字节，Bitmapinfoheader结构占40字节。详细的BMP文件的结构说明如表1-1所示。

表1-1　BMP文件的结构说明

文件部分	属性	说明
位图文件头（14字节）	bfType（2字节）	指定文件类型，必须是0x424D，即字符串"BM"
	bfSize（4字节）	指定文件大小
	bfReserved1（2字节）	保留字，通常设置为0
	bfReserved2（2字节）	保留字，通常设置为0
	bfOffBits（4字节）	从文件头到实际位图数据的偏移字节数
位图信息头（40字节）	biSize（4字节）	本部分的长度（字节数），通常为40
	biWidth（4字节）	图像的宽度，单位是像素
	biHeight（4字节）	图像的高度，单位是像素
	biBlanes（2字节）	位平面数，必须是1
	biBitCount（2字节）	指定颜色位数
	biCompression（4字节）	指定是否压缩
	biSizeImage（4字节）	实际的位图数据占用字节数
	biXPelsPerMeter（4字节）	目标设备水平分辨率（像素点/米）
	biYPelsPerMeter（4字节）	目标设备垂直分辨率（像素点/米）
	biClrUsed（4字节）	图像中实际使用的颜色数
	biClrImportant（4字节）	图像中重要的颜色数
调色板（4字节）	rgbBlue（1字节）	蓝色分量
	rgbGreen（1字节）	绿色分量
	rgbRed（1字节）	红色分量
	rgbReserved（1字节）	保留值
位图数据	图像数据	像素按行优先顺序排序，每一行是4的整数倍

2. GIF

GIF（Graphics Interchange Format，图像交互格式），顾名思义，是用来交换图片的。GIF的特点是压缩比高，磁盘空间占用较少，所以它迅速得到了广泛的应用。但GIF有个缺点，即不能存储超过256种色彩的图像，因此不能用于存储和传输真彩色图像文件。

GIF文件采用的是一种基于LZW（Lempel-Ziv-Welch，串表压缩）算法的连续色调的无损压缩模式，其存储效率高，支持多幅图像定序或覆盖、交错多屏幕及文本覆盖。GIF文件的图像深度从1位到8位，即GIF文件最多支持256种色彩的图像。GIF文件采用隔行存放的方式，在边解码边显示的时候可分成4遍扫描。在显示GIF文件时，隔行存放的图像会让人感觉到它的显示速度似乎要比其他图像快一些，这是隔行存放的优点。GIF文件支持透明背景、动画、图形渐进、无损压缩。GIF文件默认的文件扩展名是.GIF或.gif。

3. JPEG

JPEG（Joint Photographic Experts Group，联合图像专家组）格式是目前所有格式中压缩率最高的图像文件格式，压缩比通常在10∶1到40∶1之间。大多数彩色图像和灰度图像都使用JPEG格式压缩图像，因为该格式压缩比大且支持多种压缩级别，当对图像的精度要求不高而存储空间有限时，JPEG格式是一种理想的压缩方式。

JPEG格式使用有损压缩算法，通过牺牲一部分图像数据来达到较高的压缩率，但是这种损失很小。可以说JPEG文件以其先进的有损压缩方式用非常少的磁盘空间得到较好的图像质量。JPEG格式压缩的主要是高频信息，对色彩信息的保留效果较好，适合应用于互联网传播，可减少图像的传输时间；JPEG格式支持24位真彩色，普遍应用于需要连续色调的图像应用场景。然而，编辑和重新保存JPEG文件会使原始图片数据的质量下降，而且这种下降是累积性的。JPEG格式不适用于所含颜色较少、具有大面积颜色相近的区域或亮度差异明显的简单图片。

JPEG格式分为标准JPEG、渐进式JPEG及JPEG 2000这3种格式，它们的主要区别体现在Internet图像显示方式上。

（1）标准JPEG格式在网页下载时只能由上而下依序显示图像，直到图像全部下载完毕，才能显示图像全貌。

（2）渐进式JPEG格式在网页下载时，会先呈现出图像的粗略外观，再慢慢呈现出图像的完整内容。

（3）与标准JPEG格式相比，JPEG 2000格式是具备更高压缩率和更多新功能的新一代静态影像压缩技术。作为标准JPEG格式的升级版，JPEG 2000格式的压缩率比标准JPEG格式的高约30%。与标准JPEG格式不同的是，JPEG 2000格式同时支持有损和无损压缩，而标准JPEG格式只能支持有损压缩。JPEG 2000格式的重要特征在于它能实现渐进传输，这一点与GIF的"渐显"相似，即先传输图像的轮廓，然后逐步传输数据，不断提高图像质量，让图像显示从朦胧到清晰。此外，JPEG 2000格式还支持所谓的"感兴趣区域"特性，使用者可以任意指定图像上个人感兴趣区域的压缩质量。JPEG 2000格式和标准JPEG格式相比优势明显，且向下兼容。

JPEG文件默认的文件扩展名是.jpg或.jpeg。

4．TIFF

TIFF（Tag Image File Format，标记图像文件格式）用于在应用程序之间和计算机平台之间交换文件。TIFF是一种灵活的图像格式，被所有绘画、图像编辑和页面排版应用程序支持。几乎所有的桌面扫描仪都可以生成TIFF图像。而且TIFF文件还可加入作者、版权、备注以及自定义信息，也可存放多幅图像。它的特点是图像格式复杂、存储信息多。正因为它存储的图像细微层次的信息非常多，图像的质量得以提高，故而非常有利于原稿的复制。TIFF是最复杂的一种位图文件格式，也是基于标记的文件格式，它广泛地应用于对图像质量要求较高的图像的存储与转换。由于TIFF的结构灵活和包容性强，它已成为图像文件格式的一种标准，绝大多数图像处理系统都支持这种格式。

TIFF文件默认的文件扩展名是.tif或.tiff。

5．PNG

PNG（Portable Network Graphic，可移植的网络图像）格式是一种位图文件格式，与平台无关，可以以任何颜色深度存储单幅光栅图像。PNG 格式支持高级别无损压缩、alpha通道透明度、伽马校正。PNG格式可以被最新的Web浏览器支持，但是可能不被较早版本的浏览器和程序支持。PNG格式作为Internet文件格式，与JPEG格式的有损压缩相比，它提供的压缩量较少，对多图像文件或动画文件不提供任何支持。

PNG格式具有以下优点。

（1）不失真。PNG格式是目前最不失真的格式，它汲取了GIF和JPEG格式的优点，存储形式丰富，兼有GIF和JPEG格式的色彩模式。

（2）利于网络传输。PNG格式能把图像文件压缩到极限以利于网络传输，同时能保留所有与图像品质有关的信息。PNG格式是采用无损压缩方式来减小文件的大小的，与牺牲图像品质以换取高压缩率的JPEG格式有所不同。

（3）显示速度快。PNG格式的显示速度很快，只需下载1/64的图像信息就可以显示出低分辨率的预览图像。

（4）支持透明图像的制作。PNG格式支持透明图像的制作。在制作网页图像的时候经常会用到透明图像。我们可以把图像背景设为透明，用网页本身的颜色信息来代替设为透明的颜色，这样可让图像和网页背景和谐地融合在一起。

1.6 图像质量的评价方法

图像是人们获取信息的重要途径，其所承载的信息非常丰富。图像在获取、处理、传输和存储的过程中，可能受到各种因素的影响，这可能导致图像质量下降，并给图像的后期处理带来一定的困难。因此，建立科学、合理的图像质量评价方法具有重要的理论研究和工程实践意义，图像质量评价方法也是图像处理工程的基础。

1.6.1 图像质量评价方法概述

图像质量评价涉及图像处理的许多方面，如压缩、传输、存储、增强、水印处理等。一个有效的图像质量评价标准至少具有以下3种特征：

第一，可以在质量控制系统中检测图像质量，例如图像采集系统利用其来自动调整系统参数，从而获得更高质量的图像；

第二，可以用于衡量图像处理系统和算法的有效性；

第三，可以嵌入图像处理系统中用于优化系统和参数设置，例如在视频通信系统中，图像质量评价标准既能辅助编码端的预滤波和位分配算法的设计，又能辅助解码端的最优重构、误差消除和后滤波算法的设计。

图像质量也可以从空间域直观观察，评价指标主要包括两方面：一方面是图像的逼真度，即相对于某种度量，被评价图像与原标准图像的偏离程度；另一方面是图像的可懂度，即图像能向人或机器提供有效信息的能力。相比较而言，图像的可懂度属于更高层次的问题，涉及更多人的主观感知与判断，难以统一评价，所以当前的图像质量评价的重点主要在于图像的逼真度，即考察处理后图像和原图像的一致性程度。尽管最理想的情况是找出图像的逼真度和图像的可懂度的定量描述方法，以作为评价图像和设计图像处理系统的依据，但是，由于目前对人的视觉系统性质还没有充分理解，对人的心理因素尚无定量描述方法，理想的逼真度和可懂度的定量描述方面的研究还有很长的路要走。

图像质量评价方法可分为主观质量评价方法和客观质量评价方法两大类。主观质量评价方法主要凭借评价人员的主观感知来评价图像质量；客观质量评价方法主要依据用于评价的数学模型给出的量化指标，模拟人类视觉系统感知机制衡量图像质量。图像质量评价还有一些其他评价方法，如根据有无参考图像可以将图像质量评价方法分为有参考评价模型和无参考评价模型。有参考评价模型是指根据一幅参考图像对经过处理的图像进行评价，在进行图像复原、图像去模糊化等处理时常采用这种评价方法。无参考评价模型是指在没有参考图像的情况下，直接根据图像的统计特性或观察者对图像的主观打分进行质量评价。

1.6.2 主观质量评价方法

图像的主观质量评价方法考虑了观察者对图像的理解效果，常用方法包括平均主观分值（Mean Opinion Score，MOS）法和差分平均主观分值（Differential Mean Opinion Score，DMOS）法。平均主观分值法是通过不同观察者对于图像质量评价得出的主观分值进行平均来得到归一化的分值，以该分值表示该图像质量。评价标准分为优、良、中、差、劣五等。对应这五等评价标准有两种类型的分值，即图像主观绝对分值和图像主观相对分值。图像主观绝对分值是观察者对于图像本身的主观分值，图像主观相对分值是观察者对于图像在一组图像中相对其他图像的分值。由于主观质量评价方法受到观察者知识背景、观察目的和所处的环境等影响，所以稳定性和可移植性差，且难以用数学模型进行表达。

图像主观质量评价试验可依据ITU-R（International Telecommunications Union Radiocommunication，国际电信联盟无线电通信部门）的BT.500-14"电视图像质量的主观评价方法"和ITU-R的BT.710-2"高清晰度电视图像质量的主观评价方法"进行。其中常用的方法就是双刺激连续质量标度（Double Stimulus Continuous Quality Scale，DSCQS）方法。试验中向观察者交替展示一系列的图片或两个视频序列A和B，其中，一个是未受损的"原始"序列，另一个是受损的测试序列，然后要求观察者给出A和B的质量评分（五等制，从"非常好"到"非常差"）。这两个序列的顺序，在测试的过程中被随机地给出，这样观察者就不知道哪个是原始序列，哪个是受损序列，从而防止了观察者带偏见地评价这两个序列。

1.6.3 客观质量评价方法

客观质量评价方法包括均方误差、峰值信噪比、结构相似性等多种指标，可用于全面评价图像质量。

1. 均方误差

对于数字图像，设 $f(x,y)$ 为原参考图像，$g(x,y)$ 为其降质图像，它们的尺寸都是 $M\times N$，即 M 行、N 列。它们之间的均方误差（Mean Square Error，MSE）定义如下：

$$\text{MSE}_Q = \frac{1}{MN}\sum_{x=1}^{M}\sum_{y=1}^{N}\{Q[f(x,y)]-Q[g(x,y)]\}^2 \tag{1-7}$$

其中，运算符 $Q[\cdot]$ 表示在计算逼真度前，为使测量值与主观质量评价的结果一致而进行的某种预处理，如对数处理、幂处理等。为简单起见，常使 $Q[f]=f$，即不进行任何预处理，这时两幅图像的 MSE_Q 简化为

$$\text{MSE} = \frac{1}{MN}\sum_{x=1}^{M}\sum_{y=1}^{N}[f(x,y)-g(x,y)]^2 \tag{1-8}$$

根据均方误差的定义，均方误差越大，说明图像像素值整体差异越大，图像质量越差；反之，均方误差越小，说明图像像素值整体差异越小，图像质量越好。如果均方误差为0，则被评价图像与原参考图像完全一致。

2. 峰值信噪比

设 A 为图像 $f(x,y)$ 的最大灰度值，如对8位精度的图像，$A=2^8-1=255$，则 $M\times N\times A^2$ 可看成图像信号的峰值功率，若将 $\sum_{x=1}^{M}\sum_{y=1}^{N}[f(x,y)-g(x,y)]^2$ 看成因图像降质而引起的噪声功率，则可以用峰值信噪比（Peak Signal to Noise Ratio，PSNR）来表示图像的逼真度，单位为dB：

$$\text{PSNR} = 10\lg\frac{M\times N\times A^2}{\sum_{x=1}^{M}\sum_{y=1}^{N}[f(x,y)-g(x,y)]^2} = 10\lg\left(\frac{A^2}{\text{MSE}}\right) \tag{1-9}$$

上述均方误差和峰值信噪比是ITU-R视频质量专家组（Video Quality Experts Group，VQEG）规定的两个简单的图像客观质量评价指标，也是两个最为常用的指标。

虽然 PSNR（包括MSE）在研究和测试中经常被采用，但它还存在一定的局限性：一是为了获得 PSNR 数据，需要用原始的图像作为对比，这在不少情况下是难以实现的；二是PSNR往往不一定能够准确地反映主观的图像质量值，相同的PSNR并不一定表示主观感觉的质量一样，主观上感觉好的图像不一定 PSNR高。为了克服 PSNR指标的局限性，包括VQEG成员在内的很多研究人员致力于开发更加合理、客观的测试过程，也提出了多种客观测试方法，下面介绍的基于结构相似性的图像质量评价方法就是一种和主观质量评价方法比较接近的尝试。但是，目前还没有一个可以完全代替主观质量评价方法的方法。

3．结构相似性

在图像质量评价方法中，研究人员发现依据MSE、SNR（Signal to Noise Ration，信噪比）、PSNR等指标进行评价有时可能与人的视觉感受有较大的差异。为此，近年来研究人员开发了很多更接近人类视觉特性的客观质量评价方法。其中得到广泛应用和认可的是Wang等研究人员提出的基于结构相似性（Structural Similarity，SSIM）的评价方法。

基于结构相似性的评价方法考虑了两幅图像的亮度、对比度和结构等因素对相似性的影响。Wang等提出的结构相似性的计算模型为

$$\text{SSIM}(x, y) = [l(x, y)]^{\alpha} + [c(x, y)]^{\beta} + [s(x, y)]^{\gamma} \tag{1-10}$$

一般取 $\alpha = \beta = \gamma = 1$；$l(x, y)$、$c(x, y)$、$s(x, y)$ 分别为亮度相似性、对比度相似性和结构相似性的度量值，为3个正数，用于调节不同因素的影响权重。亮度、对比度和结构相似性分别定义如下：

$$\begin{cases} l(x, y) = \dfrac{2\mu_x\mu_y + c_1}{\mu_x^2 + \mu_y^2 + c_1} \\[2mm] c(x, y) = \dfrac{2\sigma_x\mu_y + c_2}{\sigma_x^2 + \sigma_y^2 + c_2} \\[2mm] s(x, y) = \dfrac{\sigma_{xy} + c_3}{\sigma_x + \sigma_y + c_3} \end{cases} \tag{1-11}$$

其中，μ_x、μ_y、σ_x、σ_y 和 σ_{xy} 分别为两幅图像的均值标准差和协方差；c_1、c_2 和 c_3 为3个远小于最大灰度值二次方的常数，通常取值为 $c_1 = (k_1 L)^2$、$c_2 = (k_2 L)^2$、$c_3 = c_2 / 2$，其中，k_1、k_2 取远小于1的数，L 是指像素的最大值，通常取 $k_1 = 0.01$、$k_2 = 0.03$、$L = 255$。μ_x、μ_y、σ_x、σ_y、σ_{xy} 的计算方法如下：

$$\mu_x = \frac{1}{N}\sum_{i=1}^{N} x_i \,, \quad \sigma_x = \sqrt{\frac{1}{N-1}\sum_{i=1}^{N}(x_i - \mu_x)^2} \tag{1-12}$$

$$\mu_y = \frac{1}{N}\sum_{i=1}^{N} y_i \,, \quad \sigma_y = \sqrt{\frac{1}{N-1}\sum_{i=1}^{N}(y_i - \mu_y)^2} \tag{1-13}$$

$$\sigma_{xy} = \frac{1}{N-1}\sum_{i=1}^{N}(x_i - \mu_x)(y_i - \mu_y) \tag{1-14}$$

基于光照对于物体结构是独立的，而光照改变主要源于亮度和对比度的原理，该方法将亮度和对比度从图像的结构信息中分离出来，并结合结构信息对图像质量进行评价。基于这一类原理的方法在一定程度上避开了自然图像内容的复杂性及多通道的去相关问题，直接评价图像的结构相似性。

SSIM的值域范围为[0, 1]，并且满足距离度量的3个性质：

（1）对称性：$\mathrm{SSIM}(x,y)=\mathrm{SSIM}(y,x)$。

（2）有界性：$0\leqslant\mathrm{SSIM}(x,y)\leqslant1$。

（3）最大值唯一性：$\mathrm{SSIM}(x,y)=1\Leftrightarrow x=y$。

考虑图像的亮度和对比度与图像内容具有密不可分的关系，无论是亮度还是对比度，在图像的不同位置可能有不同的值，因此实际应用中通常可将图像分为多个子块，分别计算各个子块的结构相似性，然后由各个子块的结构相似性计算出平均结构的相似性（Mean Structure Similarity），并以该平均值作为两幅图像的结构相似性。

4．绝对均值亮度误差

在图像质量评价中，绝对均值亮度误差（Absolute Mean Brightness Error，AMBE）是衡量两幅图像之间平均亮度差异的指标。通过计算AMBE，可以量化两幅图像之间的亮度差异，并评价图像质量的好坏。

$$\mathrm{AMBE}=\frac{1}{M\times N}\sum|I_1-I_2| \tag{1-15}$$

其中，I_1和I_2是被比较的两幅图像，M和N分别是图像的高度和宽度。两幅图像的总亮度差除以图像中的像素总数以获得平均亮度误差。

在比较两幅图像时，可能会出现亮度不同的情况，如过度曝光、欠曝光或对比度不足等。这些亮度差异可能会导致图像的质量下降。AMBE指标可以帮助我们定量地度量这些亮度差异，因此该指标可以用于评价图像质量，以及比较不同的图像处理算法和技术。对于人眼来说，具有较高AMBE值的图像可能看起来更扭曲或更不自然，而具有较低AMBE值的图像可能看起来更自然和逼真。

5．图像细节增强评价

在图像质量评价中，图像细节增强评价（Enhancement Measure Evaluation，EME）主要用于评价图像细节增强算法的效果，即衡量输出图像与参考图像之间的差距大小，较大的EME值表示增强效果较好，而较小的EME值则表示增强效果较差。一幅图像的局域灰度变化越强，图像表现出的细节越强，得到的EME值越大，图像增强的效果越明显。EME的原理为：先把图像分成$M\times N$块小区域，然后计算出小区域中灰度最大的值与最小的值之比的对数均值，评价结果即对数均值。其定义式为

$$\mathrm{EME}_{N,M}=\frac{1}{NM}\sum_{k}^{M}\sum_{l}^{N}20\log\frac{I_{\max,k,l}^{\omega}}{I_{\min,k,l}^{\omega}} \tag{1-16}$$

其中，$I^{\omega}_{\max,k,l}$ 为图像块(k,l)中的灰度最大值，$I^{\omega}_{\min,k,l}$ 为灰度最小值。

6. 分割图像质量评价指标

分割图像质量评价指标（Maximum Correlation Criterion，MCC）的值越大表示图像的分割效果越好。从图像的边界信息对图像的影响来看，该指标可以利用离散二维相关数来确定：

$$C_x = -\ln \sum_{i \geqslant 0} \sum_{j \geqslant 0} P_{ij}^2 \tag{1-17}$$

设 R_O 和 R_B 分别为前景和背景，P_{ij} 为灰度值为i、邻域均值为j的像素点的概率，P_O 和 P_B 分别为前景和背景区域像素点的总概率。

$$P_O = \sum_{(i,j) \in R_O} P_{ij} \tag{1-18}$$

$$P_B = \sum_{(i,j) \in R_B} P_{ij} \tag{1-19}$$

将O、B两类中灰度级概率分布正规化处理：

$$O : \frac{P_{ij}}{P_O}(i,j) \in P_O \tag{1-20}$$

$$B : \frac{P_{ij}}{P_B}(i,j) \in R_B \tag{1-21}$$

C_O 和 C_B 分别为前景和背景的相关数：

$$C_O = -\ln \sum_{(x,y) \in R_O} \left(\frac{P_{ij}}{P_O} \right)^2 \tag{1-22}$$

$$C_B = -\ln \sum_{(x,y) \in R_B} \left(\frac{P_{ij}}{1 - P_t} \right)^2 \tag{1-23}$$

相关数的准则函数为 C_O 和 C_B 的和：

$$TC = C_O + C_B \tag{1-24}$$

7. 水下图像质量测量

水下图像质量测量（Underwater Image Quality Measure，UIQM）是基于人类视觉系统提出的模型，其公式为

$$UIQM = c_1 \times UICM + c_2 \times UISM + c_3 \times UIConM \tag{1-25}$$

其中，c_1、c_2和c_3为权重因子。式(1-25)中指出，权重因子的选择需根据具体应用而定。UIQM主要包括3方面的测量：UICM（Underwater Image Color Measure，水下图像颜色测量）用于衡量水下图像的颜色饱和度、颜色均匀性和颜色分布；UISM（Underwater Image Sharpness Measure，水下图像清晰度测量）用于衡量水下图像的清晰度、锐度和细节损失程度；UIConM

（Underwater Image Contrast Measure，水下图像对比度测量）用于衡量水下图像的对比度、动态范围和背景噪声等因素。UIQM值越高，表示水下图像的质量越好，即其在颜色、清晰度和对比度等方面都表现出更好的特征。UICM、UISM、UIConM计算如下：

$$RG = R - G$$
$$YB = \frac{R+G}{2} - B \tag{1-26}$$

$$\mu_{\alpha,RG} = \frac{1}{K - T_{\alpha_L} - T_{\alpha_R}} \sum_{i=T_{\alpha_L}+1}^{K-T_{\alpha_R}} \text{Intensity}_{RG,i} \tag{1-27}$$

$$\sigma_{\alpha,RG}^2 = \frac{1}{N} \sum_{p=1}^{N} (\text{Intensity}_{RG,p} - \mu_{\alpha,RG})^2 \tag{1-28}$$

$$\text{UICM} = -0.0268\sqrt{\mu_{\alpha,RG}^2 + \mu_{\alpha,YB}^2} + 0.1586\sqrt{\upsilon_{\alpha,RG}^2 + \upsilon_{\alpha,YB}^2} \tag{1-29}$$

其中，R、G、B分别表示水下图像中每像素的红、绿、蓝通道的值，通常情况下K为像素总数，$\alpha_L = \alpha_R = 0.1$，$T_{\alpha_L} = \lceil \alpha_L K \rceil$（向上取整），$T_{\alpha_R} = \lfloor \alpha_R K \rfloor$（向下取整），$\mu$为均值，$\sigma^2$为方差，Intensity表示灰度值。

$$\text{UISM} = \sum_{c=1}^{3} \lambda_c \, \text{EME}(\text{grayscaleedge}_c) \tag{1-30}$$

$$\text{EME} = \frac{2}{k_1 k_2} \sum_{l=1}^{k_1} \sum_{k=1}^{k_2} \lg\left(\frac{I_{\max,k,l}}{I_{\min,k,l}}\right) \tag{1-31}$$

其中，图像分为$k_1 k_2$个子块，$(I_{\max,k,l})/(I_{\min,k,l})$表示每个块内的相对对比度，grayscaleedge是利用sobel算子测到的边缘图与原图相乘得到的灰度边缘图。λ_c为RGB三通道的关联系数，一般取$\lambda_R = 0.299$、$\lambda_G = 0.587$、$\lambda_B = 0.114$。

$$\text{UIConM} = \lg \text{AMEE}(\text{Intensity}) \tag{1-32}$$

$$\lg \text{AMEE} = \frac{1}{k_1 k_2} \otimes \sum_{l=1}^{k_1} \sum_{k=1}^{k_2} \frac{I_{\max,k,l} \Theta I_{\min,k,l}}{I_{\max,k,l} \oplus I_{\min,k,l}} \times \lg\left(\frac{I_{\max,k,l} \Theta I_{\min,k,l}}{I_{\max,k,l} \oplus I_{\min,k,l}}\right) \tag{1-33}$$

其中，$\oplus$、$\otimes$、Θ是PLIP（Parameterized Logarithmic Image Processing，参数化对数图像处理）操作，它提供了与人类视觉感知一致的非线性表示。

第2章

Python图像处理编程基础

在本章中，我们将探索如何利用Python这一动态、解释型的高级编程语言来实现数字图像处理技术。Python以其简洁的语法、强大的标准库和广泛的社区支持，成为图像处理领域研究者和开发者的首选工具。本章主要介绍Python图像处理的基础知识，包括Python开发环境配置和Python基本语法。这些基础知识和技能的掌握，将为读者在后续章节中探索更高级的图像处理技术打下坚实的基础。

2.1 ▷ 引言

本章主要介绍Python开发环境的配置以及Python的一些基本语法。

Python是一个结合解释性、编译性、互动性和面向对象的高级程序设计语言，内置几种高级数据结构（如字典、列表等），语法简洁清晰，使用起来特别简单。Python具有大部分面向对象语言的特征，可完全进行面向对象编程。Python是一种开放的语言，开发人员为Python提供了大量的可用类包和第三方包，其中有许多用于图像处理的库，如PIL、Pillow、OpenCV-Python、scikit-image等。

Python由吉多·范罗苏姆（Guido van Rossum）于1989年年底发明，第一个公开发行版发行于1991年。Python属于纯粹的自由软件，源代码和解释器CPython遵循GNU GPL（General Public License，通用公共许可证）协议。Python具有丰富和强大的库，且语言本身被设计为可扩充的，并没有将所有的特性和功能都集成到语言核心。Python提供了丰富的API（Application Program Interface，应用程序接口）和工具，以便程序员能够轻松地使用C、C++、Cython来编写扩充模块。Python编译器本身也可以被集成到其他需要脚本语言的程序内。因此，很多人把Python作为一种"胶水语言"使用，将其他语言编写的程序进行集成和封装。常见的一种应用情景是，利用Python快速生成程序的原型，然后对其中有特别要求的部分用更合适的语言改写，如3D游戏中的图形渲染模块对性能的要求特别高，就可以用C/C++语言编写，然后封装为Python可以调用的扩展类库。

现在，全世界有600多种编程语言，但流行的编程语言只有20多种。如果你查看过TIOBE排行榜，就能知道编程语言的大致流行程度。Python在过去6年中3次获得TIOBE指数年度大奖。由于数据科学和人工智能领域的发展，Python越来越受人们关注。根据2024年3月的TIOBE指数，Python市场份额高居第一，高达15.63%，如图2-1所示。

许多大型网站是用Python开发的，如YouTube、Instagram以及国内的豆瓣网等。Python程序看上去简单易懂，初学者学习Python不但容易入门，而且深入学习下去，将来可以编写非常复杂的程序。Python的哲学是简单、优雅、明确，尽量写容易看明白的代码，尽量将代码写得更少。

在图像处理领域，Python作为一种灵活的编程语言，其应用范围非常广泛，尤其是在人脸识别、物体检测、计算机视觉、图像处理、图像表示等领域。人脸识别是指使用计算机程序来识别和验证人脸的独特属性。Python的OpenCV-Python库提供了几个用于人脸识别的函数。这

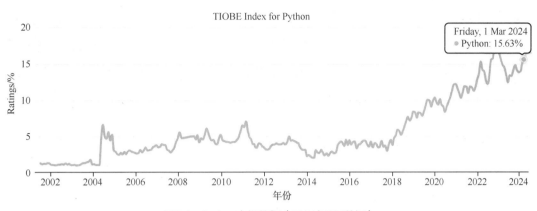

图2-1　Python市场份额（2024年3月数据）

些函数可以用于检测人脸，并对它们进行标记。物体检测是指使用计算机程序来识别图像或视频中的物体。Python的深度学习框架TensorFlow和Keras提供了物体检测的预训练模型，这些预训练模型可以检测出照片或视频中的物体或人物，高效地进行图像识别与分类。Python能够在计算机视觉与图像处理任务中，用于图像特征提取或图像分类。大量常用的图像表示方法，如灰度级直方图、深度学习特征向量等，在Python中有相应的库或函数可供科学家和研究者使用，能够更准确、更有效地表示和表达特定主题的图像信息。

Python的库与函数使其能够快速、便捷地实现图像处理的相关工作，满足研究和探索的需求，提高研究效率和研究质量。总之，Python为图像处理和识别领域的研究与应用，带来了巨大的创新与进步的空间。未来，Python在计算机视觉和图像处理领域的应用与发展必将进一步得到重视和推广。

2.2　Python开发环境配置

本节主要介绍基于Python的数字图像处理开发环境配置，希望能引导初学者快速入门。

2.2.1　Anaconda安装和使用

由于Python官方版开发环境配置比较烦琐，所以本书选择集成Python多方开源类包的Anaconda作为Python开发的基础环境。Anaconda是一个开源的Python发行版，其包含Python、Conda、NumPy、SciPy、Matplotlib等180多个科学包及其依赖项。Conda可以理解为一个工具，也是一个可执行命令，其核心功能是包管理与环境管理。包管理与pip的使用类似，环境管理则允许用户方便地安装不同版本的Python并快速切换。本节安装的Anaconda版本为第三版。Anaconda3是一个科学计算环境，在计算机上安装好了Anaconda3，就相当于安装好了Python以及一些常用的第三方库。Anaconda3对应的是Python 3.x。Python 3.x的默认编码方式是UTF-8，使用这种编码方式能够减少字符编码的各种问题。Anaconda3的特点是开源、安装过程简单、能够高性能使用Python，以及具有免费的社区支持。

本书的Python测试用例均在Windows环境下开发和运行，因此本节介绍的Anaconda3安装和使用均在Windows环境下进行。打开Anaconda官网，选择免费下载版本，单击"Download"，最新版本集成Python 3.11，如图2-2、图2-3所示。

图2-2　选择免费下载版本

图2-3　最新版本

Anaconda3在Windows系统上的安装流程如图2-4、图2-5所示，在配置Anaconda安装选项窗口中，初学者注意勾选"Add Anaconda3 to my PATH environment variable"，此选项表示自动添加Python、Conda等环境变量配置（手动配置比较烦琐）。

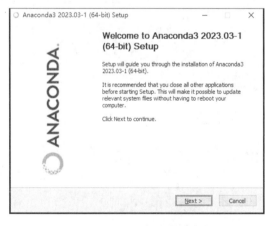

图2-4　Anaconda安装开始窗口

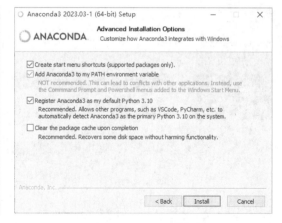

图2-5　配置Anaconda安装选项窗口

2.2.2　PyCharm安装和使用

安装完Anaconda之后，其实就可以进行Python编程了，但为了提高程序编写效率，一般还需要安装集成开发环境（Integrated Development Environment，IDE）。集成开发环境是用于提供程序开发环境的应用程序，一般包括代码编辑器、编译器、调试器和图形用户界面等工具。常用的Python编辑器有PyCharm、Visual Studio Code、Sublime Text、GNU Emacs、IDLE等。PyCharm由著名软件开发公司JetBrains开发，在涉及人工智能和机器学习的场景中，它被认为是最好的Python IDE。最重要的是，PyCharm合并了多个库，可以帮助开发者探索更多可用选项。Sublime Text是一款非常好用的编辑器，因为它简单、通用、方便，而且使用范围广泛，可用于不同的平台。本书程序开发选择PyCharm作为开发工具。由于本书开发环境为Windows环境，所以选择下载PyCharm的Windows版本，如图2-6所示。安装过程中需要注意选项配置，如图2-7所示。

图2-6　下载PyCharm的Windows版本

图2-7　PyCharm安装选项配置

安装完PyCharm后打开该软件，首页如图2-8所示，支持新建项目或者打开已创建的项目。

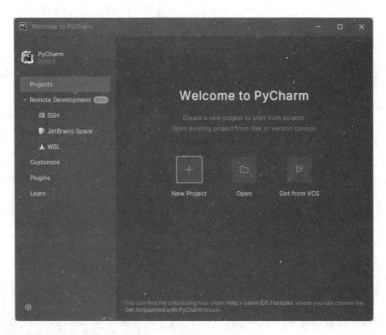

图2-8　PyCharm软件首页

单击"New Project"创建一个基于Conda虚拟环境的Python项目，创建界面如图2-9所示。第一步，配置"Location"，指定Python项目存储路径；第二步，配置Python编译器，先在"New environment using"下拉列表中选择"Conda"，表示使用Conda虚拟环境，然后分别配置Conda虚拟环境路径、Python版本和Conda可执行文件位置；第三步，单击"Create"即可创建新的基于Conda虚拟环境的Python项目。

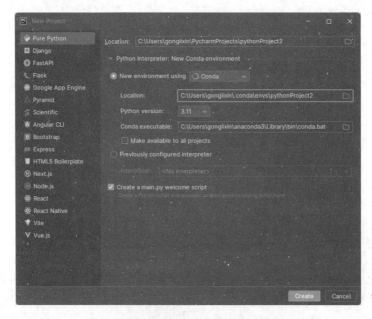

图2-9　创建基于Conda虚拟环境的Python项目

在创建Python项目完成后，打开main.py文件，单击右上角的运行按钮，即可正常运行程序，下方控制台会输出"Hi, PyCharm"，如图2-10所示。

图2-10 运行项目的Python程序

2.2.3 Python图像处理库安装

常用的Python图像处理库有很多，比如PIL、Pillow、scikit-image、OpenCV-Python等。

1. PIL和Pillow库

PIL（Python Image Library）是一个强大的、方便使用的Python图像处理库，它的功能非常强大。自2011年以来，由于PIL更新缓慢，目前仅支持Python 2.7，明显无法满足 Python 3 的使用需求。于是一群Python社区的志愿者在PIL的基础上开发了一个支持Python 3的图像处理库——Pillow。Pillow不仅是PIL的"复制版"，而且在PIL的基础上增加了许多新的特性。Pillow发展至今，已经成为比PIL更具活力的Python图像处理库。Pillow的初衷只是作为PIL的分支和补充，而如今它已是"青出于蓝而胜于蓝"。Pillow是Python中较为基础的图像处理库，主要用于图像的基本处理，比如图像裁剪、图像大小调整和图像颜色处理等。

2. scikit-image库

scikit-image是一款由Python语言编写的图像处理库，它建立在NumPy、scipy.ndimage和其他库的基础上，由SciPy社区开发和维护。scikit-image的功能非常齐全，它将图片作为NumPy

数组进行处理，而且几乎集合了MATLAB的所有图像处理功能，更为重要的是，作为Python的一个图像处理包，scikit-image是完全开源且免费的，而且可以依托于Python强大的功能，与TensorFlow等软件配合使用于主流的深度学习领域（在学术研究、教育方面都可应用）。scikit-image的主要子模块如表2-1所示。

表2-1　scikit-image的主要子模块

子模块名称	主要实现功能
io	读取、保存和显示图片或视频
data	提供一些测试图片和样本数据
color	颜色空间变换
filters	图像增强、边缘检测、排序滤波器、自动阈值等
draw	操作于NumPy数组上的基本图形绘制，包括线条、矩形、圆和文本等
transform	几何变换或其他变换，如旋转、拉伸和拉东变换等
morphology	形态学操作，如开闭运算、骨架提取等
exposure	图片强度调整，如亮度调整、直方图均衡等
feature	特征检测与提取等
measure	图像属性的测量，如相似性或等高线等
segmentation	图像分割
restoration	图像复原
util	通用函数

3. OpenCV库

OpenCV（Open Computer Vision）是一个跨平台计算机视觉和机器学习软件库，可以运行在Linux、Windows、Android和macOS操作系统上。它轻量级而且高效，由一系列C函数和少量C++类构成，同时提供了Python、Ruby、MATLAB等语言的接口，实现了图像处理和计算机视觉方面的很多通用算法。OpenCV-Python是OpenCV的Python API，它拥有OpenCV C++ API的功能，同时也拥有Python语言的特性。OpenCV-Python也实现了NumPy库的接口规范，这样就可以很方便地在Python中使用NumPy，比如可以把NumPy的数据结构转给OpenCV，也可以把OpenCV的数据结构转给NumPy。另外，OpenCV-Python也能与SciPy、Matplotlib协同使用，这样，OpenCV-Python可以使用的范围就更加广泛了，所以它很适合用来开发视觉原型、进行视觉相关的实验等。

与Pillow相比，OpenCV和scikit-image的功能更为丰富，所以使用起来更为复杂，它们主要应用于计算机视觉、图像分析等领域，其中包括众所周知的"人脸识别"等应用。本书采用的是比较成熟的数字图像处理库scikit-image和OpenCV2，这些库包含数字图像处理中绝大部分常见算法的实现。Anaconda3中不包含这两个图像处理包，需要用户手动安装。用户可以采用conda命令来进行安装：在Windows环境下进入DOS系统的命令提示符窗口，先进入指定的Conda虚拟环境，再执行包安装命令，此时安装成功的包仅在此虚拟环境中生效，有效实现了项目环境隔离。具体安装命令如下所示：

```
conda activate env_name    #进入Conda虚拟环境
conda install scikit-image  #安装scikit-image包
conda install opencv       #安装OpenCV包
```

2.3　Python基础

本节主要讲解Python基础，包括基础语法、数据类型、运算符、程序流程控制、函数等。

2.3.1　基础语法

1．常量和变量

所谓常量，就是不能变的量，比如常用的数学常数π就是一个常量。在Python中，通常用全部大写的变量名表示常量。Python中有两个比较常见的常量——PI和E。PI表示数学常量pi（圆周率，一般以π表示），E表示数学常量e（自然常数）。

变量是指向各种类型值的名字，以后再用到这个值时，直接引用名字即可，不用写具体的值。在Python中，变量的使用环境非常宽松，没有明显的变量声明，而且变量的类型不是固定的。你可以把一个整数赋给变量，如果觉得不合适，也可以把字符串赋给变量。这种变量本身类型不固定的语言称为动态语言，与之对应的是静态语言。使用静态语言在定义变量时必须指定变量类型，如果赋值时类型不匹配就会报错。相较于静态语言而言，动态语言更灵活。

变量名只能包含字母、数字和下划线；变量名能以字母或下划线基于头，但不能以数字开头。这种变量命名方式跟大多数高级编程语言所要求的一样，受到了C语言的影响，或者说Python这门语言本身就是基于C语言发展而来的。字母可以是大写或小写的，但Python区分大小写，也就是说，fishc和FishC对于Python来说是完全不同的两个名字。变量名建议以小写字母开头。理论上可以为变量取任何合法的名字，但作为一名优秀的程序员，请尽量给变量取一个专业且易于理解的名字。变量名应既简短又具有描述性。例如，name比n好，student_name比s_n好，name_length比length_of_persons_name好。Python不允许使用关键字作为变量名，即不要使用Python保留的用于特殊用途的单词（如print）作为变量名。

可以通过以下命令查询关键字。

```
>>> import keyword
>>> keyword.kwlist
['False', 'None', 'True', 'and', 'as', 'assert', 'async', 'await', 'break',
'class', 'continue', 'def', 'del', 'elif', 'else', 'except', 'finally', 'for',
'from', 'global', 'if', 'import', 'in', 'is', 'lambda', 'nonlocal', 'not', 'or',
'pass', 'raise', 'return', 'try', 'while', 'with', 'yield']
```

2. 行与缩进

Python语法简洁、清晰，其特色之一是强制使用空格作为语句缩进。在Python中，缩进是指用空格将代码行前面的空白部分对齐，以表明代码行属于哪个代码块。Python不使用花括号（{}）来表示代码块，而是通过缩进来确定代码块的开始和结束。Python中，同一代码块的语句的缩进必须是一致的，通常使用4个空格来表示一个缩进级别。Python中的缩进级别非常重要，因为它们决定了代码块的层次结构。如果缩进不正确，Python解释器会抛出IndentationError异常，并提示缩进错误。

```
if True:
    print ("Answer")
    print ("True")
else:
    print ("Answer")
  print ("False")        # 缩进不一致,会导致运行错误
Indentation Error: unindent does not match any outer indentation level
```

3. 模块

模块是一个包含所有你定义的函数和变量的文件，其扩展名是.py。程序可以导入模块，以使用该模块中的函数等，这也是使用Python标准库的方法。想使用 Python 源文件，只需在另一个源文件里执行 import 语句。一个模块只会被导入一次，不管执行了多少次 import语句。这样可以防止导入模块的操作被一遍又一遍地执行。

在Python中，可以用import或from...import来导入相应的模块。将整个模块导入的格式如下：

```
import modulename
```

从某个模块中导入某个函数的格式如下：

```
from modulename import somefunction
```

从某个模块中导入多个函数的格式如下：

```
from modulename import firstfunc, secondfunc, thirdfunc
```

将某个模块中的全部函数导入的格式如下：

```
from modulename import *
```

例如：

```
import sys  # 导入sys模块
from sys import path, modules  # 导入sys模块的两个函数
from sys import *  # 导入sys模块中的全部函数
```

4. 注释

程序越大、越复杂，读起来就越困难。程序的各部分之间紧密衔接，难以依靠部分代码了解整个程序的功能。在现实中，我们经常很难弄清楚一段代码在做什么、为什么那么做。

因此，在程序中加入用自然语言记录的笔记以解释程序在做什么是一个不错的主意。这种笔记称为注释（Comment）。注释必须以"#"符号开始。注释可以单独占一行，也可以放在语句行的末尾。

从符号"#"开始到这一行的末尾的所有内容都会被程序忽略，这部分内容对程序没有影响。编写注释主要是为了方便程序员，例如，一个新来的程序员通过注释能够快速了解程序的功能；一段时间后，程序员可能遗忘了自己的程序，利用注释他可以很快回忆起来。

注释最重要的用途在于解释代码并不显而易见的特性。下面这段代码的注释包含代码中隐藏的信息，如果不加注释，就很难让人看懂代码是什么意思（虽然在实际工作时可以根据上下文判定，但是需要浪费不必要的思考时间）。

```
>>> r=10  #半径,单位是米
```

选择好的变量名可以减少注释，但较长的变量名会让复杂表达式更难以阅读，所以这两者之间需要权衡取舍。

2.3.2　数据类型

Python 3中常见7种标准的数据类型，分别是数值（Number）、布尔（Bool）、字符串（String）、列表（List）、元组（Tuple）、集合（Set）、字典（Dictionary）。

1. 数值类型

Python 3支持3种不同的数值类型，分别是整型（int）、浮点型（float）和复数（complex）。整型值就是平时所见的整数，不带小数点，如1。Python 3的整型已经与长整型进行了无缝融合，它的长度不受限制，如果非要有限制，那只限于计算机的虚拟内存总数。因此，使用Python 3可以很容易地进行大数计算。浮点型值就是平时所说的小数，由整数部分与小数部分组成，也可以使用科学记数法表示，如1.23、3E-2等。Python区分整型值和浮点型值的唯一方式，就是看有没有小数点。复数由实数部分和虚数部分构成，可以用a+bj或complex(a, b)表示，复数的实部a和虚部b都是浮点型值，如1+2j、1.1+2.2j等。3种数值类型变量的定义和输出程序如下所示：

```
>>> var_int_1 = 10
>>> var_int_2 = -10
>>> print(var_int_1, var_int_2)
10 -10
>>> var_float_1 = 3.14
>>> var_float_2 = 3e2
>>> print(var_float_1, var_float_2)
3.14 300.0
>>> var_complex_1 = complex(1,2)
>>> var_complex_2 = 3e2+5j
>>> print(var_complex_1, var_complex_2)
(1+2j) (300+5j)
```

2. 布尔类型

布尔类型实际上是特殊的整型，尽管布尔类型用True和False来表示"真""假"，但布尔类型值可以当作整型值来对待，True相当于整型值1，False相当于整型值0。

3. 字符串类型

字符串是 Python 中最常用的数据类型。我们可以使用引号（'或"）来创建字符串。创建字符串的方法很简单，只需为变量分配一个值即可，例如：

```
var1 = 'Hello World!'
var2 = "Runoob"
```

到目前为止，我们认知中的字符串就是引号内的一切东西。我们也把字符串叫作文本，文本和数字是截然不同的。如果直接让两个数字相加，那么Python会直接将数字相加后的结果告诉你；但是如果用引号对数字进行标识，就变成了字符串的拼接，这正是引号带来的差别。使用运算符+即可将两个字符首尾连接起来，例如：

```
>>> string1='Hello'
>>> string2='world'
>>> print(string1+string2)
Helloworld
```

Python 不支持单字符类型，单字符在 Python 中也是作为一个字符串使用的。在Python中访问子字符串，可以使用方括号 [] 来截取字符串，字符串的截取的语法格式如下：

变量[头索引:尾索引]

索引以 0 开始，-1 表示末尾位置。实例如下：

```
>>> var1 = 'Hello World!'
>>> print (var1[0:5])
Hello
>>> print (var1[6:-1])
World
```

字符串格式化使用运算符百分号（%）实现。%也可以用作模（求余）运算符。格式化字符串的%s部分被称为转换说明符，它标记了需要放置转换值的位置，通用术语为占位符。

```
>>> name = 'World'
>>> print('Hello %s' % name)
Hello World
```

接下来介绍一些字符串操作常用的方法。Python 的字符串常用内置函数如下。

- find()方法用于检测字符串中是否包含子字符串。如果指定了开始和结束范围，find()就检查子字符串是否包含在指定范围内。find()方法的语法如下：

```
str.find(str, beg=0, end=len(string))
```

在此语法中，str代表指定检索的字符串，beg代表开始索引值，默认为0；end代表结束索引值，默认为字符串的长度。返回结果为子字符串所在位置的最左端索引，如果没有找到，就返回-1。

```
>>> a = "Hello World !"
>>> a.find("r")
8
>>> a.find("s")
-1
```

- join()方法用于将序列中的元素以指定字符连接成一个新字符串。join()方法的语法如下：

```
str.join(sequence)
```

在此语法中，str代表指定字符，sequence代表要连接的元素序列。返回结果为以指定字符连接序列中元素后生成的新字符串。

```
>>> list1 = ["a", "b", "c"]
>>> str1 = ",".join(list1)
```

```
>>> print(str1)
a,b,c
```

- lower()方法用于将字符串中所有的大写字母转换为小写字母。upper()方法用于将字符串中所有的小写字母转换为大写字母。swapcase()方法用于对字符串的大小写字母进行转换，将字符串中所有的大写字母转换为小写字母、所有的小写字母转换为大写字母。3种方法的语法如下：

```
str.lower()
str.upper()
str.swapcase()
```

在这3个方法的语法中，str代表指定转换大小写的字符串。这3个方法不需要参数。返回结果为转换大小写后的新字符串。程序演示代码如下：

```
>>> str1 = "aBcDeF"
>>> print(str1.lower())
abcdef
>>> print(str1.upper())
ABCDEF
>>> print(str1.swapcase())
AbCdEf
```

- replace()方法把字符串中的子字符串替换成新子字符串。replace()方法的语法如下：

```
str.replace(old, new[, max])
```

在此语法中，str代表指定的字符串；old代表将被替换的子字符串；new代表新子字符串，用于替换old代表的子字符串；max是可选参数，如果指定了max，则替换次数不超过max次。返回结果为将字符串中的old替换成new后生成的新字符串。

```
>>> str1 = "aBcDeF"
>>> str1.replace("a", "A")
'ABcDeF'
```

- split()方法通过指定分隔符对字符串进行切片。这是一个非常重要的字符串方法，是join()的逆方法，用来将字符串分割成序列。split()方法的语法如下：

```
str.split(st="", num=string.count(str))
```

在此语法中，str代表指定的字符串；st代表分隔符，默认为空格；num代表分割次数，如果指定了num，则只分割num个子字符串。返回结果为分割后的字符串列表。

```
>>> str1 = "abc.defg.hijk"
>>> str1.split(".")
['abc', 'defg', 'hijk']
```

- strip()方法用于移除字符串头尾指定的字符（默认为空格）。strip()方法的语法如下：

```
str.strip([chars])
```

在此语法中，str代表指定的字符串，chars代表移除字符串头尾指定的字符。返回结果为移除字符串头尾指定的字符后生成的新字符串。

```
>>> str1 = ",abc.defg.hijk:"
>>> str1.strip(',:')
'abc.defg.hijk'
```

有时我们要对内置的数据类型进行转换，接下来介绍几个跟数据类型转换紧密相关的函数：int()、float()和str()。int()的作用是将一个字符串或浮点数转换为一个整数。注意，如果将浮点数转换为整数，那么Python会采取"截断"处理，即将小数点后的数据直接去掉，而不会将数据四舍五入。float()的作用是将一个字符串或整数转换为一个浮点数。str()的作用是将一个数或任何其他类型的值转换为一个字符串。有时候可能需要限制一个变量的数据类型，例如需要用户输入一个整数，但用户输入了一个字符串，就有可能引发一些意想不到的错误或导致程序崩溃！Python提供了一个可以明确告诉我们变量的类型的函数——type()函数。

```
>>> a = 3.14
>>> int(a)    #浮点数转换为整数
3
>>> type(int(a))
<class 'int'>
>>> b = "3.14"
>>> float(b)   #字符串转换为浮点数
3.14
>>> type(float(b))
<class 'float'>
>>> c = 3.14
>>> str(c)     #浮点数转换为字符串
'3.14'
>>> type(str(c))
<class 'str'>
```

4．列表类型

序列是Python中最基本的数据结构。Python有6个序列的内置类型，但最常见的是列表和元组。

列表可以进行的操作包括索引、切片、加、乘、检查成员等。列表的数据项不需要具有相同的类型。要创建一个列表，只需把逗号分隔的不同的数据项使用方括号进行标识，如下所示：

```
list1 = [1, 2, 3, 4, 5 ]
list2 = ["January", "February", "March", "April", "May"]
```

与字符串的索引一样，列表索引从 0 开始，第二个索引是 1，依此类推。通过索引列表可以进行截取、组合等操作，如下所示：

```
>>> list2 = ["January", "February", "March", "April", "May"]
```

```
>>> print(list2[1])
February
>>> print(list2[1:3])
['February', 'March']
>>> print(list2[1:3] + list2[-2:-1])
['February', 'March', 'April']
```

你可以通过指定元素索引的方式对列表的数据项进行修改或更新。可以使用append()方法来添加列表元素。append()方法是一个用于在列表末尾添加新对象的方法。append()的使用方式是list.append(obj)。可以使用del语句来删除列表的元素，例如del a[1]。实例如下所示：

```
>>> list2 = ["January", "February", "March", "April", "May"]
>>> list2[1] = "Second"    #变更数据项
>>> print(list2)
['January', 'Second', 'March', 'April', 'May']
>>> list2.append('June')   #添加数据项
>>> print(list2)
['January', 'Second', 'March', 'April', 'May', 'June']
>>> del list2[1]     #删除数据项
>>> print(list2)
['January', 'March', 'April', 'May', 'June']
```

针对列表进行操作的比较常用的方法有count()、index()、sort()等，下面逐一进行介绍。

● count()方法用于统计某个元素在列表中出现的次数。count ()方法的语法如下：

```
list.count(obj)
```

在此语法中，参数obj表示列表中统计的对象，返回元素在列表中出现的次数。

```
>>> list1 = [123, 'a', 'b', 'c', 123]
>>> print ("123元素个数:", list1.count(123))
123元素个数: 2
```

● extend()方法用于在列表末尾一次性追加另一个序列中的多个值（用新列表扩展原来的列表）。extend()方法的语法如下：

```
list.extend(seq)
```

在此语法中，参数seq表示元素列表，可以是列表、元组、集合、字典，若为字典，则仅会将键（Key）作为元素依次添加至原列表的末尾。该方法没有返回值，但会在已存在的列表中添加新的列表内容。

```
>>> list1 = ['a', 'b', 'c']
>>> list2 = ['d', 'e', 'f']
>>> list1.extend(list2)
>>> list1
['a', 'b', 'c', 'd', 'e', 'f']
```

● index()方法用于从列表中找出某个对象第一个匹配项的索引位置。index()方法的语法如下：

```
list.index(x[, start[, end]])
```

在此语法中，参数x表示查找的对象；start可选，表示查找的起始位置；end可选，表示查找的结束位置。该方法返回查找对象的索引位置，如果没有找到对象，则抛出异常。

```
>>> list1 = ['a', 'b', 'c']
>>> list1.index('b')    # 查询元素b的位置
1
>>> list1.index('d')    # 查询元素d的位置
ValueError: 'd' is not in list
>>> list1.index('c', 0, 2)   # 在指定范围查询元素c
ValueError: 'c' is not in list
```

- insert()方法用于将指定对象插入列表的指定位置。insert()方法的语法如下：

```
list.insert(index, obj)
```

在此语法中，参数obj表示要插入列表中的对象，index表示对象obj需要插入的索引位置。该方法没有返回值，但会在列表指定位置插入对象。

- pop()方法用于移除列表中的一个元素（默认最后一个元素），并且返回该元素的值。pop()方法的语法如下：

```
list.pop([index=-1])
```

在此语法中，参数index是可选参数，表示要移除列表元素的索引，不能超过列表总长度，默认index=-1，表示移除最后一个元素。

- remove()方法用于移除列表中某个值的第一个匹配项。remove()方法的语法如下：

```
list.remove(obj)
```

在此语法中，参数obj表示列表中要移除的对象。该方法没有返回值，但是会移除列表中的某个值的第一个匹配项。

```
>>> list1 = ['a', 'b', 'c']
>>> list1.insert(3, 'd')    # 在列表的第四个位置插入元素d
>>> list1
['a', 'b', 'c', 'd']
>>> list1.pop(2)   # 移除列表的第三个位置的元素
'c'
>>> print(list1)
['a', 'b', 'd']
>>> list1.remove('d')   # 移除列表中的元素d
>>> print(list1)
['a', 'b']
```

- sort()方法用于对原列表进行排序，如果指定参数，就使用参数指定的比较方法进行排序。sort()方法的语法如下：

```
list.sort( key=None, reverse=False)
```

在此语法中，参数key用来指定排序的标准，只有一个参数，具体的函数的参数取自可选代对象，即指定可迭代对象中的一个元素来进行排序；参数reverse表示排序规则，reverse=True表示降序排序，reverse=False表示升序排序（默认）。该方法没有返回值，但是会对原列表中的对象进行排序。

```
>>> list1 = ['pil', 'pillow', 'opencv', 'skimage']
>>> list1.sort()  # 默认列表升序排序
>>> list1
['opencv', 'pil', 'pillow', 'skimage']
>>> list1.sort(reverse=True)  # 列表降序排序
>>> list1
['skimage', 'pillow', 'pil', 'opencv']
```

5. 元组类型

Python的元组与列表类似，不同之处在于元组的元素不能修改（前面多次提到的字符串也不能修改）。

元组使用圆括号()标识，列表使用方括号[]标识。元组创建很简单，只需要在括号中添加元素，并使用逗号隔开即可。元组与字符串类似，其索引从 0 开始，可以进行访问、索引、截取等操作。实例如下所示：

```
>>> tup1 = ('a', 'b', 'c', 'd')
>>> print ("tup1[0]: ", tup1[0])
tup1[0]:  a
>>> print ("tup1[1:3]: ", tup1[1:3])
tup1[1:3]:  ('b', 'c')
```

元组中的元素是不允许修改的，但我们可以创建一个新的元组，对元组进行连接操作。元组中的元素是不允许删除的，但我们可以使用del语句来删除整个元组。实例如下所示：

```
>>> a = (1, 2, 3)
>>> b = (4, 5, 6)
>>> c = a + b
>>> print(c)
(1, 2, 3, 4, 5, 6)
>>> del c
```

Python元组包含一些常用内置函数，其中，len(tuple)用于计算元组元素个数，max(tuple)用于返回元组中元素最大值，min(tuple)用于返回元组中元素最小值，tuple(iterable)用于将可迭代序列转换为元组。具体的代码演示如下：

```
>>> tuple1 = (3, 5, 4)
>>> len(tuple1)
3
>>> max(tuple1)
5
>>> min(tuple1)
```

```
3
>>> list1 = ['pil', 'pillow', 'opencv', 'skimage']
>>> tuple2 = tuple(list1)
>>> tuple2
('pil', 'pillow', 'opencv', 'skimage')
```

由于元组一旦初始化就不能修改，所以使用元组的代码更安全。如果可能，在能用元组代替列表的地方就尽量用元组。

6. 集合类型

集合是一种特殊的数据结构，它存储的是一组无序且不重复的元素。这意味着在集合中，每个元素只会出现一次，而且元素之间没有特定的顺序。集合的创建非常简单，可以通过花括号{}直接书写元素，或者使用set()函数进行创建。创建集合的格式通常如下所示：

```
s = {value1, value2, ...}
```

或者

```
s = set([value1, value2, ...])
```

集合的常见基本操作包括添加元素、移除元素、计算集合元素个数、判断元素是否在集合中存在等。添加元素的语法格式如下：

```
s.add(x)
```

表示将元素x添加到集合s中，如果元素已存在，则不进行任何操作。

```
>>> s1 = set(("January", "February", "March"))
>>> s1.add("April")
>>> print(s1)
{'April', 'March', 'February', 'January'}
```

移除元素的语法格式如下：

```
s.remove(x)
```

表示将元素x从集合s中移除，如果元素不存在，则会发生错误。

```
>>> s2 = set(("January", "February", "March"))
>>> s2.remove("March")
>>> print(s2)
{'February', 'January'}
>>> s2.remove("April")     #不存在会发生错误
IndentationError: unexpected indent
```

计算集合元素个数的语法格式如下：

```
len(s)
```

```
>>> s3 = set(("January", "February", "March"))
>>> len(s3)
3
```

判断元素是否在集合中存在的语法格式如下：

```
x in s
```

表示判断元素x是否在集合s中，如果存在则返回True，不存在返回False。

```
>>> s4 = set(("January", "February", "March"))
>>> "January" in s4
True
>>> "April" in s4
False
```

7. 字典类型

本节将介绍一种通过名字引用值的数据结构类型——映射（Mapping）。字典是Python中唯一内置的映射类型，字典指定值没有特殊顺序，都存储在一个特殊的键中，键可以是数字、字符串或元组。

字典是一种可变容器模型，可存储任意类型对象。字典由多个键及其对应的值构成的对（把键值对称为项）组成。字典的每个键值对用冒号（:）分隔，每个对之间用逗号（,）分隔，整个字典用花括号（{}）进行标识，具体格式如下所示：

```
d = {key1 : value1, key2 : value2}
```

空字典（不包括任何项）由一对花括号组成，即{}。

可以用dict()函数，通过其他映射（如其他字典）或键值对建立字典。dict()函数可以将序列转换为字典。要访问字典里的值，只需把相应的键放入方括号中，如果用字典里没有的键访问字典里的值，会输出错误。一个简单的字典创建和查询实例如下：

```
>>> d = {'a': 1, 'b': "Hello", 'c': "World"}
>>> print(d['b'])
Hello
```

字典的基本操作在很多方面与列表、元组类似，字典支持修改、删除等操作。下面进行具体的讲解。

修改字典。修改字典内容的方法是添加键值对、修改或删除已有键值对。

删除字典。此处的删除指的是显式删除，显式删除一个字典用del命令。字典操作的实例如下：

```
>>> d = {'a': 1, 'b': "Hello", 'c': "World"}
>>> d['e'] = "!"   # 添加键值对
>>> print(d)
{'a': 1, 'b': 'Hello', 'c': 'World', 'e': '!'}
>>> d['a'] = "Hi"    # 修改值
>>> print(d)
{'a': 'Hi', 'b': 'Hello', 'c': 'World', 'e': '!'}
```

```
>>> del d['a']      # 删除键'a'
>>> print(d)
{'b': 'Hello', 'c': 'World', 'e': '!'}
```

需要记住以下两点。

（1）不允许同一个键出现两次。创建时如果同一个键被赋值两次，后一个值会被记住。

（2）键必须不可变，可以用数字、字符串或元组充当，不可以用列表，而字典值可以没有限制地取任何Python对象（既可以是标准对象，也可以是用户定义的对象）。

常用的字典方法如下。

● get()方法返回指定键的值，如果值不在字典中，就返回默认值。get()方法的语法如下：

```
dict.get(key, default=None)
```

在此语法中，dict代表指定字典，key代表字典中要查找的键，default代表指定键的值不存在时返回的默认值。

```
>>> d = {'name': 'xiaowang', 'age': 20}
>>> d.get('age', 0)      # 查找age,返回20
20
>>> d.get('phone', '无')   # 查找phone,未查找到,返回默认值"无"
'无'
```

Python中in运算符用于判断键是否存在于字典中，如果键存在于字典中就返回True，否则返回False。in运算符的语法如下：

```
key in dict
```

在此语法中，dict代表指定字典，key代表要在字典中查找的键。

```
>>> d = {'a': 1, 'b': "Hello", 'c': "World"}
>>> print("True") if 'a' in d else print("False")
True
>>> print("True") if 'd' in d else print("False")
False
```

● items()方法以列表形式返回可遍历的(键,值)元组。items()方法的语法如下：

```
dict.items()
```

在此语法中，dict代表指定字典，该方法不需要参数。

● keys()方法以列表形式返回字典中所有键。keys()方法的语法如下：

```
dict.keys()
```

在此语法中，dict代表指定字典，该方法不需要参数。

● values()方法以列表形式返回字典中所有值。与返回键的列表不同，返回值的列表中可以包含重复的元素。values()方法的语法如下：

```
dict.values()
```

在此语法中，dict代表指定字典，该方法不需要参数。

```
>>> d = {'a': 1, 'b': "Hello", 'c': "World"}
>>> d.items()  # 返回可遍历的键值元组
dict_items([('a', 1), ('b', 'Hello'), ('c', 'World')])
>>> d.keys()  # 返回字典中所有键
dict_keys(['a', 'b', 'c'])
>>> d.values()  # 返回字典中所有值
dict_values([1, 'Hello', 'World'])
```

字典和列表有如下不同的特点。

字典的特点是：

（1）查找和插入的速度极快，不会随着键的增加而变慢；

（2）需要占用大量内存，内存浪费多。

列表的特点是：

（1）查找和插入时间随着元素的增加而增加；

（2）占用空间小，内存浪费很少。

所以，字典是牺牲空间换取时间。

2.3.3　运算符

Python支持多种运算符，包括算术运算符、比较运算符、赋值运算符、位运算符、逻辑运算符、成员运算符和身份运算符等。

1．算术运算符

下面假设变量a为21，变量b为10，Python算术运算符说明如表2-2所示。

表2-2　Python算术运算符

运算符	描述	实例
+	加，两个数相加	a+b，输出结果为31
−	减，两个数相减或返回负数	a−b，输出结果为11
*	乘，两个数相乘或返回一个被重复若干次的字符串	a*b，输出结果为210
/	除，两个数相除	a/b，输出结果为2.1
%	取模，返回除法的余数	a%b，输出结果为1
**	幂，返回一个数的若干次幂	a**b，输出结果为21的10次幂
//	取整除，返回商的整数部分	a//b，输出结果为2

2．比较运算符

下面假设变量a为6，变量b为3，Python比较运算符说明如表2-3所示。

表2-3　Python比较运算符

运算符	描述	实例
==	等于，判断两个对象是否相等	(a == b)返回False
!=	不等于，判断两个对象是否不相等	(a != b)返回True
>	大于，如对于x>y，判断x是否大于y	(a > b)返回True
<	小于，如对于x<y，判断x是否小于y	(a < b)返回False
>=	大于或等于，如对于x>=y，判断x是否大于或等于y	(a >= b)返回True
<=	小于或等于，如对于x<=y，判断x是否小于或等于y	(a <= b)返回False

3．赋值运算符

Python赋值运算符说明如表2-4所示。

表2-4　Python赋值运算符

运算符	描述	实例
=	简单的赋值运算符	c = a + b表示将a + b的运算结果赋值为c
+=	加法赋值运算符	c += a等效于c = c + a
−=	减法赋值运算符	c −= a等效于c = c − a
*=	乘法赋值运算符	c *= a等效于c = c * a
/=	除法赋值运算符	c /= a等效于c = c / a
%=	取模赋值运算符	c %= a等效于c = c % a
**=	幂赋值运算符	c **= a等效于c = c ** a
//=	取整除赋值运算符	c //= a等效于c = c // a

4．位运算符

位运算符是把数字看作二进制值进行计算的。假设变量a为60，变量b为13，它们的二进制格式如下：

a = 0011 1100

b = 0000 1101

Python位运算符说明如表2-5所示。

表2-5　Python位运算符

运算符	描述	实例
&	按位与运算符：如果参与运算的两个值的相应位都为1，则结果位为1，否则为0	(a & b) 输出结果 12，对应二进制值0000 1100
|	按位或运算符：只要参与运算的两个值的对应位有一个为1，结果位就为1。	(a | b) 输出结果 61，对应二进制值0011 1101
^	按位异或运算符：当参与运算的两个值的对应位相异时，结果位为1	(a ^ b) 输出结果 49，对应二进制值0011 0001
~	按位取反运算符：对数据的每个二进制位取反，即把1变为0，把0变为1。~x 类似于 −x−1	(~a) 输出结果 −61，对应二进制值1100 0011
<<	左移动运算符：运算数的各二进制位全部左移若干位，由"<<"右边的运算数指定移动的位数，高位丢弃，低位补0	a << 2 输出结果 240，对应二进制值1111 0000
>>	右移动运算符：把">>"左边的运算数的各二进制位全部右移若干位，">>"右边的运算数指定移动的位数	a >> 2 输出结果 15，对应二进制值0000 1111

5. 逻辑运算符

Python语言支持逻辑运算符。表2-6所示为逻辑运算符的描述和实例，假设变量a为21，变量b为10。

表2-6　Python逻辑运算符

运算符	逻辑表达式	描述	实例
and	x and y	布尔"与"，如果x为False，该表达式返回x的值，否则返回 y 的值	(a and b)返回10
or	x or y	布尔"或"，如果x为True，该表达式返回x的值，否则返回y的值	(a or b)返回21
not	not x	布尔"非"，如果x为 True，该表达式返回False；如果x为False，该表达式返回True	not(a and b)返回False

6. 成员运算符

除了以上的运算符之外，Python还支持成员运算符。Python成员运算符说明如表2-7所示。

表2-7　Python成员运算符

运算符	描述	实例
in	如果在指定的序列中找到值则返回True，否则返回 False	a在b序列中，a in b返回True
not in	如果在指定的序列中没有找到值则返回True，否则返回 False	a不在b序列中，a not in b返回True

7. 身份运算符

身份运算符用于比较两个对象的存储单元。Python身份运算符说明如表2-8所示。

表2-8　Python身份运算符

运算符	描述	实例
is	判断两个标识符是否引用自一个对象	x is y，类似 id(x) == id(y)，如果引用的是同一个对象则返回True，否则返回False
is not	判断两个标识符是否引用自不同对象	x is not y，类似id(x) != id(y)，如果引用的不是同一个对象则返回True，否则返回 False

2.3.4　程序流程控制

1. 语句块

语句块并非一种语句，而是一组在满足一定条件时执行一次或多次的语句。在Python中，语句块的创建方式是在代码前放置空格缩进，同一个语句块中的每行语句都要保持同样的缩进，如果某行语句的缩进与其他行的不同，Python编译器就会认为它们不属于同一个语句块或认为该行语句是错误的。

在Python中，冒号（:）用来标识语句块的开始。当语句的缩进量减小到和已经闭合的块的缩进量一样时，表示当前语句块已经结束了。

2. 条件控制

Python中if语句的一般语法格式如下所示：

```
if condition_1:
    statement_block_1
elif condition_2:
```

```
    statement_block_2
else:
    statement_block_3
```

如果"condition_1"为True，将执行"statement_block_1"语句块。如果"condition_1"为False，将判断"condition_2"。如果"condition_2"为True，将执行"statement_block_2"语句块。如果"condition_2"为False，将执行"statement_block_3"语句块。注意，每个条件后面都要使用冒号，表示接下来是满足条件后要执行的语句块。

对于if语句，如果条件（if和冒号之间的表达式）判定为True，后面的语句块（下例中是print语句）就会被执行；如果条件判定为False，后面的语句块就不会被执行。

else子句之所以叫子句，是因为它不是独立语句，只能作为if语句的一部分。使用else子句可以增加一种选择。同if语句一样，else子句的语句块中也可以编写复杂语句。

Python为我们提供了一个elif语句，elif是else if的简称，它的意思为具有条件的else子句，elif语句需要和if语句、else子句联合使用，不能独立使用，并且条件控制语句必须以if语句开头，可以选择是否以else子句结尾。

```
number = 7
guess = -1
print("数字猜谜游戏!")
while guess != number:
    guess = int(input("请输入你猜的数字: "))

    if guess == number:
        print("恭喜,你猜对了! ")
    elif guess < number:
        print("猜的数字小了……")
    elif guess > number:
        print("猜的数字大了……")
```

执行以上程序，实例输出结果如下：

```
数字猜谜游戏!
请输入你猜的数字: 3
猜的数字小了……
请输入你猜的数字: 8
猜的数字大了……
请输入你猜的数字: 7
恭喜,你猜对了!
```

在Python中，还会用到嵌套代码。所谓嵌套代码，是指把if、else、elif等条件语句放入if、else、elif条件语句块中，作为深层次的条件控制语句。

```
num = int(input("输入一个数字: "))
if num % 2 == 0:
    if num % 3 == 0:
        print("你输入的数字可以整除 2 和 3")
```

```
    else:
        print("你输入的数字可以整除 2,但不能整除 3")
else:
    if num % 3 == 0:
        print("你输入的数字可以整除 3,但不能整除 2")
    else:
        print("你输入的数字不能整除 2 和 3")
```

执行以上程序，输出结果如下：

```
输入一个数字: 8
你输入的数字可以整除 2,但不能整除 3
```

3．循环语句

程序在一般情况下是按顺序执行的。编程语言提供了各种控制结构，允许程序有更复杂的执行路径。循环语句允许我们多次执行一个语句或语句块。

Python 中的循环语句有for循环和while循环。在Python编程中，while语句用于循环执行程序，以处理需要重复处理的任务。while语句基本语法格式为：

```
while 判断条件:
    执行语句……
```

执行语句可以是单个语句或语句块。判断条件可以是任何表达式，所有非零、非空（null）的值都为真（True）。当判断条件为假（False）时，循环结束。

```
n = 100
sum = 0
counter = 1
while counter <= n:
    sum = sum + counter
    counter += 1
print("1 到 %d 之和为: %d" % (n, sum))
```

执行以上程序，输出结果如下：

```
1 到 100 之和为: 5050
```

在Python中，for关键字开头的语句叫作for循环，for循环可以遍历任何序列的项目，如一个列表或一个字符串。for循环的语法格式如下：

```
for variable in sequence:
statement(s)
```

sequence是任意序列，variable是序列中需要遍历的元素，statement是待执行的语句块。

```
sites = ["pil", "pillow", "opencv", "skimage"]
for site in sites:
    print(site)
```

执行以上程序，输出结果如下：

```
pil
pillow
opencv
skimage
```

对于循环遍历字典元素的情形，Python提供了break、continue等语句。break语句用来终止循环语句。即使循环条件中没有False条件或序列还没有遍历完，程序在遇到break语句时也会停止执行循环语句。continue语句用来告诉Python跳过当前循环的剩余语句，当程序在执行过程中遇到continue语句时，无论执行条件是True还是False，都跳过当前循环，进入下一次循环。相比于break语句，使用continue语句只是跳过一次循环，不会跳出整个循环。

```
n = 5
while n > 0:
    n -= 1
    if n == 2:  # 当n等于2时,结束循环,不执行print(n)语句
        break
    if n == 3:  # 当n等于3时,继续循环,不执行print(n)语句
        continue
    print(n)
print('循环结束。')
```

执行以上程序，输出结果如下：

```
4
循环结束。
```

2.3.5　函数

函数是组织好的、可重复使用的、用来实现单一或相关联功能的代码段。函数能提高应用的模块性和代码的重复利用率。我们已经知道Python提供了许多内置函数，比如print()等，而用户也可以自己创建函数，这样的函数叫作用户自定义函数。

1. 语法

你可以定义一个具有自己想要的功能的函数，以下是简单的定义规则。

函数代码块以 def 关键词开头，后接函数标识符名称和圆括号 ()。

传入的任何参数和变量必须放在圆括号中间，可以在圆括号中间定义参数。

函数的第一行语句可以选择性地使用文档字符串（用于存放函数说明）。

函数内容以冒号起始，并且需要设置缩进。

return [表达式] 语句用于结束函数。

下面，让我们使用函数来输出"Hello World！"：

```
def hello() :
    print("Hello World!")
hello()
```

下面是复杂一些的应用——函数标识符名称后的圆括号中包含变量。该函数的功能是比较两个数，并返回其中较大的数：

```
def max(a, b):
    if a > b:
        return a
    else:
        return b

a = 4
b = 5
print(max(a, b))
```

以上实例输出结果：

```
5
```

2. 参数

在调用函数时可使用的正式参数类型包括必需参数、关键字参数、默认参数、不定长参数。

必需参数须以正确的顺序传入函数，而且调用时的数量必须和声明时的一样。比如，调用printme() 函数，必须传入一个参数，不然会出现语法错误：

```
def printme( str ):
    print (str)
    return
printme()  # 调用 printme() 函数,不传入参数会报错
```

关键字参数和函数调用关系紧密，函数调用使用关键字参数来确定传入的参数值。使用关键字参数允许函数调用时参数的顺序与声明时的不一致，因为 Python 解释器能够用参数名匹配参数值。以下实例在调用函数 plus() 时使用参数名：

```
def plus(str1, str2):
    print (str1+str2)   # 将两个字符串相加后输出
    return

#调用plus()函数
plus(str2= "World", str1 = "Hello")
```

以上实例输出结果：

```
HelloWorld
```

在调用函数时，如果没有传入参数，则会使用默认参数。在以下实例中，如果没有传入

age参数，则使用默认值：

```
def printinfo( name, age=35):
"输出任何传入的字符串"
    print ("名字: %s,年龄: %d" % (name, age))
    return

#调用printinfo()函数
printinfo(age=50, name="xiaoli")
printinfo(name="xiaoli")
```

以上实例输出结果：

```
名字: xiaoli, 年龄: 50
名字: xiaoli, 年龄: 35
```

你可能需要让一个函数处理比声明时的数量更多的参数。这些参数叫作不定长参数，和上述2种参数不同，不定长参数在声明时不会命名。使用不定长参数的基本语法如下：

```
def functionname([formal_args,] *var_args_tuple ):
"函数_文档字符串"
    function_suite
    return [expression]
```

带有星号（*）的参数会以元组的形式导入，用来存放所有未命名的变量参数。

```
def printinfo( arg1, *vartuple ):
    print (arg1)
    print (vartuple)

printinfo( 70, 60, 50 )
```

以上实例输出结果：

```
70
(60, 50)
```

如果在函数调用时没有指定参数，该参数就是一个空元组。还有一种带有两个星号（**）的不定长参数，这样的参数会以字典的形式导入，在此不举例介绍。

3．return语句

return [表达式] 语句用于退出函数，并选择性地向调用方返回一个表达式，不带表达式的return语句返回 None。之前的实例都没有演示如何返回数值，以下实例演示了返回数值的return 语句的用法：

```
# 可写函数说明
def sum( arg1, arg2 ):
# 返回2个参数的和
    total = arg1 + arg2
    print ("函数内 : ", total)
```

```
    return total
```

```
# 调用sum()函数
total = sum( 10, 20 )
print ("函数外 : ", total)
```

以上实例输出结果:

```
函数内 :  30
函数外 :  30
```

第 3 章

图像的像素运算与几何变换

像素运算和几何变换是图像处理领域的基础。本章将深入讨论这两种基本运算及其在图像处理中的应用。点运算允许我们在像素级别上对图像进行增强，而几何变换则涉及图像空间结构的改变。本章将通过数学模型和示例Python代码，解释这些运算的工作原理和实现方法。我们将学习如何通过点运算调整图像的灰度值，以及如何应用几何变换改变图像的大小、方向和形状。

3.1 ▶ 引言

数字图像处理方法是建立在算法基础上的处理方法。这些算法无论简单还是复杂，常常涉及图像像素的两种基本属性——灰度属性和空间位置属性。基于像素的灰度值以及基于空间位置关系的运算都属于图像处理的基本运算。本章将围绕数字图像处理的基本运算而展开，主要介绍图像处理中的点运算、代数运算、逻辑运算和几何变换（图像几何变换是指在齐次坐标系中图像的缩放、旋转、平移、裁剪、转置、镜像等变换）及其在图像处理中的应用等。

3.2 ▶ 图像点运算

3.2.1　图像点运算算法

在图像处理中，点运算（Point Operation）是一类简单却具有代表性的重要运算，也是其他图像处理运算的基础。运用点运算可以改变图像数据所覆盖的灰度值范围。对一幅输入图像进行点运算会得到一幅输出图像，输出像素点的灰度值仅由相应输入像素点的灰度值确定（这与邻域处理算法截然不同，在邻域处理算法中，每个输出像素点的灰度值由对应输入点像素的一个邻域内若干像素点的灰度值共同决定）。因此，点运算不会改变图像内像素点的空间位置关系。

1. 线性点运算

在线性点运算中，输入图像的灰度值与相应输出图像的灰度值呈线性关系。线性点运算的灰度变换函数可以采用线性方程描述，即

$$D_B = aD_A + b \ (a \neq 0) \tag{3-1}$$

式中，D_A 为输入图像的灰度值；D_B 为相应输出图像的灰度值。式(3-1)所示的线性点运算的灰度变换函数可用图3-1表示。

（1）如果 $a=1$，且 $b=0$，则只需将输入图像复制即可得到输出图像。如果 $a=1$，且 $b \neq 0$，则操作仅使所有像素点的灰度值增大或减小，其效果是使整幅图像更暗或更亮。

（2）如果 $a>1$，则输出图像的对比度增强。

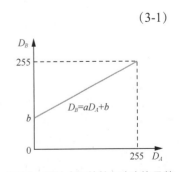

图3-1　线性点运算的灰度变换函数

（3）如果 $0<a<1$ ，则输出图像的对比度减弱。

（4）如果 $a<0$ ，则整幅图像的暗区域变亮，亮区域变暗，相当于完成图像求补运算。

2. 非线性点运算

除了线性点运算外，还有非线性点运算。非线性点运算一般是指非单调递减的灰度变换函数。非线性点运算的灰度变换函数的斜率处处为正，通过这类函数得到的输出图像保留了输入图像的基本外貌。

非线性点运算的函数形式可以表示为：

$$D_B = f(D_A) \tag{3-2}$$

式中，D_A 为输入图像的灰度值，D_B 为相应输出图像的灰度值；f 表示非线性函数。式(3-2)所示的非线性点运算的灰度变换函数可用图3-2表示。可以根据具体应用需求选择具有代表性的非线性函数形式，常见的有指数变换、对数变换、正弦变换、正切变换、多项式变换等。

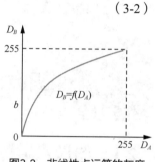

图3-2 非线性点运算的灰度
变换函数

3.2.2 图像点运算实现

以下Python程序对灰度图像进行了点运算的线性变换，包括对比度的增强和减弱，以及亮度的增强和减弱。对比度增强将每个像素点的灰度值（以下简称像素点值）放大到1.6倍的方式，对比度减弱将每个像素点值缩小到1/10的方式；亮度增强将每个像素点值增加60的方式，亮度减弱将每个像素点值减少90的方式；同时使对比度和亮度增强则将每个像素点值先放大到1.6倍，再增加40的方式。对图像进行点运算的线性变换结果如图3-3所示。

```python
import cv2
import numpy as np
import matplotlib.pyplot as plt
plt.rcParams['font.sans-serif'] = ['FangSong']
plt.rcParams['axes.unicode_minus'] = False
img_gray = cv2.imread('C:\imdata\cameraman.tif', 0)
height, width = img_gray.shape
img_contrast_high = np.zeros((height, width), np.uint8)
img_contrast_low = np.zeros((height, width), np.uint8)
img_light_high = np.zeros((height, width), np.uint8)
img_light_low = np.zeros((height, width), np.uint8)
img_contrast_light_high = np.zeros((height, width), np.uint8)
# 对比度增强
for i in range(height):
```

```
        for j in range(width):
            result = int(img_gray[i, j] * 1.6)
            result = 255 if result > 255 else result
            img_contrast_high[i, j] = np.uint8(result)
# 对比度减弱
for i in range(height):
    for j in range(width):
        result = int(img_gray[i, j] * 0.1)
        result = 0 if result < 0 else result
        img_contrast_low[i, j] = np.uint8(result)
# 亮度增强
for i in range(height):
    for j in range(width):
        result = int(img_gray[i, j] + 60)
        result = 255 if result > 255 else result
        img_light_high[i, j] = np.uint8(result)
# 亮度减弱
for i in range(height):
    for j in range(width):
        result = int(img_gray[i, j] - 90)
        result = 0 if result < 0 else result
        img_light_low[i, j] = np.uint8(result)
# 对比度增强,亮度增强
for i in range(height):
    for j in range(width):
        result = int(img_gray[i, j] * 1.6 + 40)
        result = 255 if result > 255 else result
        img_contrast_light_high[i, j] = np.uint8(result)
fig, ax = plt.subplots(ncols=3, nrows=2, figsize=(8, 4))
plt.set_cmap(cmap='gray')
ax[0, 0].imshow(img_gray), ax[0, 0].set_title('原图')
ax[0, 1].imshow(img_contrast_high), ax[0, 1].set_title('对比度增强')
ax[0, 2].imshow(img_contrast_low), ax[0, 2].set_title('对比度减弱')
ax[1, 0].imshow(img_light_high), ax[1, 0].set_title('亮度增强')
ax[1, 1].imshow(img_light_low), ax[1, 1].set_title('亮度减弱')
ax[1, 2].imshow(img_contrast_light_high), ax[1, 2].set_title('对比度增强,亮度增强')
plt.tight_layout(), plt.show()
```

(a) 原图   (b) 对比度增强   (c) 对比度减弱

（d）亮度增强 （e）亮度减弱 （f）对比度增强，亮度增强

图3-3 对图像进行点运算的线性变换得到的效果

3.3 图像代数运算

图像代数运算是指对两幅输入图像进行点对点的加、减、乘、除运算从而得到目标图像的运算。此外，可以通过组合形成涉及几幅图像的复合代数运算方程。图像代数运算的基本形式有4种：

$$C(x,y) = A(x,y) + B(x,y)$$
$$C(x,y) = A(x,y) - B(x,y)$$
$$C(x,y) = A(x,y) \times B(x,y)$$
$$C(x,y) = A(x,y) \div B(x,y)$$

这4种基本形式中，(x,y) 表示图像像素点坐标，$A(x,y)$ 和 $B(x,y)$ 均为输入图像表达式，$C(x,y)$ 为输出图像表达式。

3.3.1 图像代数运算算法

1. 加法运算

在实际应用中，要得到一系列静止场景或物体的多幅图像是比较容易的。如果这些图像被加性随机噪声所污染，则可通过对多幅图像求平均值的方法达到消除或降低噪声的目的。该方法的原理如下：在求平均值的过程中图像的静止部分不会改变，而由于图像的噪声是随机的，各不相同的随机噪声累积就可能会相互抵消、变弱。

假设有一幅静止场景的图像被加性随机噪声污染，且已获得由K幅该静止场景的图像所组成的图像集合，设其中的图像可表示为

$$D_i(x,y) = S(x,y) + N_i(x,y) \qquad (3\text{-}3)$$

式中，$S(x,y)$为静止场景的理想图像，$N_i(x,y)$为胶片的颗粒或数字化系统中的电子噪声所引起的图像噪声。集合中的每幅图像被不同的噪声所污染。虽然并不能准确获取这些噪声的信息，但通常情况下图像的噪声都来自同一个互不相干且均值等于0的随机噪声样本集。设$P(x,y)$表示功率信噪比，对于图像中的任意像素点，$P(x,y)$可定义为

$$P(x,y) = \frac{S^2(x,y)}{E[N^2(x,y)]} \qquad (3\text{-}4)$$

对K幅图像求平均值，可得

$$\bar{D}(x,y) = \frac{1}{K}\sum_{i=1}^{K}[S(x,y) + N_i(x,y)] \qquad (3\text{-}5)$$

平均值图像的功率信噪比为

$$\bar{P}(x,y) = \frac{S^2(x,y)}{E\left\{\left[\dfrac{1}{K}\sum_{i=1}^{K}N_i(x,y)\right]^2\right\}} \qquad (3\text{-}6)$$

$N_i(x,y)$为随机噪声，它具有以下特性：

$$E[N_i(x,y)] = 0$$

$$E[N_i(x,y) + N_j(x,y)] = E[N_i(x,y)] + E[N_j(x,y)]$$

$$E[N_i(x,y)N_j(x,y)] = E[N_i(x,y)]E[N_j(x,y)]$$

由此，可以得出

$$\bar{P}(x,y) = \frac{S^2(x,y)}{\dfrac{1}{K^2}KE[N^2(x,y)]} = KP(x,y) \qquad (3\text{-}7)$$

由此可知，对K幅图像求平均值，则图像中每一点的功率信噪比提高了K倍。而功率信噪比与幅度信噪比之间是平方关系，故有

$$\sqrt{\bar{P}(x,y)} = \sqrt{K}\sqrt{P(x,y)} \qquad (3\text{-}8)$$

式(3-8)表示，求平均值以后，图像的幅度信噪比提高了$\sqrt{K}$倍，幅度信噪比随着被平均图像数量的增加而提高。

2. 减法运算

图像减法常用于检测图像变化的部分和运动的物体。图像减法运算又称为图像差分运算、

图像减影技术。差值图像提供了图像间的差异信息，它是将在不同时间下拍摄的同一景物的图像进行图像配准后相减得到的图像，可用于动态监测、运动目标检测和跟踪、图像背景消除等。例如，在动态监测时，差值图像可以用于发现森林火灾、洪水灾情，也可以用于监测河口、河岸的泥沙淤积及江河、湖泊、海岸等的污染。

利用减法运算消除图像背景的方法相当成功，其典型应用表现在医学上。例如，在血管造影技术中，肾动脉造影技术采用减法运算对诊断肾脏疾病能够得到独特效果。

在对图像进行减法运算时，必须使两幅相减图像的对应像素对应于空间同一目标点，否则必须先进行图像配准。

3. 乘法运算

乘法运算可用来遮住图像的某些部分，其典型应用是获取掩模图像。对于需要保留下来的区域，掩模图像的值置为1；而对于需要被遮住的区域，掩模图像的值置为0。

一般情况下，利用计算机图像处理软件生成掩模图像的步骤如下。

（1）新建一个与原图大小相同的图层，图层文件一般保存为二值图像文件。

（2）在新建图层上手动勾绘出需要保留的区域，该区域也可以由其他二值图像文件导入确定或由计算机图形文件（矢量）经转换生成。

（3）将整个图层保存为二值图像，选定区域内的像素点值为1，选定区域外的像素点值为0。

（4）对原图和（3）中形成的二值图像进行乘法运算，即可将原图选定区域外的像素点值置0，而选定区域内的像素点值保持不变，得到与原图分离的局部图像，即掩模图像。

掩模图像技术也可以灵活应用，如可以增强选定区域外的图像而对选定区域内的图像不进行处理，这时，只需将二值图像中选定区域外的像素点值置1而选定区域内的像素点值置0即可。

掩模图像技术还可以应用于图像局部增强。一般的图像增强处理都是对整幅图像进行操作，但在实际应用中，往往只需要对图像的某一局部区域进行增强，以突出某一具体的目标，若局部区域所包含的像素点数目相对于整幅图像所包含的来说非常小，在计算整幅图像的统计量时其影响可以忽略不计，因此以整幅图像的变换或转移函数为基础的增强方法对局部区域的影响也非常小，难以达到理想的增强效果。

4. 除法运算

图像的除法运算又称比值处理，是遥感图像处理中常用的方法。

图像的亮度可视为照射分量和反射分量的乘积。对多光谱图像来说，各个波段图像的照射分量基本相同，对其进行除法运算，就能够把它去掉；而反射分量（能反映图像的细节）在经过除法运算后差异扩大，利于遥感图像中地物图像的识别。

3.3.2 图像代数运算实现

以下Python程序实现了两幅灰度图像的加法操作。在进行加法运算时，图3-4（a）和图3-4（b）对应像素点值相加，如果最终值大于255，则取超过255的部分值。图像加法运算结果如图3-4（c）所示。

```python
import cv2
import numpy as np
from matplotlib import pyplot as plt
plt.rcParams['font.sans-serif'] = ['FangSong']
img1 = cv2.imread('C:\imdata\\bottle.png')
img2 = cv2.imread('C:\imdata\\landscape.png')
# 转换为RGB图像
img1 = cv2.cvtColor(img1, cv2.COLOR_BGR2RGB)
img2 = cv2.cvtColor(img2, cv2.COLOR_BGR2RGB)
height, width, d = img1.shape
image_plus = np.zeros((height, width, d), np.uint8)
image_minus = np.zeros((height, width, d), np.uint8)
for k in range(d):
    for i in range(height):
        for j in range(width):
            result = int(img1[i, j, k]) + int(img2[i, j, k])
            result = result - 255 if result > 255 else result
            image_plus[i, j, k] = result
plt.subplot(131), plt.imshow(img1), plt.title('图像1')
plt.subplot(132), plt.imshow(img2), plt.title('图像2')
plt.subplot(133), plt.imshow(image_plus), plt.title('图像相加')
plt.tight_layout(), plt.show()
```

（a）图像1　　　　　　　　（b）图像2　　　　　　　　（c）图像相加

图3-4　图像加法运算

cv2库实现了图像的基本算术运算，包括加法运算、减法运算、乘法运算、除法运算、对数运算等。

图像加法运算cv2.add()函数的基本语法如下：

```
add(src1, src2, dst=None, mask=None, dtype=None)
```

src1、src2：需要相加的两幅大小和通道数相等的图像。

dst：可选参数，输出图像保存的变量，默认值为None；如果不为None，则输出图像保存到dst对应的实参中，其大小和通道数与输入图像的相同。

mask：图像掩模，可选参数，为8位单通道的灰度图像，用于指定要更改的输出图像数组的元素，即对于输出图像像素，只有mask对应位置元素上不为0的部分才输出，否则该位置像素的所有通道分量都设置为0。

dtype：可选参数，输出图像数组的深度，即图像单个像素值的位数（如RGB用3个字节表示，则为24位）。

返回值：相加后得到的图像。

图像减法运算cv2.subtract()函数的基本语法如下，参数与加法的类似：

```
subtract(src1, src2, dst=None, mask=None, dtype=None)
```

图像乘法运算cv2.multiply()函数的基本语法如下，参数与加法的类似：

```
multiply(src1, src2, dst=None, mask=None, dtype=None)
```

以下Python程序实现了两幅灰度图像的减法操作。在进行减法运算时，图3-5（a）和图3-5（b）对应像素点值相减，得到的值取绝对值。图像减法运算结果如图3-5（c）所示。

```python
import cv2
import numpy as np
from matplotlib import pyplot as plt
plt.rcParams['font.sans-serif'] = ['FangSong']
img1 = cv2.imread('C:\imdata\walk.png', 0)
img2 = cv2.imread('C:\imdata\\null.png', 0)
height, width = img1.shape
image_minus = np.zeros((height, width), np.uint8)
for i in range(height):
    for j in range(width):
        result = abs(int(img1[i, j]) - int(img2[i, j]))
        image_minus[i, j] = np.uint8(result)
plt.set_cmap(cmap='gray')
plt.subplot(131), plt.imshow(img1), plt.title('图像1')
plt.subplot(132), plt.imshow(img2), plt.title('图像2')
plt.subplot(133), plt.imshow(image_minus), plt.title('图像相减')
plt.tight_layout(), plt.show()
```

（a）图像1

（b）图像2

（c）图像相减

图3-5　图像减法运算

以下Python程序实现了两幅灰度图像的乘法操作。在进行乘法运算时，先将图3-6（a）进行二值化得到图3-6（b），然后将图3-6（a）和图3-6（b）对应像素点值相乘。图像乘法运算结果如图3-6（c）所示。

```python
import cv2
import numpy as np
from matplotlib import pyplot as plt
plt.rcParams['font.sans-serif'] = ['FangSong']
img1 = cv2.imread('C:\imdata\\airplane.jpg', 0)
img2 = cv2.imread('C:\imdata\\airplane-3.jpg', 0)
# 图像二值化
rows, cols = img2.shape
img3 = np.zeros((rows, cols), dtype=np.uint8)
for i in range(rows):
    for j in range(cols):
        if (img2[i, j]) > 100:
            img3[i, j] = 1
        else:
            img3[i, j] = 0
res = cv2.multiply(img1, img3)
plt.set_cmap(cmap='gray')
plt.subplot(131), plt.imshow(img1), plt.title('图像1')
plt.subplot(132), plt.imshow(img2), plt.title('图像2')
plt.subplot(133), plt.imshow(res), plt.title('图像相乘')
plt.tight_layout(), plt.show()
```

（a）图像1

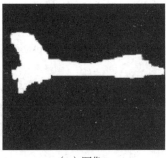

（b）图像2

（c）图像相乘

图3-6　图像乘法运算

3.4 图像逻辑运算

3.4.1 图像逻辑运算算法

在二值图像处理中常用到逻辑运算，主要包括"与""或""非""异或"等。

设 $A(x,y)$ 、 $B(x,y)$ 为二值输入图像， $C(x,y)$ 为二值输出图像，"1"表示二值图像中的对象，"0"表示二值图像中的背景。

（1）逻辑与（AND）：记为 $A(x,y)$ AND $B(x,y)$ 或 $A(x,y)B(x,y)$ 。该运算对应二进制运算"&"（0&0=0；0&1=0；1&0=0；1&1=1）。

$$C(x,y) = A(x,y)B(x,y) = \begin{cases} 1, & \text{如果 } A(x,y)=1 \text{且 } B(x,y)=1 \\ 0, & \text{其他} \end{cases} \tag{3-9}$$

（2）逻辑或（OR）：记为 $A(x,y)$ OR $B(x,y)$ 或 $A(x,y)+B(x,y)$ 。逻辑或运算是指如果一个操作数或多个操作数为True，则逻辑或运算符返回布尔值True；只有全部操作数为False，结果才是False。该运算对应二进制运算"|"（0|0=0；0|1=1；1|0=1；1|1=1）。

$$C(x,y) = A(x,y)+B(x,y) = \begin{cases} 0, & \text{如果 } A(x,y)=0 \text{ 且} B(x,y)=0 \\ 1, & \text{其他} \end{cases} \tag{3-10}$$

（3）逻辑非（NOT）：记为NOT $A(x,y)$ 或 $\overline{A}(x,y)$ 。该运算对应二进制运算"~"（~0=1；~1=0）。图像补运算就是逻辑非运算，用于对图像像素进行反色处理，它将原图的黑色像素点转换为白色像素点，白色像素点则转换为黑色像素点。

$$\overline{A}(x,y) = 1-A(x,y) = \begin{cases} 1, & \text{如果 } A(x,y)=0 \\ 0, & \text{如果 } A(x,y)=1 \end{cases} \tag{3-11}$$

（4）逻辑异或（XOR）：记为 $A(x,y)$XOR$B(x,y)$ 或 $A(x,y) \oplus B(x,y)$ ，其运算法则为如果 a、b 两个值不相同，则异或结果为1；如果 a、b 两个值相同，则异或结果为0。该运算对应二进制运算"XOR"（0 XOR 0=0；0 XOR 1=1；1 XOR 0=1；1 XOR 1=0）。

$$C(x,y) = A(x,y) \oplus B(x,y) = \begin{cases} 0, & \text{如果} A(x,y)=B(x,y)=0 \text{ 或 } A(x,y)=B(x,y)=1 \\ 1, & \text{如果} A(x,y)=1, B(x,y)=0 \text{ 或 } A(x,y)=0, B(x,y)=1 \end{cases} \tag{3-12}$$

以上4种逻辑运算示意如图3-7所示，图像中的黑色表示1，白色表示0。另外，它们还可以

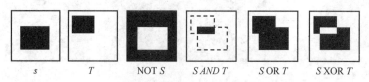

s　　　　T　　　　NOT S　　S AND T　　S OR T　　S XOR T

图3-7　图像的逻辑运算

组合成其他更为复杂的逻辑运算。

3.4.2　图像逻辑运算实现

以下Python程序实现了图像的逻辑运算。首先裁剪出图像1的头部图像位置，将头部图像位置设为白色（灰度值为255），其他位置默认为黑色（灰度值为0），得到图像2。接下来利用cv2库的bitwise_and()函数对两幅图像进行与运算，结果如图3-8所示。

```python
import cv2
import numpy as np
import matplotlib.pyplot as plt
plt.rcParams['font.sans-serif'] = ['FangSong']
plt.rcParams['axes.unicode_minus'] = False
cameraman = cv2.imread('C:\imdata\cameraman.tif', 0)
head_area = np.zeros(cameraman.shape, dtype=np.uint8)
head_area[32:85, 88:141] = 255
res = cv2.bitwise_and(cameraman, head_area)
fig, ax = plt.subplots(ncols=3, figsize=(8, 4))
plt.set_cmap(cmap='gray')
ax[0].imshow(cameraman), ax[0].set_title('图像1')
ax[1].imshow(head_area), ax[1].set_title('图像2')
ax[2].imshow(res), ax[2].set_title('与运算后的图像')
plt.show()
```

　　（a）图像1　　　　　　　　　　（b）图像2　　　　　　　　（c）与运算后的图像

图3-8　逻辑运算

OpenCV库中包含多种逻辑运算函数，其中，与运算使用cv2.bitwise_and()函数，或运算使用cv2.bitwise_or()函数，非运算使用cv2.bitwise_not()函数，异或运算使用cv2.bitwise_xor()函数。bitwise_and()函数用于将两幅图像按位相与，该函数通过对两个相应像素的二进制值进行逻辑与操作，将同一位置灰度值最小的像素作为输出图像的像素值，从而达到合并图像的效果。函数定义如下：

```
cv2.bitwise_and(src1, src2, mask=None)
```

其中，参数src1表示输入原图像1，src2表示输入原图像2，src2必须和src1有相同的类型和大小。mask表示掩模图像，只有在需要对特定区域进行操作时才使用它。

3.5 图像的缩放

3.5.1 图像缩放变换算法

图像缩放是指将给定的图像在 x、y 轴方向上分别以 f_x 和 f_y 的比例缩放，从而获得一幅新的图像。如果 $f_x = f_y$，即表示在 x 轴和 y 轴方向上缩放的比例相同，按照该比例进行的缩放称为图像的全比例缩放。如果 $f_x \neq f_y$，图像的比例缩放会改变原图的像素间的相对位置，产生几何畸变。

设原图像中的点 $P_0(x_0, y_0)$ 在按比例缩放后，在新图像中的对应点为 $P(x, y)$，则 $P_0(x_0, y_0)$ 和 $P(x, y)$ 之间的关系用矩阵形式可表示为

$$\begin{bmatrix} x \\ y \\ 1 \end{bmatrix} = \begin{bmatrix} f_x & 0 & 0 \\ 0 & f_y & 0 \\ 0 & 0 & 1 \end{bmatrix} \begin{bmatrix} x_0 \\ y_0 \\ 1 \end{bmatrix} \tag{3-13}$$

式(3-13)的逆运算为

$$\begin{bmatrix} x_0 \\ y_0 \\ 1 \end{bmatrix} = \begin{bmatrix} \dfrac{1}{f_x} & 0 & 0 \\ 0 & \dfrac{1}{f_y} & 0 \\ 0 & 0 & 1 \end{bmatrix} \begin{bmatrix} x \\ y \\ 1 \end{bmatrix} \tag{3-14}$$

即

$$\begin{cases} x_0 = x/f_x \\ y_0 = y/f_y \end{cases} \tag{3-15}$$

如果按比例缩放后图像中的像素在原图像中找不到对应的像素点，则此时需要进行插值处理。常用的两种插值处理方法如下：

（1）直接为该像素赋予它最相近的像素值，该方法称为最近邻插值（Nearest Neighbor Interpolation）法或最近邻域法；

（2）通过插值算法计算相应的像素值。

前一种方法是一种最基本、最简单的图像插值算法，但其缩放效果不佳。采用这种方法放大后的图像会出现马赛克，而缩小后的图像会严重失真。出现这些情况的原因在于当由目标图像的坐标值反推得到的原图像的坐标值是一个浮点数时，直接采用四舍五入的方法将目标图像的像素值设定为原图像中最接近的像素值。比如，当反推得到坐标值0.68的时候，不应该简单取为1，由于0.68比1小0.32，比0大0.68，因此目标像素值应该根据原图像中虚拟点四周的4个真实像素值来按照一定的规律进行计算，这样才能达到更好的缩放效果。后一种方法包括双线性插值法。双线性插值法是一种比较好的图像插值算法，它充分地利用了原图像中虚拟点四周的4个真实像素值来共同决定目标图像中的一个像素值，因此它的缩放效果比简单的最近邻插值法的要好很多。

1.　图像按比例缩小

最简单的比例缩小是当 $f_x = f_y = 1/2$ 时，图像被缩到1/4大小，缩小后的图像中的 $(0,0)$ 像素对应于原图像中的 $(0,0)$ 像素；$(0,1)$ 像素对应于原图像中的 $(0,2)$ 像素；$(1,0)$ 像素对应于原图像中的 $(2,0)$ 像素，以此类推。图像按比例缩小其实是取原图像的偶（奇）数行和偶（奇）数列构成新的图像，如图3-9所示。

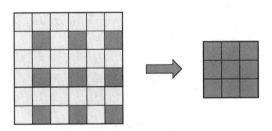

图3-9　图像按比例缩小到1/4大小

若图像按任意比例缩小，则需要计算选择的行和列。若将 $M \times N$ 大小的原图像 $F(x, y)$ 缩小为 $kM \times kN$（$k < 1$）大小的新图像 $I(x, y)$，则

$$I(x, y) = F\big(\text{int}(cx), \text{int}(cy)\big) \qquad (3\text{-}16)$$

式中，$c = 1/k$。由式(3-16)可以构造出新图像，如图3-10所示。

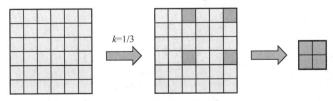

图3-10　图像按任意比例缩小（$k=1/3$）

2. 图像不按比例缩小

当 $f_x \neq f_y \left(f_x < 1, f_y < 1 \right)$ 时，因为在 x 和 y 方向的缩小比例不同，图像一定会产生几何畸变，如图3-11所示。图像不按比例缩小的方法如下。如果将 $M \times N$ 大小的原图像 $F(x,y)$ 缩小为 $k_1 M \times k_2 N$（ $k_1 < 1$，$k_2 < 1$ ）大小的新图像 $I(x,y)$，则

$$I(x,y) = F\left(\text{int}(c_1 x), \text{int}(c_2 y) \right) \tag{3-17}$$

式中，$c_1 = 1/k_1$，$c_2 = 1/k_2$。

图3-11　图像不按比例缩小

3. 图像按比例放大

在图像的放大操作中，会产生多出来的像素空格点，故需要确定其像素值，这属于信息的估计问题。当 $f_x = f_y = 2$ 时，图像被按比例放大两倍，放大后图像中的 $(0,0)$ 像素对应于原图像中的 $(0,0)$ 像素；$(0,1)$ 像素对应于原图像中的 $(0,0.5)$ 像素，该像素不存在，其像素值可以近似为 $(0,0)$ 像素的，也可以近似为 $(0,1)$ 像素的；$(0,2)$ 像素对应于原图像中的 $(0,1)$ 像素；$(1,0)$ 像素对应于原图像中的 $(0.5,0)$ 像素，其像素值可以近似为 $(0,0)$ 或 $(1,0)$ 像素的；$(2,0)$ 像素对应于原图中的 $(1,0)$ 像素，以此类推。图像按比例放大其实是将原图像每行中的像素重复取值一

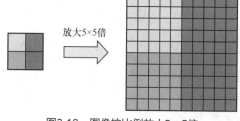

放大5×5倍

图3-12　图像按比例放大5×5倍

遍，然后每行重复一次。

一般地，按比例将原图像放大 $k \times k$ 倍时，若按最近邻插值法则需要将一个像素值添加到新图像的 $k \times k$ 子块中，如图3-12所示。显然，如果放大倍数太大，会出现马赛克效应。

4. 图像不按比例放大

当 $f_x \neq f_y \left(f_x > 1, f_y > 1 \right)$ 时，图像在 x 和 y 方向按不同比例放大，此时，由于 x 和 y 方向的放大倍数不同，图像会产生几何畸变。

为了提高几何变换后图像的质量，常采用双线性插值法。该方法的原理是：当求出的分数地址与像素点不一致时，求出其与周围4个像素点的距离比，根据该比值由4个邻域的像素灰度值进行双线性插值。简化后的插值点(x,y)处的灰度值可用式(3-18)计算：

$$g(x,y) = (1-q)\{(1-p)f([x],[y]) + pf([x]+1,[y])\} + \\ q\{(1-p)f([x],[y]+1) + pf([x]+1,[y]+1)\} \tag{3-18}$$

式中，$g(x,y)$为插值后坐标(x,y)处的灰度值；$f(x,y)$为插值前坐标(x,y)处的灰度值；$[x]$、$[y]$分别为不大于x、y的整数。

3.5.2 图像缩放实现

以下Python程序实现了图像的缩小，将原图的长和宽均缩小1/2，如图3-13所示。图像由250像素×250像素变为125像素×125像素。

```
import cv2
from skimage import transform
from matplotlib import pyplot as plt
plt.rcParams['font.sans-serif'] = ['FangSong']
plt.rcParams['axes.unicode_minus'] = False
img = cv2.imread('C:\imdata\cameraman.tif', 0)
img_rescale = transform.rescale(img, 0.5)   # 缩小为原来图像大小的1/4
fig, ax = plt.subplots(ncols=1, nrows=2, sharex=True, sharey=True, figsize=(8, 4))
plt.set_cmap(cmap='gray')
ax[1].imshow(img_rescale), ax[1].set_title('缩小后')
ax[0].imshow(img), ax[0].set_title('原图')
plt.tight_layout(), plt.show()
```

（a）原图　　　　　　　　　　　　（b）缩小后

图3-13　图像的缩放

skimage库中transform模块的rescale()函数支持按比例缩放图像，cv2库的resize()也实现了类似的功能，感兴趣的读者可以自行查阅。rescale()函数的格式为

```
skimage.transform.rescale(image, scale[, …])
```

其中，scale参数可以是单个浮点数，表示缩放的倍数；它也可以是一个浮点型的元组，如[0.2，0.5]，表示将行列数分开进行缩放。

3.6 图像的旋转

3.6.1　图像旋转变换算法

图像的旋转一般以图像的中心为原点，将图像上的所有像素都旋转一个相同的角度。旋转变换后仅产生图像位置的变化，图像的大小一般不会改变。在图像旋转变换中既可以把转出显示区域的图像截去，也可以扩大显示尺寸以显示所有的图像。如图3-14所示，其中图（a）为原图，图（b）为旋转后的图像。

（a）原始图像　　　　　　　　　　　（b）旋转后的图像

图3-14　图像旋转

图像的旋转变换同样可用矩阵变换表示。设点 $P_0(x_0, y_0)$ 旋转 θ 后的对应点为 $P(x, y)$，则旋转前后点 $P_0(x_0, y_0)$、$P(x, y)$ 的坐标分别是

$$\begin{cases} x_0 = r\cos a \\ y_0 = r\sin a \end{cases}$$

$$\begin{cases} x = r\cos(a-\theta) = r\cos a\cos\theta + r\sin a\sin\theta = x_0\cos\theta + y_0\sin\theta \\ y = r\sin(a-\theta) = r\sin a\cos\theta - r\cos a\sin\theta = -x_0\sin\theta + y_0\cos\theta \end{cases} \tag{3-19}$$

矩阵表达式为

$$\begin{bmatrix} x \\ y \\ 1 \end{bmatrix} = \begin{bmatrix} \cos\theta & \sin\theta & 0 \\ -\sin\theta & \cos\theta & 0 \\ 0 & 0 & 1 \end{bmatrix} \begin{bmatrix} x_0 \\ y_0 \\ 1 \end{bmatrix} \tag{3-20}$$

其逆运算为

$$\begin{bmatrix} x_0 \\ y_0 \\ 1 \end{bmatrix} = \begin{bmatrix} \cos\theta & -\sin\theta & 0 \\ \sin\theta & \cos\theta & 0 \\ 0 & 0 & 1 \end{bmatrix} \begin{bmatrix} x \\ y \\ 1 \end{bmatrix} \tag{3-21}$$

用式(3-21)可以计算旋转后图像上像素的坐标。例如,将图3-15(a)所示的一幅大小为 3×3 的图像进行旋转,当 $\theta = 30°$ 时,式(3-19)为

$$\begin{cases} x = 0.866x_0 - 0.5y_0 \\ y = -0.5x_0 + 0.866y_0 \end{cases}$$

变换 x、y 后,可能取的最小、最大值分别为

$$x_{\min} = 0.866 - 0.5 \times 3 = -0.634, \quad x_{\max} = 0.866 \times 3 - 0.5 = 2.098$$
$$y_{\min} = 0.866 - 0.5 \times 3 = -0.634, \quad y_{\max} = 0.866 \times 3 - 0.5 = 2.098$$

旋转后图像如图3-15所示。

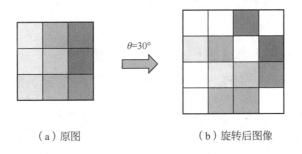

（a）原图　　　　　　　　　　　（b）旋转后图像

图3-15　图像旋转30° 示意

使用式(3-20)进行图像旋转时需注意如下两点。

（1）为了避免图像旋转之后可能产生的信息丢失问题,可以先平移图像,再旋转图像。假设旋转前图像左上角均在坐标原点 O 处,虚线框所示为旋转前的图像,实线框所示为旋转后的图像。具体方法有两种:一种是中心旋转平移法,如图3-16所示,绕中心点旋转图像,根据式(3-19)计算出图像旋转后 x、y 方向的最大和最小值,然后将图像平移到点划线所在的矩形位置;另一种是坐标轴平移法,如图3-17所示,根据式(3-19)计算出在 Oxy 坐标系中图像旋转后 x、y 方向的最大和最小值,然后新建一个坐标系 $O_1x_1y_1$,在新的坐标系中得到平移后的图像。坐标轴平移法无须考虑旋转中心的位置,因此具有更好的适用性。

（2）在图像旋转之后,由于坐标取值不同,图像可能会出现一些空洞点,如图3-15（b）中(2,3)位置的白色方格所示,需对空洞点进行填充处理,否则边缘将会出现锯齿,从而影响画面效果,如图3-14（b）所示。填充空洞点可采用插值处理,最简单的方法是行插值或列插

值方法：对于图像旋转前某一点(x,y)的像素值，除了需要填充旋转后坐标为(x',y')的点外，还需要填充旋转后坐标为$(x'+1,y')$和$(x',y'+1)$的点。

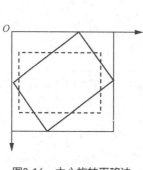
图3-16　中心旋转平移法

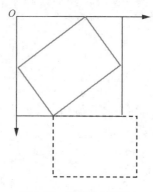
图3-17　坐标轴平移法

按照上述行插值或列插值方法，原像素点$(x=1,y=2)$经旋转$30°$后得到变换后的点$(x'=2,y'=2)$，其后的空洞点$(x',y'+1)$可以填充为(x',y')，即空洞点$(2,3)$可以用$(2,2)$点的值来代替。当然，采用不同的插值方法所得到的空洞点的值是不同的，也可以采用其他方法来进行处理以得到不同的空洞点填充效果。

上述所讨论的旋转是绕坐标原点$(0,0)$进行的。如果图像绕一个指定点(a,b)旋转，则先要将坐标系平移到该点，再进行旋转，然后将旋转后的图像平移回原来的坐标原点。

3.6.2　图像旋转实现

以下Python程序实现了图像的旋转，使用skimage库中transform模块的rotate()函数实现，支持图像的顺时针和逆时针旋转，结果如图3-18所示。

```
import cv2
from skimage import transform
import matplotlib.pyplot as plt
plt.rcParams['font.sans-serif'] = ['FangSong']
plt.rcParams['axes.unicode_minus'] = False
img = cv2.imread('C:\imdata\cameraman.tif', 0)
img_rotate = transform.rotate(img, 60)  # 旋转60度
fig, ax = plt.subplots(ncols=2, figsize=(8, 4))
plt.set_cmap(cmap='gray')
ax[0].imshow(img), ax[0].set_title('原图')
ax[1].imshow(img_rotate), ax[1].set_title('逆时针旋转60度')
plt.show()
```

skimage库中transform模块的rotate()函数格式为

```
skimage.transform.rotate(image, angle,resize=False)
```

（a）原图　　　　　　　　　　　　（b）逆时针旋转60度

图3-18　图像的旋转

其中，angle参数是浮点型参数，表示旋转的度数，默认逆时针旋转，当该参数的值为负数时表示顺时针旋转；resize参数用于控制在旋转时，是否改变图像大小，默认为False。

3.7 图像的平移

3.7.1 图像平移变换算法

平移（Translation）是最常见的变换，比如，移动的汽车可以视为平移运动。图像的平移是将一幅图像中的所有像素点均按照给定的偏移量分别沿 x、y 轴移动（Move）。如图3-19所示。

图3-19　图像平移

设点 $P_0(x_0, y_0)$ 平移到了 $P(x, y)$，其中 x、y 方向的平移量分别为 Δx、Δy，则点 $P(x, y)$ 的坐标为

$$\begin{cases} x = x_0 + \Delta x \\ y = y_0 + \Delta y \end{cases} \tag{3-22}$$

利用齐次坐标，变换前后图像上的点 $P_0(x_0, y_0)$ 和 $P(x, y)$ 之间的关系可表示如下：

$$\begin{bmatrix} x \\ y \\ 1 \end{bmatrix} = \begin{bmatrix} 1 & 0 & \Delta x \\ 0 & 1 & \Delta y \\ 0 & 0 & 1 \end{bmatrix} \begin{bmatrix} x_0 \\ y_0 \\ 1 \end{bmatrix} \tag{3-23}$$

式(3-23)的逆运算为

$$\begin{bmatrix} x_0 \\ y_0 \\ 1 \end{bmatrix} = \begin{bmatrix} 1 & 0 & -\Delta x \\ 0 & 1 & -\Delta y \\ 0 & 0 & 1 \end{bmatrix} \begin{bmatrix} x \\ y \\ 1 \end{bmatrix} \tag{3-24}$$

即

$$\begin{cases} x_0 = x - \Delta x \\ y_0 = y - \Delta y \end{cases} \tag{3-25}$$

图像平移变换的特点是平移后的图像与原图像相同，只是位置发生了变化，平移后的新图像中的任何一个像素点均可以在原图像中找到对应的像素点。如果 Δx 或 Δy 大于0，则点 $(-\Delta x, -\Delta y)$ 不在原图像中。对于不在原图像中的点，可以将其像素的灰度值均设为0或255。若有像素点不在原图像中，则表明原图像中有像素点被移出显示区域，可以将新图像的宽度扩大 $|\Delta x|$，高度扩大 $|\Delta y|$，以避免丢失被移出显示区域的部分图像。

3.7.2　图像平移实现

以下Python程序实现了图像的平移。通过遍历图像的像素点，将图像沿着坐标轴 x 和 y 向右和向下各移动50个像素点，移动过的区域颜色设置为黑色（灰度值为0），结果如图3-20所示。

```
import cv2
import numpy as np
import matplotlib.pyplot as plt
plt.rcParams['font.sans-serif'] = ['FangSong']
plt.rcParams['axes.unicode_minus'] = False
image = cv2.imread('C:\imdata\cameraman.tif', 0)
height, width = image.shape
x = y = 50
image_move = np.zeros((256, 256), np.uint8)
for i in range(height):
    for j in range(width):
        if i >= x and j >= y:
            image_move[i, j] = image[i-x, j-y]
        else:
            image_move[i, j] = 0
fig, ax = plt.subplots(ncols=2, figsize=(8, 4))
plt.set_cmap(cmap='gray')
ax[0].imshow(image), ax[0].set_title('原图')
ax[1].imshow(image_translation), ax[1].set_title('平移后图像')
plt.show()
```

（a）原图　　　　　　　　　（b）平移后图像

图3-20 图像的平移

3.8 图像的裁剪

3.8.1 图像裁剪算法

图像的裁剪即通过选取图像矩阵中指定的起始和终止行数、列数，确定要裁剪的图像矩阵中的子矩阵，从而裁剪图像的指定区域。

3.8.2 图像裁剪实现

以下Python程序实现了图像裁剪。利用NumPy数组的功能，直接裁剪图像的指定区域，结果如图3-21所示。

```
import cv2
import matplotlib.pyplot as plt
plt.rcParams['font.sans-serif'] = ['FangSong']
plt.rcParams['axes.unicode_minus'] = False
img = cv2.imread('C:\imdata\cameraman.tif', 0)
img_cut = img[33:82, 95:137]
fig, ax = plt.subplots(ncols=2, figsize=(8, 4))
plt.set_cmap(cmap='gray')
ax[0].imshow(img), ax[0].set_title('原图')
ax[1].imshow(img_cut), ax[1].set_title('裁剪后图像')
plt.show()
```

（a）原图　　　　　　　　　　（b）裁剪后图像

图3-21　图像的裁剪

3.9 ▶ 图像的转置

3.9.1　图像转置算法

图像的转置即矩阵的转置，也就是行、列坐标互换，例如，点(x_0, y_0)转换后得到新坐标点(x_1, y_1)，数学表达式为$\begin{cases} x_1 = y_0 \\ y_1 = x_0 \end{cases}$。也可以按照图像旋转90°的方法来实现图像的转置。

3.9.2　图像转置实现

以下Python程序实现了图像的转置。利用NumPy库的T属性，即可得到NumPy数组的转置，结果如图3-22所示。

```python
import cv2
import matplotlib.pyplot as plt
plt.rcParams['font.sans-serif'] = ['FangSong']
plt.rcParams['axes.unicode_minus'] = False
img = cv2.imread('C:\imdata\cameraman.tif', 0)
img_t = img.T
fig, ax = plt.subplots(ncols=2, figsize=(8, 4))
plt.set_cmap(cmap='gray')
ax[0].imshow(img), ax[0].set_title('原图')
ax[1].imshow(img_t), ax[1].set_title('转置后图像')
plt.show()
```

　　（a）原图　　　　　　　　　　　（b）转置后图像

图3-22　图像的转置

3.10 ▶ 图像的镜像变换

3.10.1　图像镜像变换算法

　　图像的镜像（Mirror）变换分为水平镜像和垂直镜像。图像的水平镜像操作是将图像左半部分和右半部分以图像垂直中轴线为中心进行镜像对换；垂直镜像操作是将图像上半部分和下半部分以图像水平中轴线为中心进行镜像对换。但是，为了编程与实现方便，往往对水平镜像在 x 方向上进行平移操作（偏移量为图像宽度），对垂直镜像在 y 方向上进行平移操作（偏移量为图像高度），如图3-23所示。

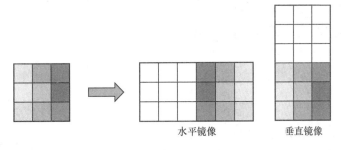

水平镜像　　　　　　垂直镜像

图3-23　图像的镜像示意

　　图像的镜像变换可用矩阵变换表示。设点 $P_0(x_0, y_0)$ 进行镜像后的对应点为 $P(x, y)$，图像高度为 f_{Height}，宽度为 f_{Width}，原图像中 $P_0(x_0, y_0)$ 经过水平镜像后坐标将变为 $(f_{\text{Width}} - x_0, y_0)$，其矩阵表达式为

$$\begin{bmatrix} x \\ y \\ 1 \end{bmatrix} = \begin{bmatrix} -1 & 0 & f_{\text{Width}} \\ 0 & 1 & 0 \\ 0 & 0 & 1 \end{bmatrix} \begin{bmatrix} x_0 \\ y_0 \\ 1 \end{bmatrix} \tag{3-26}$$

它的逆运算为

$$\begin{bmatrix} x_0 \\ y_0 \\ 1 \end{bmatrix} = \begin{bmatrix} -1 & 0 & f_{\text{Width}} \\ 0 & 1 & 0 \\ 0 & 0 & 1 \end{bmatrix} \begin{bmatrix} x \\ y \\ 1 \end{bmatrix} \tag{3-27}$$

即

$$\begin{cases} x_0 = f_{\text{Width}} - x \\ y_0 = y \end{cases}$$

同样，$P_0(x_0, y_0)$ 经过垂直镜像后坐标将变为 $(x_0, f_{\text{Height}} - y_0)$，其矩阵表达式为

$$\begin{bmatrix} x \\ y \\ 1 \end{bmatrix} = \begin{bmatrix} 1 & 0 & 0 \\ 0 & -1 & f_{\text{Height}} \\ 0 & 0 & 1 \end{bmatrix} \begin{bmatrix} x_0 \\ y_0 \\ 1 \end{bmatrix} \tag{3-28}$$

其逆运算为

$$\begin{bmatrix} x_0 \\ y_0 \\ 1 \end{bmatrix} = \begin{bmatrix} 1 & 0 & 0 \\ 0 & -1 & f_{\text{Height}} \\ 0 & 0 & 1 \end{bmatrix} \begin{bmatrix} x \\ y \\ 1 \end{bmatrix} \tag{3-29}$$

即

$$\begin{cases} x_0 = x \\ y_0 = f_{\text{Height}} - y \end{cases}$$

3.10.2　图像镜像变换实现

以下Python程序绘制出了图像的水平镜像、垂直镜像和中心对称图形。利用NumPy库的
flip()函数实现沿指定轴翻转数组元素，结果如图3-24所示。

```
import cv2
import numpy as np
import matplotlib.pyplot as plt
plt.rcParams['font.sans-serif'] = ['FangSong']
plt.rcParams['axes.unicode_minus'] = False
img = cv2.imread('C:\imdata\cameraman.tif', 0)
horizontal_img = np.flip(img, axis=1)
vertical_img = np.flip(img, axis=0)
center_img = np.flip(img)
fig, ax = plt.subplots(ncols=2, nrows=2, figsize=(8, 4))
plt.set_cmap(cmap='gray')
ax[0, 0].imshow(img), ax[0, 0].set_title('原图')
ax[0, 1].imshow(horizontal_img), ax[0, 1].set_title('水平镜像')
```

```
ax[1, 0].imshow(vertical_img), ax[1, 0].set_title('垂直镜像')
ax[1, 1].imshow(center_img), ax[1, 1].set_title('中心对称图像')
plt.tight_layout(), plt.show()
```

（a）原图

（b）水平镜像

（c）垂直镜像

（d）中心对称图像

图3-24　图像的镜像处理

NumPy库的flip()函数的功能是沿指定轴翻转数组元素，数组形状保持不变，但是数组元素顺序会改变。flip()函数的基本格式为

```
numpy.flip(m, axis=None)
```

其中，参数m表示输入数组；axis表示翻转方向，其值为0时表示向下翻转，其值为1时表示向右翻转，默认同时向下和向右翻转。

第4章
图像的空间域处理

　　图像在获取、传输和存储等过程中，可能受多种因素（如光学系统失真、曝光不足或过量、电子系统噪声、相对运动、环境干扰等）的影响，这些影响往往使图像与原始景物之间或图像与原图之间产生某种差异，这种差异称为图像降质（也称作图像退化）。降质的图像通常模糊不清，使得人眼视觉感受不佳，或者使得视觉系统从图像中提取的信息量减少、信息出现偏差甚至错误。因此，需要对降质的图像进行改善。图像改善方法有两类。一类图像改善方法是从主观出发，不考虑图像降质的原因，只将图像中感兴趣的部分加以处理或突出有用的图像特征，因此改善后的图像并不一定要与原图像十分相似。例如，提取图像中目标物轮廓，衰减各类噪声，将黑白图像转变为伪彩色图像，等等，这一类图像改善方法称为图像增强（Image Enhancement）。本章将着重从空间域的角度讨论图像增强；第5章将着重从频率域的角度讨论图像增强。从图像质量评价方面来看，图像增强的主要目的是提高图像的可辨识度。另一类图像改善方法是从客观出发，针对图像降质的具体原因，设法补偿降质因素，从而使改善后的图像尽可能地与原图十分相似。这类图像改善方法称为图像恢复或图像复原技术。显然，图像复原的主要目的是提高图像的逼真度，相关内容将在第6章讨论。

4.1 引言

图像增强的方法可分为空间域方法和频率域方法两大类。空间域方法在原图像上直接进行数据运算，对像素的灰度值进行处理。如果针对图像进行逐点运算，该运算称为点运算；如果在像素点邻域内进行运算，该运算称为局部运算或邻域运算。

图像增强的目的是改善图像的视觉效果或使图像更适合人或机器进行分析和处理。通过图像增强，可以减少图像噪声，提高目标与背景的对比度；也可以强调或抑制图像中的某些细节，例如，消除照片中的划痕，改善光照不匀的图像，突出目标的边缘，等等。本章主要讨论图像在空间域中对像素进行处理的方法。空间域图像增强的处理方法可以分为点处理和邻域处理。本章将介绍灰度增强、图像平滑、图像锐化和彩色图像增强等内容。

4.2 灰度增强

灰度增强也称为灰度级修正，是对图像在空间域进行增强的一种方法。可根据图像的灰度特征选择不同的增强方法。灰度增强可表示为

$$g(x,y) = T[f(x,y)] \tag{4-1}$$

式中，$f(x,y)$ 是增强前的图像；$g(x,y)$ 是增强后的图像；T 是对 f 的增强操作，可以作用于 (x,y) 处的单个像素，也可以作用于该像素的邻域，还可以作用于一系列图像在该点处的像素集合。

若操作是在像素的某个邻域内进行的，即某个像素的输出与该像素及其邻域的输入有关，则将这种操作称为邻域处理。邻域处理一般是基于模板卷积实现的，因此又称为模板操作或空间域滤波。若操作是在单个像素上进行的，即某个像素的输出只与该像素的输入有关，则将这种操作称为点处理。若输入/输出均为灰度值，则点处理就称为灰度变换。

常见的灰度变换方法有灰度变换法和直方图修正法。灰度变换法可以分为线性变换、分段线性变换及非线性变换。直方图修正法可以分为直方图均衡化和直方图规定化。

4.2.1　直方图修正法

直方图是对图像像素概率分布进行统计分析的重要手段。通过直方图可以直观得到图像的灰度分布范围、灰度概率分布、图像的对比度等信息；通过均衡、修正直方图，可以增强图像对比度；分析直方图，有助于确定图像分割的阈值；直方图还可用于图像匹配等操作。下面主要介绍直方图的定义、性质、均衡化和规定化方法。

1. 直方图的定义

直方图是灰度级的函数，它反映了图像中每一灰度级出现的次数或频率。对于数字图像，使用一维离散函数 $H(r_k) = n_k$ 除以图像像素总数可以得到归一化直方图：

$$p_k(r_k) = \frac{n_k}{n}, \; k = 0, 1, 2, \cdots, L-1 \tag{4-2}$$

式中，n 是图像的像素总数；L 是灰度级的总数；r_k 表示第 k 个灰度级；n_k 为第 k 个灰度级的像素数；$p_k(r_k)$ 表示第 k 个灰度级出现的频率，它是对该灰度级出现的统计结果。

从直方图可以看出图像的灰度分布特性。以图4-1（a）为例，图4-1（b）为其直方图，从图中可以看出像素灰度集中于低灰度级，对应偏暗的图像，可能是成像过程中曝光不足所致；像素灰度分布范围较小，即动态范围较窄，图像对比度不明显；像素灰度分布不均衡，可以通过直方图均衡化对图像的效果进行调整；该直方图具有明显的"双峰一谷"特点，可根据此特点选取阈值对图像进行分割处理。

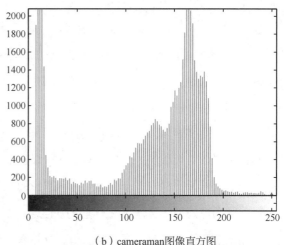

（a）cameraman图像　　　　　　　　　　（b）cameraman图像直方图

图4-1　cameraman图像及其直方图

以下Python程序用于绘制图像的直方图曲线，其中cv2库的calcHist()函数用于获取图像的直方图信息，结果如图4-2所示。

```python
import cv2
import matplotlib.pyplot as plt
plt.rcParams['font.sans-serif'] = ['FangSong']
plt.rcParams['axes.unicode_minus'] = False
img = cv2.imread('C:\imdata\onion.png', 0)
img_gray = cv2.cvtColor(img, cv2.COLOR_BGR2GRAY)
# 绘制灰度图像的直方图曲线
hist = cv2.calcHist(images=[img_gray], channels=[0], mask=None, histSize=[256],
ranges=[0, 255])
# 显示图像
plt.subplot(121), plt.imshow(img_gray, 'gray'), plt.title("灰度图像")
plt.subplot(122), plt.plot(hist, 'gray'), plt.title("直方图曲线")
plt.show()
```

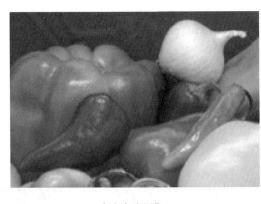
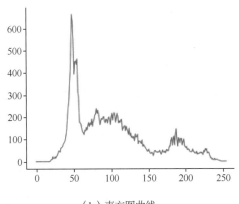

（a）灰度图像　　　　　　　　　　　　　　（b）直方图曲线

图4-2　绘制直方图

cvtColor()函数是OpenCV中用于图像颜色空间转换的函数，它支持将图像从一个颜色空间转换为另一个颜色空间。该函数的基本语法为

```
cv2.cvtColor(src, code[, dst[, dstCn]])
```

其中，src参数表示输入图像，可以是NumPy数组或OpenCV中的mat对象；code参数表示颜色空间转换代码，表示目标颜色空间，可以使用 OpenCV 中的 cv2.COLOR_* 常量来指定，如cv2.COLOR_BGR2GRAY表示将BGR彩色图像转换为灰度图像；dst是可选参数，表示输出图像，可以是MumPy数组或mat对象，如果未指定该参数，将会创建一幅新的图像来保存转换后的结果；dstCn也是可选参数，表示目标图像的通道数，默认值为0，表示与输入图像通道数保持一致。

OpenCV库的calcHist()函数可以用于绘制一幅图像的直方图，该函数的基本格式如下：

```
cv2.calcHist(images, channels, mask, histSize, ranges)
```

其中，images参数表示输入图像；channels参数表示进行直方图统计的通道；mask参数表示掩模图像，默认为None；histSize参数表示bin的数目；ranges参数表示像素值范围。

2. 直方图的性质

由直方图的定义可知，直方图具有以下3个重要性质。

（1）直方图是一幅图像中各灰度级出现频率的统计结果，不能反映灰度级像素的位置信息。

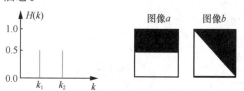

图4-3　不同的图像对应相同的直方图

（2）一幅图像对应一个直方图，但不同的图像可能对应相同的直方图，如图4-3所示，也就是说，图像与直方图之间可能是多对一的关系。

（3）直方图具有可加性，即整幅图像的直方图等于所有不重叠子区域的直方图叠加的结果。

3. 直方图均衡化

直方图均衡化也叫直方图均匀化，是一种常用的灰度增强算法。该算法的基本思想是把原图的直方图变换为均匀分布的形式，从而增加图像灰度的动态范围，以达到增强图像对比度的效果。对于经过均衡化处理的图像，其灰度级出现的频率相同，此时图像的熵最大，图像所包含的信息量最大。直方图均衡化变换过程示意如图4-4所示。

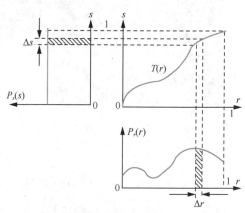

图4-4　直方图均衡化变换过程示意

设 r（$0 \leq r \leq 1$）为灰度变换前的归一化灰度级，$T(r)$ 为变换函数，$s = T(r)$（$0 \leq s \leq 1$）为变换后的归一化灰度级，变换函数 $T(r)$ 满足下列条件：

（1）当 $0 \leq r \leq 1$ 时，$T(r)$ 为单调递增函数；

（2）对于 $0 \leq r \leq 1$，有 $0 \leq T(r) \leq 1$，确保变换后的灰度范围不溢出。

条件（1）保证了变换后图像的灰度级从黑到白的次序不变。条件（2）保证了变换前后图像灰度范围一致。反变换 $r = T^{-1}(s)$ 也应满足类似的条件。

由概率论知识可知，如果已知随机变量 ξ 的概率密度函数为 $p_r(r)$，而随机变量 η 是 ξ 的函数，即 $\eta = T(\xi)$，η 的概率密度函数为 $p_s(s)$，则可由 $p_r(r)$ 求出 $p_s(s)$。因为 $s = T(r)$ 是单调递增的，所以它的反函数 $r = T^{-1}(s)$ 也是单调递增函数。可以求得随机变量 η 的分布函数

$$F_\eta(s) = P(\eta < s) = P(\xi < r) = \int_{-\infty}^{r} p_r(x)\mathrm{d}x \qquad (4\text{-}3)$$

对式(4-3)两边求导，即可得到随机变量η的概率密度函数$p_s(s)$

$$p_s(s) = \left[p_r(r) \frac{\mathrm{d}r}{\mathrm{d}s} \right]_{r=T^{-1}(s)} \tag{4-4}$$

使变换后的图像灰度s符合均匀分布，即有$p_s(s)=1$，代入式(4-4)可得$\mathrm{d}s = p_r(r)\mathrm{d}r$，对其两边积分可得到

$$T(r) = s = \int_0^r p_r(\omega)\,\mathrm{d}\omega \tag{4-5}$$

式中，ω是积分变量；$\int_0^r p_r(\omega)\,\mathrm{d}\omega$是$r$的累积分布函数。

容易证明，以累积分布函数为灰度变换函数，可得到灰度分布均匀的图像，即变换后的概率密度为1。式(4-5)对r求导得到$\mathrm{d}s/\mathrm{d}r = p_r(r)$，代入式(4-4)即可得证：

$$\begin{aligned}
p_s(s) &= \left[p_r(r) \frac{\mathrm{d}r}{\mathrm{d}s} \right]_{r=T^{-1}(s)} \\
&= \left[p_r(r) \frac{1}{\mathrm{d}s/\mathrm{d}r} \right]_{r=T^{-1}(s)} \\
&= \left[p_r(r) \frac{1}{p_r(r)} \right] = 1
\end{aligned} \tag{4-6}$$

直方图均衡化以累积分布函数作为变换函数来修正直方图，其结果扩展了灰度的动态范围。

【**例4-1**】设一幅图像的概率密度函数为

$$p_r(r) = \begin{cases} -2r+2, & 0 \leq \mathrm{r} \leq 1 \\ 0, & \text{其他} \end{cases}$$

用式(4-5)求其变换函数，即其累积分布函数为

$$s = T(r) = \int_0^r p_r(\omega)\,\mathrm{d}\omega = \int_0^r (-2\omega+2)\,\mathrm{d}\omega = -r^2 + 2r$$

在离散情况下，可用频率$p_r(r_k)$［详见式(4-2)］近似代替概率。式(4-5)的离散形式可以表示为

$$s_k = T(r_k) = \sum_{j=0}^k \frac{n_j}{n} = \sum_{j=0}^k p_r(r_j), \quad 0 \leq r_j \leq 1; \, k=0,\,1,\,\cdots,\,L-1 \tag{4-7}$$

当然，在对实际的数字图像进行处理时，变换前后的灰度r_k和s_k均为整数，需要用$s_k = \mathrm{int}[(L-1)s_k + 0.5]$将式(4-7)的变换结果$s_k$扩展到$[0,L-1]$并取整。

【**例4-2**】假定一幅大小为64像素×64像素、具有8个灰度级的图像的各灰度级像素分布如表4-1所示，试将该图像对应的直方图均衡化处理。

表4-1 各灰度级像素分布

灰度级 r_k	0	1/7	2/7	3/7	4/7	5/7	6/7	1
像素数 n_k	790	1023	850	656	329	245	122	81

原图直方图如图4-5（a）所示，其均衡化的处理过程如下。

由式(4-7)可得到一组变换函数：

$$\begin{cases} s_0 = T(r_0) = \sum_{j=0}^{0} p_r(r_j) = p_r(r_0) = 0.19 \\ s_1 = T(r_1) = \sum_{j=0}^{1} p_r(r_j) = p_r(r_0) + p_r(r_1) = 0.44 \\ s_2 = T(r_2) = \sum_{j=0}^{2} p_r(r_j) = p_r(r_0) + p_r(r_1) + p_r(r_2) = 0.65 \end{cases}$$

依此类推：$s_3 = 0.81$，$s_4 = 0.89$，$s_5 = 0.95$，$s_6 = 0.98$，$s_7 = 1.0$。变换函数如图4-5（b）所示。

由于输入、输出灰度均为整数，因此将上述变换结果扩展至$[0,7]$并取整，可得

$$s_0 \approx 1,\ s_1 \approx 3,\ s_2 \approx 5,\ s_3 \approx 6,\ s_4 \approx 6,\ s_5 \approx 7,\ s_6 \approx 7,\ s_7 \approx 7$$

由图4-5（c）可见，变换后的图像只有5个灰度级，分别是1、3、5、6、7。原直方图中几个相对频率较低的灰度级被归并到一个新的灰度级上，变换后的灰度级减少了，这种现象叫作"简并"。虽然存在简并现象，但灰度级间隔增大了，因而增加了图像对比度，即图像有了较大反差，许多细节会更加清晰，有利于图像的分析和识别。

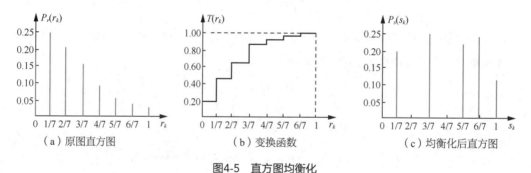

（a）原图直方图　　　　　（b）变换函数　　　　　（c）均衡化后直方图

图4-5　直方图均衡化

理论上，均衡化后的直方图应该是平坦的，但由于不能将同一灰度级的像素映射到不同的灰度级，因此实际结果只是近似均衡。

以下Python程序实现了灰度图像直方图的均衡化。利用cv2库的equalizeHist()函数对图像进行直方图均衡化，将要均衡化的图像作为参数传入，返回值即均衡化后的图像，结果如图4-6所示。

```python
import cv2
from matplotlib import pyplot as plt
plt.rcParams['font.sans-serif'] = ['FangSong']
plt.rcParams['axes.unicode_minus'] = False
img = cv2.imread('C:\imdata\onion.png')
img_gray = cv2.cvtColor(img, cv2.COLOR_BGR2GRAY)
# 计算直方图
hist_gray = cv2.calcHist([img_gray], [0], None, [256], [0, 255])
# 直方图均衡化
```

```
img_equalized = cv2.equalizeHist(img_gray)
# 计算均衡化后直方图
hist_equalized = cv2.calcHist([img_equalized], [0], None, [256], [0, 255])
# 显示图像
fig, ax = plt.subplots(ncols=2, nrows=2, figsize=(8, 4))
plt.set_cmap(cmap='gray')
ax[0, 0].imshow(img_gray), ax[0, 0].set_title('原图')
ax[0, 1].plot(hist_gray, 'gray'), ax[0, 1].set_title('原图直方图')
ax[1, 0].imshow(img_equalized), ax[1, 0].set_title('均衡化后图像')
ax[1, 1].plot(hist_equalized, 'gray'), ax[1, 1].set_title('均衡化后直方图')
plt.tight_layout(), plt.show()
```

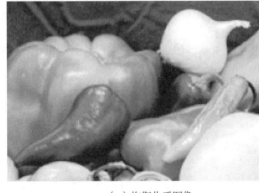

（a）原图　　　　　　　　　　　（b）原图直方图

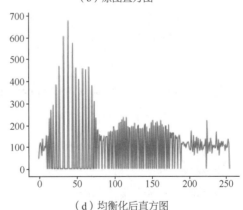

（c）均衡化后图像　　　　　　　（d）均衡化后直方图

图4-6　直方图均衡化

4. 直方图规定化

直方图均衡化能自动增强整幅图像的对比度，但增强效果不易控制，处理得到的是全局均衡化的直方图。然而，实际应用中可能希望将直方图变换为某个特定的形状（规定直方图），从而有选择地增强某个灰度范围内图像的对比度，这种方法称为直方图规定化，又称直方图匹配。直方图规定化可以借助直方图均衡化来实现。

设 $p_r(r_k)$ 和 $p_z(z_l)$ 分别表示原图直方图与规定直方图，灰度级分别为 L_1 和 L_2 （假定

$L_1 \geq L_2$），规定化处理后的直方图为 $p_r(r_k)$，则直方图规定化的步骤如下。

（1）对原图直方图进行均衡化处理，得到映射关系 $r_k \rightarrow s_k$：

$$s_k = T(r_k) = \sum_{i=0}^{k} \frac{n_i}{n} = \sum_{i=0}^{k} p_r(r_i), \ 0 \leq r_i \leq 1; \ k = 0, 1, \cdots, L_1 - 1$$

（2）对规定直方图进行均衡化处理，得到映射关系 $z_l \rightarrow v_l$：

$$v_l = G(z_l) = \sum_{j=0}^{l} \frac{n_j}{n} = \sum_{j=0}^{l} p_z(z_j), \ 0 \leq z_j \leq 1; \ l = 0, 1, \cdots, L_2 - 1$$

（3）先按照某种规则（如单映射规则和组映射规则）得到映射关系 $s_k \rightarrow v_l$，再由 $r_k \rightarrow s_k$ 得到 $r_k \rightarrow v_l$，最后由 $z_l \rightarrow v_l$ 的逆变换 $v_l \rightarrow z_l$ 求出 $r_k \rightarrow z_l$ 的变换。

单映射规则：对于每个 s_k，找出使式(4-8)最小的 l，将 r_k 映射到 z_l。

$$|s_k - v_l| = \left| \sum_{i=0}^{k} p_r(r_i) - \sum_{j=0}^{l} p_z(z_j) \right|, \ k = 0, 1, \cdots, L_1 - 1; \ l = 0, 1, \cdots, L_2 - 1 \qquad (4-8)$$

组映射规则：设有单调递增的整数函数 $I(l)$，对于每个 v_l，求出使式(4-9)最小的 $I(l)$。

$$|s_k - v_l| = \left| \sum_{i=0}^{I(l)} p_r(r_i) - \sum_{j=0}^{l} p_z(z_j) \right|, \ k = 0, 1, \cdots, L_1 - 1; \ l = 0, 1, \cdots, L_2 - 1 \qquad (4-9)$$

若 $l = 0$，则将 $k \in [0, I(0)]$ 范围内的 r_k 映射到 z_l；否则，将 $k \in [I(l-1)+1, I(l)]$ 范围内的 r_k 映射到 z_l。

按照单映射规则进行第（3）步的计算过程如下：

对于 s_0，当 $l = 3$ 时，使得 $|s_0 - v_3| = |0.19 - 0.2| = 0.01$ 最小，于是有 $r_0 \rightarrow z_3$；

对于 s_1，当 $l = 3$ 时，使得 $|s_1 - v_3| = |0.44 - 0.2| = 0.24$ 最小，于是有 $r_1 \rightarrow z_3$；

对于 s_2，当 $l = 5$ 时，使得 $|s_2 - v_5| = |0.65 - 0.7| = 0.05$ 最小，于是有 $r_2 \rightarrow z_5$。

同理，可以得到映射关系 $r_3 \rightarrow z_5$ 和 $r_4, r_5, r_6, r_7 \rightarrow z_7$。

按照组映射规则进行第（3）步的计算过程如下：

对于 v_3，当 $I(l) = 0$ 时，使得 $|s_0 - v_3| = |0.19 - 0.2| = 0.01$ 最小，于是有 $r_0 \rightarrow z_3$；

对于 v_5，当 $I(l) = 2$ 时，使得 $|s_2 - v_5| = |0.65 - 0.7| = 0.05$ 最小，于是有 $r_1, r_2 \rightarrow z_5$；

对于 v_7，当 $I(l) = 7$ 时，使得 $|s_7 - v_7| = 0$ 最小，于是有 $r_3, r_4, r_5, r_6, r_7 \rightarrow z_7$。

4.2.2　灰度的线性变换

假定原图像 $f(x,y)$ 的灰度范围为 $[a,b]$，希望变换后图像 $g(x,y)$ 的灰度范围扩展至 $[c,d]$，则灰度线性变换可表示为

$$g(x,y) = \frac{d-c}{b-a}[f(x,y)-a] + c \qquad (4-10)$$

增强图像对比度实际上是增强图像中各部分之间的反差，它往往通过改变图像中两个灰度值间的动态范围来实现，有时也称为对比度拉伸。如图4-7所示，若变换后图像的灰度范围 $[c,d]$ 大于变换前图像的灰度范围 $[a,b]$，尽管变换前后像素个数不变，但不同像素间的灰度差变大，因而对比度增强，图像更加清晰（图中F为原图像最大灰度值，G为灰度变换后图像最大灰度值）。对于8位灰度图像，若设置 $a=d=255$ 且 $b=c=0$，则使图像负像，即黑变白，白变黑。当感兴趣的目标处于低灰度范围时，可以利用负像增强图像效果。若图像总的灰度级为 L，其中大部分像素的灰度级分布在$[a,b]$，小部分像素的灰度级超出了此区间，则可以在$[a,b]$区间内进行线性变换，超出此区间的灰度级可以变换为常数或保持不变。

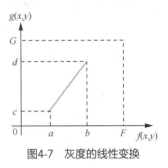

图4-7　灰度的线性变换

以下Python程序对灰度图像进行了线性变换。变换方法为遍历所有像素点，每个像素点的像素值先乘–1，再加255，最终得到原图的颜色反转图像，结果如图4-8所示。

```python
import cv2
import numpy as np
import matplotlib.pyplot as plt
plt.rcParams['font.sans-serif'] = ['FangSong']
plt.rcParams['axes.unicode_minus'] = False
img_gray = cv2.imread('C:\imdata\cameraman.tif', 0)
height, width = img_gray.shape
img_linear = np.zeros((height, width), np.uint8)
# 原图的灰度值反转
for i in range(height):
    for j in range(width):
        result = int(img_gray[i, j] * -1 + 255)
        img_linear[i, j] = np.uint8(result)
fig, ax = plt.subplots(ncols=2, figsize=(8, 4))
plt.set_cmap(cmap='gray')
ax[0].imshow(img_gray), ax[0].set_title('原图')
ax[1].imshow(img_linear), ax[1].set_title('灰度值反转')
plt.tight_layout(), plt.show()
```

（a）原图

（b）灰度值反转

图4-8　对灰度图像进行线性变换

4.2.3　灰度的分段线性变换

为了突出感兴趣的灰度区间，相对抑制不感兴趣的灰度区间，可采用灰度的分段线性变换。常用的3段线性变换如图4-9所示，L 表示图像总的灰度级，其数学表达式为

$$g(x,y)=\begin{cases} \dfrac{c}{a}f(x,y), & 0 \leqslant f(x,y) < a \\ \dfrac{d-c}{b-a}\big[f(x,y)-a\big]+c, & a \leqslant f(x,y) < b \\ \dfrac{L-1-d}{L-1-b}\big[f(x,y)-b\big]+d, & b \leqslant f(x,y) < L \end{cases} \quad (4\text{-}11)$$

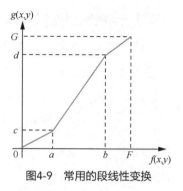

图4-9　常用的段线性变换

通过调整折线拐点的位置及控制分段直线的斜率可对任一灰度区间进行扩展或压缩。例如，当 $[a,b)$ 内变换直线的斜率大于1时，该灰度区间的动态范围扩展，即对比度增强，而另外两个灰度区间的动态范围则被压缩了。当 $a=b$、$c=0$、$d=L-1$ 时，式(4-11)就变成一个阈值函数，变换后将会产生一幅二值图像。

4.2.4　灰度的非线性变换

灰度的非线性变换采用非线性变换函数，以满足特殊的处理需求。典型的非线性变换函数有幂次函数、对数函数、指数函数、阈值函数、多值量化函数和窗口函数等。阈值函数、多值量化函数、窗口函数如图4-10所示（ $f(x,y)$ 和 $g(x,y)$ 分别为变换前后图像的灰度），实际上它们都可以归为阈值函数，即把某个灰度范围映射为一个固定的灰度值的函数，其目的是突出感兴趣的区域。

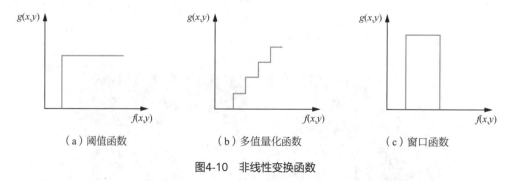

（a）阈值函数　　　　　（b）多值量化函数　　　　　（c）窗口函数

图4-10　非线性变换函数

图4-11是增强图像视觉效果的非线性变换函数。图4-11（a）是对数函数、正比函数、反比函数、幂次函数等的曲线形式，对数变换一般可表示为

$$g(x,y) = a + \frac{\lg\left[f(x,y)+1\right]}{c \cdot \lg b} \tag{4-12}$$

式(4-12)中，a、b、c 是为调整变换曲线的位置和形状而引入的参数。对数变换使得图像的低灰度范围得以扩展而高灰度范围得以压缩，变换后的图像更加适合人眼观察，因为人眼对高亮度的分辨率要高于对低亮度的分辨率。

指数变换的效果则与对数变换的相反，一般可表示为

$$g(x,y) = b^{c\left[f(x,y)-a\right]} - 1 \tag{4-13}$$

图4-11（b）所示是幂次变换，幂次变换一般可表示为

$$g(x,y) = c\left[f(x,y)\right]^{\gamma} \tag{4-14}$$

式中，c、γ 是正常数。不同的 γ 系数对灰度变换具有不同的响应。若 γ 小于1，它对灰度进行非线性放大，使得图像的整体亮度提高，并且对低灰度的放大程度大于对高灰度的放大程度，这样就导致图像的低灰度范围得以扩展而高灰度范围得以压缩；若 γ 大于1，则作用相反。

图4-11（c）则是根据用户指定的控制点而拟合出的样条曲线，它为增强图像的视觉效果提供了更加灵活的控制方式，其扩展了暗像素与亮像素的灰度范围，压缩了中间灰度范围。

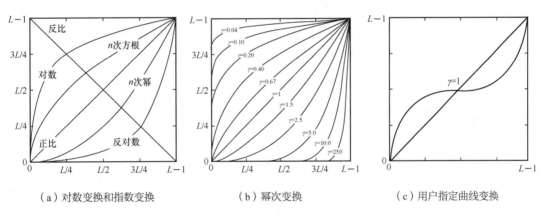

（a）对数变换和指数变换　　　　　（b）幂次变换　　　　　（c）用户指定曲线变换

图4-11　增强图像视觉效果的非线性变换函数

以下Python程序对灰度图像进行了非线性变换中的对数变换。先对图像灰度值取对数，log()函数中的像素值加1是为了保证真数不为0；再变换为0～255范围内的灰度值，结果如图4-12所示。

```python
import cv2
import numpy as np
import matplotlib.pyplot as plt
plt.rcParams['font.sans-serif'] = ['FangSong']
plt.rcParams['axes.unicode_minus'] = False
img = cv2.imread('C:\imdata\pout.tif', 0)
y = np.log(1 + img)
dst = (y / y.max()) * 255
```

```
dst = dst.astype(np.uint8)
fig, ax = plt.subplots(ncols=2, figsize=(8, 4))
plt.set_cmap(cmap='gray')
ax[0].imshow(img), ax[0].set_title('原图')
ax[1].imshow(dst), ax[1].set_title('对数变换后的图像')
plt.show()
```

（a）原图　　　　　　　　　　（b）对数变换后的图像

图4-12　灰度图像对数变换

　　图像获取、打印和显示等设备的输入、输出响应通常为非线性的，满足幂次关系。为了得到正确的输出结果而对这种幂次关系进行校正的过程称为γ校正（或伽马变换）。例如，阴极射线管显示器的输入强度与输出电压之间具有幂次关系，其γ值的范围约为1.8～2.5，它显示的图像往往比期望的图像更暗。为了消除这种非线性转换的影响，可以在显示之前对输入图像进行相反的幂次变换，即若γ=2.5且$c=1$，则以$\hat{g}(x,y)=f(x,y)^{1/2.5}$进行校正。校正后的输入图像在显示器上的输出与期望输出相符，即$g(x,y)=\hat{g}(x,y)^{2.5}=f(x,y)$。

　　幂次变换与对数变换都可以扩展或压缩图像的动态范围。相比而言，幂次变换具有更强的灵活性，使用该变换只需改变γ值就可以达到不同的增强效果。但是，对数变换在压缩动态范围方面更有效。例如，图像的傅里叶频谱的动态范围太大（可达到10^6）且频谱系数大小悬殊，需要压缩动态范围才能显示。若按比例压缩至$[0,255]$，则只有部分低频系数显示为高灰度，绝大部分高频系数显示为低灰度。若先进行对数变换再进行比例缩放，则可以缩小频谱系数差距，以显示出更多的高频系数。

　　灰度变换曲线一般都是单调的，从而保证了变换前后从黑到白的顺序不变。有时为了满足特殊需求，也可使用非单调曲线作为灰度变换曲线，但在某些领域，如放射学，则必须谨慎选择，不能改变有意义的灰度。

　　以下Python程序对灰度图像进行了伽马变换。在该程序中，r（代表γ）值分别为0.02和3，如果r大于1，会减弱暗区的对比度，增强亮区的对比度，并且r越大，效果越明显；如果r

小于1，会增强暗区的对比度，减弱亮区的对比度，并且*r*越小，效果越明显。结果如图4-13所示。

```
import cv2
import numpy as np
import matplotlib.pyplot as plt
plt.rcParams['font.sans-serif'] = ['FangSong']
plt.rcParams['axes.unicode_minus'] = False
img = cv2.imread('C:\imdata\pout.tif', 0)
r = 0.02
y = pow(img / 255, r) * 255
img_small = y.astype(np.uint8)
r = 3
y = pow(img / 255, r) * 255
img_big = y.astype(np.uint8)
fig, ax = plt.subplots(ncols=3, figsize=(8, 4))
ax[0].imshow(img, cmap='gray'), ax[0].set_title('原图')
ax[1].imshow(img_small, cmap='gray'), ax[1].set_title('灰度图像伽马变换(r=0.02)')
ax[2].imshow(img_big, cmap='gray'), ax[2].set_title('灰度图像伽马变换(r=3)')
plt.show()
```

（a）原图   （b）灰度图像伽马变换（$r = 0.02$）   （c）灰度图像伽马变换（$r = 3$）

图4-13 灰度图像伽马变换

4.3 图像平滑

图像平滑主要有两个作用：一个是消除或减少噪声，提高图像质量；另一个是模糊图像，使图像看起来柔和、自然。图像平滑可以在空间域中进行，也可以在频率域中进行。空间域常用的图像平滑方法有邻域平均法、多幅图像平均法、中值滤波法、模板操作等；在频率域，可以采用理想低通、巴特沃思低通等各种形式的低通滤波器进行低通滤波，从而实现平滑处理。

4.3.1　图像噪声

"噪声"（Noise）一词来自声学，原指在人们聆听目标声音时起干扰作用的声音。后来"噪声"一词被引入电路和系统中，那些干扰正常信号的电平被称为"噪声"。在图像系统中，可以从以下两个方面来理解"图像噪声"产生的原因。一方面，从电信号的角度来理解，因为图像的形成往往与图像器件的电子特征密切相关，因此，多种电子噪声会反映到图像信号中。这些噪声既可以在电信号中被观察到，也可以在电信号转变为图像信号后在图像中表现出来。另一方面，图像的形成和显示都和光有关，并且和承载图像的媒介密不可分，因此由光照、光电现象、承载媒介造成的噪声也是产生图像噪声的重要原因。

1. 图像噪声的分类

（1）按照噪声产生原因，图像噪声可分为外部噪声和内部噪声。由外部干扰引起的噪声称为外部噪声，例如外部电气设备产生的电磁波干扰、天体放电产生的脉冲干扰等。由系统电气设备内部引起的噪声称为内部噪声，例如内部电路的相互干扰等。

（2）按照噪声统计特性，图像噪声可分为平稳噪声和非平稳噪声。统计特性不随时间变化的噪声称为平稳噪声，统计特性随时间变化的噪声称为非平稳噪声。

（3）按照噪声幅度分布，图像噪声可以分为高斯噪声、椒盐噪声等。幅度分布服从高斯分布的噪声称为高斯噪声。椒盐噪声也称为脉冲噪声，由随机分布的白点（盐噪声）和黑点（胡椒噪声）组成。

（4）按照噪声频谱特性，图像噪声可以分为白噪声和$1/f$噪声等。功率谱密度在频率域内均匀分布的噪声称为白噪声，功率谱密度与频率成反比的噪声称为$1/f$噪声。

（5）按照噪声和信号之间的关系，图像噪声可分为加性噪声和乘性噪声。假定信号为$S(t)$，噪声为$n(t)$，如果混合叠加波形是$S(t)+n(t)$形式，则称该噪声为加性噪声；如果混合叠加波形为$S(t)\left[1+n(t)\right]$形式，则称该噪声为乘性噪声。加性噪声与信号强度无关，而乘性噪声与信号强度有关。为了分析和处理方便，往往将乘性噪声近似为加性噪声，因而总是假定信号和噪声是互相独立的。

2. 图像噪声的特点

图像噪声具有如下特点。

（1）随机性

由于噪声在图像中是随机出现的，其分布和大小也是随机的，因此，需根据具体噪声的特点，采用概率统计方法对其进行分析和处理。

（2）相关性

噪声与图像之间一般具有相关性。例如，摄像机的信号和噪声相关，黑暗部分的噪声大，明亮部分的噪声小。又如，数字图像中的量化噪声与图像相位相关，图像内容接近平坦时，量化噪声呈现伪轮廓，但图像中的随机噪声会因为颤噪效应使量化噪声变得不是很明显。

（3）叠加性

在串联图像传输系统中，各个串联部件引起的噪声叠加，会造成信噪比下降。图像噪声使得图像质量退化，并导致图像分析变得更加困难。因此，图像去噪是图像预处理的重要内容之一。

3. 常见噪声的统计特性

噪声具有随机性，只能采用概率统计方法进行分析和处理。因此可以借用随机过程的概率密度函数来描述图像噪声。但在很多情况下，这样的描述是很复杂的，甚至是不可能实现的。通常借用随机过程的概率密度函数的统计数字特征，即均值、方差、相关函数等来近似描述噪声，因为这些统计数字特征可以反映出噪声的主要特征。

（1）高斯白噪声

高斯白噪声的幅度服从正态分布，可用式(4-15)表示。高斯白噪声的频谱为常数，即所有的频率分量都相等，"白光"的频谱也为常数，因此将该噪声称为"白"噪声。既然有"白"噪声，那么也有"有色"噪声，显然，有色噪声的频谱就不再为常数了。

$$P(z) = \frac{1}{\sqrt{2\pi}\sigma} \exp[-\frac{(z-u)^2}{2\sigma^2}] \tag{4-15}$$

（2）椒盐（脉冲）噪声

随机椒盐（脉冲）噪声（Salt-Pepper Noise）的概率密度分布呈二值状态，可用式(4-16)表示。它的灰度只有两个值a和b。一般情况下a值很小，接近黑色，在图像上呈现为随机散布的小黑点；b值很大，接近白色，在图像上呈现为随机散布的小白点。因此，形象地称这种犹如撒在图像上的胡椒和盐的脉冲噪声为椒盐噪声。

$$P(z) = \begin{cases} p_a, & z = a \\ p_b, & z = b \\ 0, & \text{其他} \end{cases} \tag{4-16}$$

（3）均匀噪声

均匀噪声的概率密度分布为常数，可用式(4-17)表示。它的灰度在$[a, b]$区间呈均匀分布。

$$P(z)=\begin{cases}1/(b-a), & a\leqslant z\leqslant b\\ 0, & 其他\end{cases} \tag{4-17}$$

提高被噪声污染的图像的质量有两种方法。一种方法是不考虑图像噪声的原因，只对图像中某些部分加以处理或突出有用的图像特征信息，改善后的图像的信息并不一定与原图像的信息完全一致。这一种提高被噪声污染图像质量的方法就是图像增强技术，其主要作用是要提高图像的可辨识度。另一种方法是针对图像产生噪声的具体原因，采取技术方法补偿噪声影响，使改善后的图像尽可能地接近原图。这种方法称为图像恢复或图像复原技术。

4.3.2 邻域平均法

邻域平均法是一种线性低通滤波器，其思想是用与滤波器模板对应的邻域像素平均值或加权平均值作为中心像素的输出结果，以去除突变的像素点，从而滤除一定的噪声。为了保证输出像素值不会超越范围，邻域平均法的卷积核系数之和为1。

图4-14所示是邻域平均法中常用的两个3×3平滑滤波器模板。图4-14（a）为一个3×3盒滤波器模板，$R=\frac{1}{9}\sum_{i=1}^{9}z_i$，图4-14（b）为一个3×3高斯滤波器模板，$R=\frac{1}{16}\sum_{i=1}^{9}w_iz_i$（式中$R$表示滤波器输出值，$w_i$表示第$i$个像素对应的加权系数，$z_i$表示第$i$个像素的像素值）。盒滤波器模板中加权系数均相同，邻域中各像素对平滑结果的影响相同。高斯滤波器模板是通过对二维高斯函数进行采样、量化并归一化得到的，它考虑了邻域像素位置的影响，距离当前被平滑像素越近的点，加权系数越大。加权的作用在于减轻平滑过程中造成的图像模糊。从平滑效果看，高斯滤波器模板比同尺寸的盒滤波器模板要清晰一些。通常所说的均值平滑（或均值滤波）是指使用盒滤波器模板的图像平滑，而高斯平滑则是指使用高斯滤波器模板的图像平滑。

$\frac{1}{9}\times$

1	1	1
1	1	1
1	1	1

（a）3×3盒滤波器模板

$\frac{1}{16}\times$

1 w_1	2	1
2	4 w_5	2
1	2	1

（b）3×3高斯滤波器模板

图4-14　3×3平滑滤波器模板

邻域平均法的主要优点是算法简单，但它在降低噪声的同时会使图像变得模糊，特别是在边缘和细节处。模板尺寸越大,图像模糊程度越大。由于邻域平均法取邻域均值,噪声也被平均到平滑图像中,因此该方法对椒盐噪声的平滑效果并不理想(见图4-15)。

图4-15　3×3邻域平均效果

要解决邻域平均法造成的图像模糊问题,可采用阈值法、K邻点平均法、梯度倒数加权平滑法、最大均匀性平滑法、小斜面模型平滑法等,它们讨论的重点都在于如何选择邻域的大小、形状和方向,如何选择参加平均的点数及邻域各点的权重系数,等等。

以下Python程序对图像实现了邻域均值滤波处理。先对图像加入高斯噪声,再对加入噪声的图像进行邻域均值滤波。其中,自定义函数average ()用于取每个像素点在3×3盒滤波器内的平均值。结果如图4-16所示。

```python
import cv2
import copy
import numpy as np
from skimage import util
import matplotlib.pyplot as plt
plt.rcParams['font.sans-serif'] = ['FangSong']
plt.rcParams['axes.unicode_minus'] = False
# 使用3×3盒滤波器邻域平均法
def average(img, i, j):
    temp = np.zeros(3 * 3)
    count = 0
    for m in range(-1, 2):
        for n in range(-1, 2):
            if (i + m < 0 or i + m > img.shape[0] - 1
                    or j + n < 0 or j + n > img.shape[1] - 1):
                temp[count] = img[i, j]
            else:
                temp[count] = img[i + m, j + n]
            count += 1
    return temp
img = cv2.imread('C:\imdata\cameraman.tif', 0)
# 加入高斯噪声
noise_img = util.random_noise(img, mode='gaussian')
# 邻域均值滤波
ave_img = copy.copy(noise_img)
```

```
for i in range(0, img.shape[0]):
    for j in range(0, img.shape[1]):
        temp = average(noise_img, i, j)
        ave_img[i, j] = np.mean(temp)
# 显示图像
fig, ax = plt.subplots(ncols=3, figsize=(8, 4))
plt.set_cmap(cmap='gray')
ax[0].imshow(img), ax[0].set_title('原图')
ax[1].imshow(noise_img), ax[1].set_title('加入高斯噪声')
ax[2].imshow(ave_img), ax[2].set_title('邻域均值滤波')
plt.show()
```

（a）原图　　　　　　　　　（b）加入高斯噪声　　　　　　　（c）邻域均值滤波

图4-16　邻域均值滤波

skimage库util包的random_noise()函数用于将各种类型的随机噪声添加到浮点图像中。该函数的常用格式如下：

```
skimage.util.random_noise(image,mode='gaussian')
```

其中，image参数表示输入的图像；mode参数用于指定噪声类型，"gaussian"表示高斯噪声，"s&p"表示椒盐噪声。

以下Python程序对灰度图像进行了高斯平滑处理。先对图像加入高斯噪声，再对加入噪声的图像进行高斯平滑滤波，结果如图4-17所示。

```
import cv2
import matplotlib.pyplot as plt
from skimage import util, filters
plt.rcParams['font.sans-serif'] = ['FangSong']
plt.rcParams['axes.unicode_minus'] = False
img = cv2.imread('C:\imdata\cameraman.tif', 0)
# 加入高斯噪声
noise_img = util.random_noise(img, mode='gaussian')
# 高斯平滑滤波
img_gaussian = filters.gaussian(noise_img, sigma=2)
fig, ax = plt.subplots(ncols=3, figsize=(8, 4))
plt.set_cmap(cmap='gray')
```

```
ax[0].imshow(img), ax[0].set_title('原图')
ax[1].imshow(noise_img), ax[1].set_title('加入高斯噪声')
ax[2].imshow(img_gaussian), ax[2].set_title('高斯平滑滤波')
plt.show()
```

（a）原图　　　　　　　　　　（b）加入高斯噪声　　　　　　　（c）高斯平滑滤波

图4-17　高斯平滑滤波

　　skimage库里面的filters.gaussian()函数是一种用于平滑滤波的函数，可以消除高斯噪声。该函数的基本格式为

```
skimage.filters.gaussian(image, sigma)
```

　　参数说明如下。

　　image：输入的用于过滤的图像（灰度图像或彩色图像）。

　　sigma：标量或标量序列，高斯核的标准差。每个轴的高斯滤波器的标准差会作为一个序列或单个数字给出，在这种情况下，标准差对所有轴均是相等的。

4.3.3　多幅图像平均法

　　多幅图像平均法通过对同一景物的多幅图像求平均来消除噪声。设图像 $g(x,y)$ 由理想图像 $f(x,y)$ 和噪声图像 $n(x,y)$ 叠加而成：

$$g(x,y) = f(x,y) + n(x,y) \tag{4-18}$$

　　假设 $n(x,y)$ 的均值为0、方差为 $\sigma_{n(x,y)}^2$ 且互不相关，则可对 M 幅 $g(x,y)$ 求平均来消除噪声：

$$\bar{g}(x,y) = \frac{1}{M}\sum_{i=1}^{M}g_i(x,y) = \frac{1}{M}\sum_{i=1}^{M}\left[f(x,y) + n_i(x,y)\right] \tag{4-19}$$

　　平均结果的数学期望 $\mu_{g(x,y)}$ 和方差 $\sigma_{g(x,y)}^2$ 分别为

$$\mu_{g(x,y)} = E\left\{\frac{1}{M}\sum_{i=1}^{M}\left[f(x,y) + n_i(x,y)\right]\right\} = f(x,y) \tag{4-20}$$

$$\sigma_{g(x,y)}^2 = E\left\{\left[\frac{1}{M}\sum_{i=1}^{M}n_i\left(x,y\right)\right]^2\right\} = \frac{1}{M}\sigma_{n(x,y)}^2 \tag{4-21}$$

由此可见，对M幅图像求平均可使噪声方差减小为原来的$1/M$，即当M增大时平均结果将更加接近理想图像。多幅图像平均法常用于处理摄像机的视频图像，以减少光电摄像管或CCD所引起的噪声。多幅图像平均法的难点在于多幅图像之间的配准，实际操作困难。

以下Python程序实现了对多幅含有随机高斯噪声的图像的平均去噪。分别对5幅和30幅加入随机高斯噪声的图像求平均，结果如图4-18所示。

```python
import cv2
import numpy as np
from skimage import util
import matplotlib.pyplot as plt
plt.rcParams['font.sans-serif'] = ['FangSong']
plt.rcParams['axes.unicode_minus'] = False
# 多幅图像平均去噪
def image_average(img, num):
    dst = np.zeros_like(img).astype(np.float32)
    for i in range(num):
        dst += np.float32(util.random_noise(img, mode='gaussian'))
    dst = dst / num
    return dst
img = cv2.imread('C:\imdata\cameraman.tif', 0)
# 加入随机高斯噪声
noise_img = util.random_noise(img, mode='gaussian')
image_less_average = image_average(img, 5)
image_many_average = image_average(img, 30)
# 显示图像
fig, ax = plt.subplots(ncols=2, nrows=2, figsize=(8, 4))
plt.set_cmap(cmap='gray')
ax[0, 0].imshow(img), ax[0, 0].set_title('原图')
ax[0, 1].imshow(noise_img), ax[0, 1].set_title('加入随机高斯噪声')
ax[1, 0].imshow(image_less_average), ax[1, 0].set_title('5幅图像平均')
ax[1, 1].imshow(image_many_average), ax[1, 1].set_title('30幅图像平均')
plt.tight_layout(), plt.show()
```

（a）原图　　　　　　　　　　（b）加入随机高斯噪声

（c）5幅图像平均　　　　　　　　（d）30幅图像平均

图4-18　多幅图像平均

4.3.4　中值滤波法

中值滤波是一种非线性滤波，它能在滤除噪声的同时很好地保持图像边缘。中值滤波的原理是：它把以某像素为中心的小窗口内的所有像素的灰度值按从小到大的顺序排序，取排序结果的中间值作为该像素的灰度值。为方便操作，中值滤波通常取含奇数个像素的窗口（若窗口含有偶数个像素，取中间两个像素的平均值）。例如，窗口含有的9个像素的值为65、60、70、75、210、30、55、100和140，从小到大排序后的结果为30、55、60、65、70、75、100、140、210，则取中值70作为输出结果。

中值滤波是统计排序滤波器（Order-Statistics Filters）的一种。统计排序滤波器首先将被模板覆盖的像素按灰度排序，然后取排序结果中的某个值作为输出结果。若取最大值作为输出结果，则该滤波器为最大值滤波器，可用于检测图像中最亮的点。若取最小值作为输出结果，则该滤波器为最小值滤波器，可用于检测图像中最暗的点。

中值滤波具有许多重要性质，如下所示。

（1）不会影响阶跃信号、斜坡信号，连续个数小于窗口长度一半的脉冲受到抑制，三角数顶部变平。

（2）中值滤波的输出与输入噪声的密度分布有关。对于高斯噪声，中值滤波的效果不如均值滤波的。对于脉冲噪声，特别是在脉冲宽度小于窗口宽度的一半时，中值滤波的效果较好。

（3）中值滤波频谱特性起伏不大，可以认为对图像进行中值滤波后，信号频谱基本不变。

中值滤波的窗口形状和尺寸对滤波效果影响较大，往往需要根据不同的图像内容和不同的

　　要求加以选择。常用的中值滤波的窗口形状有线状、方形、圆形、十字形等。在选择窗口尺寸时可以先试用小尺寸窗口，再逐渐增大窗口尺寸，直到滤波效果令人满意为止。从一般经验来看，对于有缓变的较长轮廓线物体的图像，采用方形或圆形窗口为宜。对于包含尖角物体的图像，采用十字形窗口为宜。窗口尺寸则以不超过图像中最小有效物体的尺寸为宜。如果图像中点、线、尖角细节较多，则不宜采用中值滤波法。

　　图4-19（a）为原图；图4-19（b）和（c）分别是含椒盐噪声和高斯噪声的图像；图4-19（d）和（e）分别是用5×5窗口对图4-19（b）进行均值滤波和中值滤波的结果；图4-19（f）和（g）分别是用5×5窗口对图4-19（c）进行均值滤波和中值滤波的结果。根据实验结果可以得到如下结论。对于椒盐噪声，中值滤波能在去除噪声的同时较好地保持图像边缘；而均值滤波在这两方面的处理效果都不佳，因为在削弱噪声的同时整幅图像的内容也变得模糊，而且噪声仍然存在。对于高斯噪声，中值滤波对噪声的抑制效果不明显，因为高斯噪声使用随机大小的幅值污染所有的像素点，因此无论怎样进行数据选择，得到的始终还是被污染的值；均值滤波对高斯噪声的抑制是比较好的，处理后的图像边缘模糊情况得到改善。

　　对一些内容复杂的图像，可以使用复合型中值滤波，如中值滤波线性组合、高阶中值滤波组合、加权中值滤波及迭代中值滤波等。

（a）原图

（b）含椒盐噪声　　　　（c）含高斯噪声　　　　（d）椒盐噪声均值滤波

（e）椒盐噪声中值滤波

（f）高斯噪声均值滤波

（g）高斯噪声中值滤波

图4-19　中值滤波及均值滤波对高斯噪声和椒盐噪声的滤波效果

（1）中值滤波线性组合：将几种窗口尺寸和形状不同的中值滤波器复合使用，只要各窗口都与中心对称，滤波输出可保持几个方向上的边缘跳变，而且跳变幅度可调节。中值滤波线性组合方程如下：

$$Y_{ij} = \sum_{k=1}^{N} a_k \operatorname*{Med}_{A_k}\left(f_{ij}\right) \tag{4-22}$$

式(4-22)中，a_k 为不同中值滤波的系数；A_k 为窗口。

（2）高阶中值滤波组合：可以使输入图像中任意方向的细线条保持不变。方程如下：

$$Y_{ij} = \max_k \left[\operatorname*{Med}_{A_k}\left(f_{ij}\right) \right] \tag{4-23}$$

利用式(4-23)进行高阶中值滤波组合可以使输入图像中各种方向的线条保持不变，而且它具有一定的噪声平滑性能。

（3）其他复合型中值滤波：为了在一定的条件下尽可能去除噪声，又有效保持图像细节，可以对中值滤波器参数进行修正，如采用加权中值滤波，也就是对输入窗口进行加权；也可以采用迭代中值滤波，即对输入图像重复进行相同的中值滤波，直到输出不再有变化为止。

以下Python程序对灰度图像进行了中值滤波处理。先对图像加入椒盐噪声，再对加入椒盐噪声的图像进行中值滤波降噪。中值滤波的函数处理方法和均值滤波的相似，仅需要将NumPy库的mean()函数改为median()函数即可。结果如图4-20所示。

```python
import cv2
import copy
import numpy as np
from skimage import util
import matplotlib.pyplot as plt
plt.rcParams['font.sans-serif'] = ['FangSong']
plt.rcParams['axes.unicode_minus'] = False
def original(img, i, j):
    temp = np.zeros(3 * 3)
    count = 0
    for m in range(-1, 2):
```

```
        for n in range(-1, 2):
            if i + m < 0 or i + m > img.shape[0] - 1 or j + n > img.
            shape[1] - 1:
                temp[count] = img[i, j]
            else:
                temp[count] = img[i + m, j + n]
            count += 1
    return temp
img = cv2.imread('C:\imdata\cameraman.tif', 0)
# 加入椒盐噪声
noise_img = util.random_noise(img, mode='s&p')
# 中值滤波
median_img = copy.copy(noise_img)
for i in range(0, img.shape[0]):
    for j in range(0, img.shape[1]):
        temp = original(noise_img, i, j)
        median_img[i, j] = np.median(temp)
# 显示图像
fig, ax = plt.subplots(ncols=3, figsize=(8, 4))
plt.set_cmap(cmap='gray')
ax[0].imshow(img), ax[0].set_title('原图')
ax[1].imshow(noise_img), ax[1].set_title('加入椒盐噪声')
ax[2].imshow(median_img), ax[2].set_title('中值滤波')
plt.show()
```

（a）原图　　　　　　　（b）加入椒盐噪声　　　　　　（c）中值滤波

图4-20　中值滤波法

4.3.5　模板操作

模板操作是数字图像处理中常用的一种邻域运算方式，主要有卷积和相关两种，可以实现图像平滑、图像锐化、边缘检测等功能。模板常用矩阵表示，可以是一幅图像、一个滤波器或一个窗口，定义了参与运算的中心元素和邻域元素的相对位置及相关系数。模板的中心元素

（或称原点）表示将要处理的元素，一般取模板中心点，也可根据需要选取非中心点。

模板卷积（或相关）是指模板与图像进行卷积（或相关）运算，是一种线性滤波，其输出像素是输入邻域像素的线性加权和。模板卷积和相关分别定义为

$$g = f * h \Rightarrow g(i,j) = \sum_k \sum_l f(i-k,j-l)h(k,l) = \sum_k \sum_l f(k,l)h(i-k,j-l) \qquad (4\text{-}24)$$

$$g = f \otimes h \Rightarrow g(i,j) = \sum_k \sum_l f(i+k,j+l)h(k,l) = \sum_k \sum_l f(k,l)h(i+k,j+l) \qquad (4\text{-}25)$$

式(4-24)和式(4-25)中，f 为输入图像；h 为模板；g 为输出图像。

卷积与相关运算的主要区别在于在进行卷积运算前需要将模板绕模板中心旋转180°，因其余运算过程一致而统称为模板卷积。模板卷积中的模板又称为卷积核，其元素称为卷积系数、模板系数或加权系数，卷积系数的大小及排列顺序决定了对图像进行邻域处理的类型。模板卷积可以看作对邻域像素进行加权求和的过程，基本操作步骤如下：

（1）模板在输入图像上移动，让模板原点与某个输入像素 $f(i,j)$ 重合；

（2）模板系数与模板下对应的输入像素相乘，再将乘积相加求和；

（3）将第（2）步的运算结果赋予输出图像中与模板原点对应像素的输出 $g(i,j)$。

图4-21所示是模板卷积示意，模板原点在模板第一行中间位置（深色点）。当模板原点移至输入图像的相应位置时，卷积核与被其覆盖的区域需进行点积运算，即 $1\times(-1)+5\times(-1)+3\times(-1)+0\times0+4\times0+4\times0+2\times1+2\times1+5\times1=0$，将此运算结果赋予输出图像中与模板原点对应的像素（深色点）。模板在输入图像中逐像素移动并进行类似运算，即可得模板卷积结果。

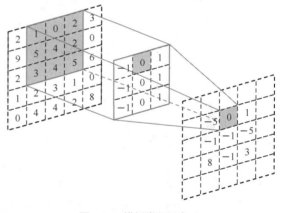

图4-21　模板卷积示意

在模板操作中，需注意以下两个问题。

（1）图像边界问题。当模板原点移至图像边界时，部分模板系数可能在原图像中找不到与之对应的像素。解决这个问题可以采用两种简单方法：一种方法是当模板超出图像边界时不做处理；另一种方法是扩充图像，可以复制原图像边界像素或利用常数来填充扩充的图像边界，使得在图像边界处也可进行计算。

（2）计算结果超出灰度范围问题。例如，对于8位灰度图像，当计算结果超出 $[0,255]$ 时，可以简单地将其值置为0或255。

模板卷积是一种非常耗时的运算，尤其是在模板尺寸较大时。卷积算法复杂度为 $O(n^2)$，

当模板尺寸增大且图像较大时，运算量会急剧增加。因此，进行模板卷积运算采用的模板不宜太大，一般用3×3或5×5的模板即可。此外，可以设法将二维模板分解为多个一维模板，从而有效减少运算量。例如，下面的3×3高斯模板可以分解为一个水平模板和一个垂直模板（星号表示模板中心），即

$$\frac{1}{16}\begin{bmatrix} 1 & 2 & 1 \\ 2 & 4* & 2 \\ 1 & 2 & 1 \end{bmatrix} = \frac{1}{4}\begin{bmatrix} 1 \\ 2* \\ 1 \end{bmatrix} \times \frac{1}{4}\begin{bmatrix} 1 & 2* & 1 \end{bmatrix} = \frac{1}{16}\begin{bmatrix} 1 \\ 2* \\ 1 \end{bmatrix} \times \begin{bmatrix} 1 & 2* & 1 \end{bmatrix}$$

分解为两个模板后，完成一次模板运算需要进行6次乘法、4次加法、1次除法。由此可见，当图像较大时，分解模板将使运算大为简化。

4.4 图像锐化

图像锐化的作用是使模糊的图像变清晰，增强图像的边缘等细节。图像锐化在增强边缘的同时会增强噪声，因此一般需要先去除或减轻噪声，再进行锐化处理。图像锐化可以在空间域或频率域中通过高通滤波来实现，即削弱或消除低频分量而不影响高频分量。空间域高通滤波主要用模板卷积来实现。

4.4.1 一阶微分法

图像模糊的实质是图像受到平均或经过了积分运算，而用积分的逆运算"微分"求出信号的变化率，有加强高频分量的作用，可以使图像轮廓变得清晰。微分运算常通过差分运算来实现。

一阶微分定义如下：

$$\frac{\partial f}{\partial x} = f(x+1, y) - f(x, y) \tag{4-26}$$

$$\frac{\partial f}{\partial y} = f(x, y+1) - f(x, y) \tag{4-27}$$

二阶微分定义如下：

$$\frac{\partial^2 f}{\partial x^2} = f(x+1, y) + f(x-1, y) - 2f(x, y) \tag{4-28}$$

$$\frac{\partial^2 f}{\partial y^2} = f(x, y+1) + f(x, y-1) - 2f(x, y) \tag{4-29}$$

为了能增强图像任何方向的边缘，希望微分运算是各向同性的（即具有旋转不变性）。可以证明，偏导数的平方和运算是各向同性的，梯度算子和拉普拉斯算子符合上述条件。

4.4.2 梯度算子

在点(x,y)处，$f(x,y)$的梯度是一个矢量：

$$\nabla f(x,y) = \begin{bmatrix} G_x & G_y \end{bmatrix}^T = \begin{bmatrix} \dfrac{\partial f(x,y)}{\partial x} & \dfrac{\partial f(x,y)}{\partial x} \end{bmatrix}^T \tag{4-30}$$

梯度幅度（常简称为梯度）定义为

$$\nabla f(x,y) = \mathrm{mag}\big(\nabla f(x,y)\big) = \big(G_x^2 + G_y^2\big)^{1/2} \tag{4-31}$$

式(4-31)中，mag是求矢量模的函数。

梯度方向角为

$$\varphi(x,y) = \arctan\left(\frac{G_y}{G_x}\right) \tag{4-32}$$

为了简化运算，梯度可近似为

$$\nabla f(x,y) \approx |G_x| + |G_y| \tag{4-33}$$

在计算梯度时，除了上面的简化方法外，还有求两个偏导数的最大绝对值以及均方值等方法。但若想知道实际梯度或梯度方向，则应慎用这些方法。

当用式(4-26)和式(4-27)计算G_x和G_y时，称此梯度计算方法为水平垂直差分法（见图4-22），用公式表示如下：

$$\nabla f(x,y) \approx |f(x+1,y) - f(x,y)| + |f(x,y+1) - f(x,y)| \tag{4-34}$$

Roberts交叉法则使用2×2邻域内的两对角像素来计算两个偏导数（见图4-23），用公式表示如下：

$$\nabla f(x,y) \approx |f(x+1,y+1) - f(x,y)| + |f(x,y+1) - f(x+1,y)| \tag{4-35}$$

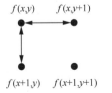

图4-22 水平垂直差分法示意

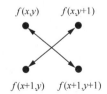

图4-23 Roberts交叉法示意

上面的两种梯度计算方法都是在2×2邻域内进行的，邻域中心不易确定。为此，通常在3×3邻域内计算像素的梯度，使用中心差分来计算两个偏导数，即

$$\begin{cases} G_x = \dfrac{f(x+1,y) - f(x-1,y)}{2} \\ G_y = \dfrac{f(x,y+1) - f(x,y-1)}{2} \end{cases} \tag{4-36}$$

在图像中，灰度变化较大的区域的梯度值较大，灰度变化平缓的区域的梯度值较小，而灰度均匀的区域的梯度值为0。梯度计算完之后，可以根据需要生成不同的梯度图像，示例如下。

用梯度直接表示输出图像的灰度值，输出图像仅显示灰度变化的边缘轮廓：

$$g(x,y) = | \nabla f(x,y) |$$

通过阈值T，既突出边缘轮廓，又不破坏原灰度变化比较平缓的背景部分：

$$g(x,y) = \begin{cases} | \nabla f(x,y) |, & | \nabla f(x,y) | \geqslant T。 \\ f(x,y), & 其他 \end{cases}$$

用固定的亮度灰度级L_G来显示图像的边缘轮廓部分：

$$g(x,y) = \begin{cases} L_G, & | \nabla f(x,y) | \geqslant T \\ f(x,y), & 其他 \end{cases}$$

4.4.3   拉普拉斯算子

拉普拉斯算子（Laplacian）是一种各向同性的二阶微分算子，在(x,y)处的值定义为

$$\nabla^2 f(x,y) = \frac{\partial^2 f(x,y)}{\partial x^2} + \frac{\partial^2 f(x,y)}{\partial y^2} \tag{4-37}$$

将式(4-28)和式(4-29)代入上式得

$$\nabla^2 f = f(x+1,y) + f(x-1,y) f(x,y+1) + f(x,y-1) - 4f(x,y) \tag{4-38}$$

式(4-38)所示的拉普拉斯算子在上、下、左、右4个方向上具有各向同性。若在两对角线方向上进行拉普拉斯运算，则新的拉普拉斯算子在8个方向上具有各向同性。常见的几个拉普拉斯算子模板如图4-24所示，其中的模板中心为正，也可以对模板乘–1使模板中心为负。

$$\begin{bmatrix} 0 & -10 & -0 \\ -1 & 4 & -1 \\ 0 & -1 & 0 \end{bmatrix} \quad \begin{bmatrix} -1 & -1 & -1 \\ -1 & 8 & -1 \\ -1 & -1 & -1 \end{bmatrix} \quad \begin{bmatrix} 1 & -2 & 1 \\ -2 & 4 & -2 \\ 1 & -2 & 1 \end{bmatrix}$$

图4-24   常见的几个拉普拉斯算子模板

通常模板分为平滑模板和微分模板，平滑模板通常采用均值滤波、高斯滤波等算法，通过将像素点周围的像素值加权平均，从而实现去除图像噪声、模糊化、降低图像细节等效果，平滑模板的核心思想是减少高频成分，保留低频成分，以达到平滑图像的目的；微分模板通常采用拉普拉斯变换、Sobel算子等算法，通过提取像素点周围的梯度信息，增强图像轮廓、边缘

和纹理等细节部分，从而使图像更加清晰、鲜明，并且可以突出图像中物体的轮廓和特征。

下面对平滑模板和微分模板的一般特点进行对比。

（1）微分模板的加权系数之和为0，使得灰度平坦区的响应为0。平滑模板的加权系数都为正，其和为1，这使得灰度平坦区的输出与输入相同。

（2）一阶微分模板在对比度大的点产生较高的响应，二阶微分模板在对比度大的点产生零交叉。一阶微分一般产生更粗的边缘，二阶微分则产生更细的边缘。相对一阶微分而言，二阶微分对细线、孤立点等小细节有更强的响应。

（3）平滑模板的平滑或去噪程度与模板的大小成正比，跳变边缘的模糊程度也与模板的大小成正比。

以下Python程序对灰度图像进行了两种方式的锐化处理。先用LoG算子对图像进行高斯平滑处理（利用gaussian()函数），再对图像进行拉普拉斯算子锐化处理（利用laplace()函数）。结果如图4-25所示。

```python
from skimage import data, filters
import matplotlib.pyplot as plt
plt.rcParams['font.sans-serif'] = ['FangSong']
plt.rcParams['axes.unicode_minus'] = False
img = data.camera()
# 拉普拉斯算子锐化
img_laplace = filters.laplace(img)
# LoG算子锐化
img_gaussian = filters.gaussian(img, sigma=2)
img_log = filters.laplace(img_gaussian)
fig, ax = plt.subplots(ncols=3, figsize=(8, 4))
plt.set_cmap(cmap='gray')
ax[0].imshow(img), ax[0].set_title('原图')
ax[1].imshow(img_laplace), ax[1].set_title('拉普拉斯算子')
ax[2].imshow(img_log), ax[2].set_title('LoG算子')
plt.show()
```

（a）原图　　　　　（b）拉普拉斯算子　　　　　（c）LoG算子

图4-25　图像锐化

4.5 图像的伪彩色处理

人眼只能分辨出几十种灰度级，却能够分辨几千种不同的颜色。当人眼难以分辨图像中的灰度级时，可借助彩色来增强图像的视觉效果。伪彩色处理是常用的一种增强方法。伪彩色处理是指对不同的灰度级赋予不同的颜色，从而将灰度图像变为彩色图像。这种人工赋予的颜色常称为伪彩色。伪彩色处理在卫星云图、医学影像等领域具有广泛的应用。常用的伪彩色处理方法有密度分割法、灰度变换法和频率域滤波法等。

4.5.1 色彩模型

为了规范彩色的度量标准，1931年国际照明委员会（Commission Internationale de l'Eclairage，CIE）颁布三基色光的波长：红色的波长为700 nm，绿色的波长为546.1nm，蓝色的波长为435.8nm。之所以称红色、绿色、蓝色为三基色，是因为这3种色彩中任意一个都不能够由另外两个合成。从理论上讲，大多数色彩都可用这3种基本色彩按不同的比例混合得到。3种色彩的光强越强，到达人眼的光能量就越多，感觉上就越亮；它们的比例不同，人看到的色彩也就不同。如果没有光到达人眼，人既没有亮的感觉，也没有色的感觉，人眼所见就是一片漆黑。

当三基色按不同强度相加时，总的光强增强，并可得到各种不同的色彩。某一种色彩和这3种色彩之间的关系可用下面的式子来描述：

$$C = r(R) + g(G) + b(B)$$

其中，r、g、b是红、绿、蓝三色的混合比例，一般称为三色系数。当三基色等量相加时，得到白色；等量的红色和绿色相加而蓝色为0时得到黄色；等量的红色和蓝色相加而绿色为0时得到品红色；等量的绿色和蓝色相加而红色为0时得到青色。如果每种基色的强度用8位（bit）表示，一个像素需要使用3×8=24位来表示，因此，RGB组合可产生2的24次方（16777216）种色彩，我们把它们称为真色彩。

1. 彩色视觉

人对物体的彩色视觉是由物体反射的光所引起的，如果物体能均匀地反射所有的光，则物体呈现出白色；如果物体不能均匀地反射所有的光，则物体呈现出彩色。人眼视网膜上的感光细胞分为杆状细胞和锥状细胞，其中，锥状细胞有彩色感，对波长敏感，但是分辨率低。锥状细胞可以进一步分为R类锥状细胞、G类锥状细胞和B类锥状细胞，3类锥状细胞对不同波长光的敏感程度曲线如图4-26所示。

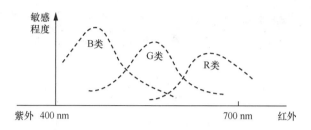

图4-26 3类锥状细胞对不同波长光的敏感程度曲线

人眼视网膜上的感光细胞就好像 CCD 中的感光单元，将所获得的光的信息通过视神经传到人的大脑，经大脑判断产生彩色视觉感。人眼大约有100万视觉神经纤维，可以"并行"处理和传送视觉信息。

2. 色彩模型

所谓色彩模型指的是某个三维颜色空间中的一个可见光子集，它包含某个色彩域的所有色彩。任何一个色彩模型都无法包含所有的可见光。基于人眼对 RGB的反应，CIE提出了一系列色彩模型（如CIE YUV色彩模型等），用于对色彩进行定量表示。这些色彩模型是独立于设备的，已被广泛地使用，它们能够规范不同类型的设备（如扫描仪、监视器、打印机等）产生规定的色彩。

（1）RGB色彩模型

RGB色彩模型构成的颜色空间是CIE原色空间的一个子集，通常用于彩色阴极射线管和彩色光栅图形显示器。可以将RGB色彩模型表示为三维直角坐标彩色系统中的一个单位正方体，如图4-27所示。在正方体的主对角线上，各基色的量相等，产生由暗到亮的白色，即灰度值越来越高。

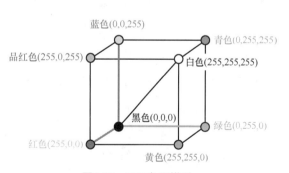

图4-27 RGB色彩模型

(0,0,0)为黑色，(255,255,255)为白色，正方体的其他6个顶点分别为红色、黄色、绿色、青色、蓝色和品红色。RGB色彩模型的立方体内的每个点都表示一个不同比例的RGB的色彩。RGB图像中每个像素都可以映射到此图像的颜色空间中的一点。

在RGB色彩表示格式中，可以直接将某像素点的RGB分量赋为一定值，大小限定在0～255，则该像素点的色彩就由RGB颜色空间上的矢量来决定。

（2）HSI色彩模型

除用RGB来表示图像之外，还可用色调-饱和度-亮度（Hue Saturation Intensity，HSI）色彩模型，如图4-28所示。色彩的色调（色度）*H*反映该色彩最接近什么样的光谱波长，用色环中的角度表示，如0°表示红色，120°表示绿色，240°表示蓝色。*S*表示饱和度，用色环的原点（圆心）到色彩点的半径来表示，在色环外围的是纯的饱和的色彩，其饱和度为1；在圆的中心为中性色（灰色），其饱和度为0。饱和度的概念可描述如下：假如有一桶红色的染料，对

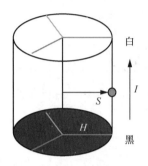

应的色调为0，饱和度为1。混入白色染料后红色变得不再强烈，它的饱和度降低（混合得到的粉红色对应的饱和度约为0.5），亮度提高，随着更多的白色染料加入混合物中，红色变得越来越淡、饱和度越来越低，最后接近于0（白色）。如果你将黑色染料与纯红色染料混合，它的亮度将降低（变黑），而它的色度（红色）和饱和度（1）将保持不变。HSI色彩模型中的*I*表示亮度，从下到上，*I*逐渐增加，相当于增加同等比例的RGB。

图4-28　HSI色彩模型

HSI色彩模型符合人眼对色彩的感觉。在改变某一色彩的属性（比如改变色调）时只需改变*H*坐标，而不像在RGB色彩模型中要同时改变3个分量，也就是说，HSI色彩模型中的3个坐标*H*、*S*、*I*是相互独立的。

（3）YUV色彩模型

YUV是一种颜色空间，是流媒体常用的一种颜色编码方式。*Y*表示亮度，*U*、*V*表示色差，这种表达方式起初是为了解决彩色电视与黑白电视之间的信号兼容问题。对于图像每一点，*Y*用于确定其亮度，*U*、*V*用于确定其彩度。

YCbCr也称为YUV，是YUV的压缩版本，不同之处在于YCbCr用于数字图像领域，YUV用于模拟信号领域，MPEG（Moving Picture Exeperts Group，运动图像专家组）格式、DVD（Digital Versatile Disc，数字通用光碟）、摄像机中常用到的YUV其实是YCbCr，二者转换为RGB的方法是不同的。*Y*代表亮度，C_b、C_r分量代表当前颜色对蓝色和红色的偏移程度。各色彩模型的转换方法如下。

（1）RGB到YUV的转换：$\begin{cases} Y = 0.299R + 0.587G + 0.114B \\ U = B - Y \\ V = R - Y \end{cases}$。

（2）YUV到RGB的转换：$\begin{cases} R = Y + V \\ G = Y - 0.192U - 0.509V \\ B = Y + U \end{cases}$。

（3）RGB到YCbCr的转换：$\begin{cases} Y = 0.299R + 0.587G + 0.114B \\ C_b = 2 \times (1 - 0.114)(B - Y) \\ C_r = 2 \times (1 - 0.299)(R - Y) \end{cases}$。

（4）YCbCr到RGB的转换：$\begin{cases} k_r = \dfrac{1}{2 \times (1 - 0.299)} \\ k_b = \dfrac{1}{2 \times (1 - 0.114)} \\ R = Y + k_r C_r \\ G = Y - 0.299 / 0.587 k_r C_r - 0.114 / 0.587 k_b C_b \\ B = Y + k_b C_b \end{cases}$。

以下Python程序生成了彩色图像直方图曲线。首先利用cv2库的cvtColor()函数将彩色图像从BGR转换为RGB，再利用cv2库的calcHist()函数得到图像的彩色直方图信息，结果如图4-29所示。

```
import cv2
import matplotlib.pyplot as plt
plt.rcParams['font.sans-serif'] = ['FangSong']
plt.rcParams['axes.unicode_minus'] = False
src = cv2.imread('C:\imdata\onion.png')
# 转换为RGB图像
img_rgb = cv2.cvtColor(src, cv2.COLOR_BGR2RGB)
# 计算直方图
hist_r = cv2.calcHist([src], [0], None, [256], [0, 255])
hist_g = cv2.calcHist([src], [1], None, [256], [0, 255])
hist_b = cv2.calcHist([src], [2], None, [256], [0, 255])
# 显示原图和绘制的直方图
plt.subplot(121), plt.imshow(img_rgb), plt.title("原图")
plt.subplot(122), plt.title("直方图曲线")
plt.plot(hist_r, color='r'), plt.plot(hist_g, color='g'), plt.plot(hist_b,
color='b')
plt.xlabel("x"), plt.ylabel("y")
plt.show()
```

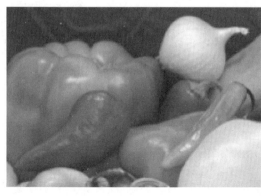

（a）原图

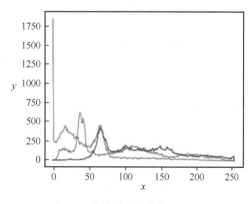

（b）直方图曲线

图4-29 彩色图像直方图曲线

4.5.2　密度分割法

密度分割法，也叫灰度分割法，是伪彩色处理中最简单的一种方法。它是用一系列平行于 xOy 平面的切割平面，把灰度图像的亮度函数分割到一系列灰度区间，对不同的灰度区间分配不同的颜色，算法示意如图4-30所示。设灰度图像 $f(x, y)$ 的灰度范围为 $[0, L]$，令 $l_0 = 0$，$l_{m+1} = L$，用 m 个灰度阈值 l_1, l_2, $\cdots$, l_m 把该灰度范围分割为 $m+1$ 个小区间，不同的区间映射为不同的彩色 c_i，即

$$g(x, y) = c_i, l_i \leqslant f(x, y) \leqslant l_{i+1}; i = 0, 1, \cdots, m \tag{4-39}$$

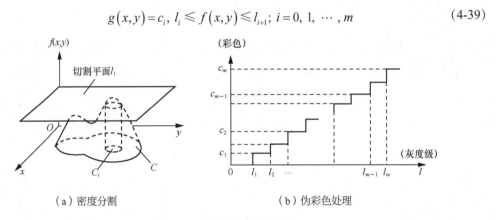

（a）密度分割　　　　　　　　（b）伪彩色处理

图4-30　密度分割法算法示意

经过这种映射后，一幅灰度图像 $f(x, y)$ 就被映射为具有 $m+1$ 种颜色的伪彩色图像 $g(x, y)$。采用密度分割法进行伪彩色处理的优点是简单易行，便于用软件或硬件实现。

以下Python程序利用密度分割法实现了伪彩色处理，结果如图4-31所示。

```python
import cv2
import numpy as np
import matplotlib.pyplot as plt
plt.rcParams['font.sans-serif'] = ['FangSong']
plt.rcParams['axes.unicode_minus'] = False
img_gray = cv2.imread('C:\imdata\liftingbody.png', 0)
M, N = img_gray.shape
# 初始化彩色图像三通道
img_color = np.zeros((M, N, 3), dtype=np.float32)
# RGB转换
for x in range(M):
    for y in range(N):
        if img_gray[x, y] <= 127:  # R
            img_color[x, y, 0] = 0
        elif img_gray[x, y] <= 191:
            img_color[x, y, 0] = 4 * img_gray[x, y] - 510
        else:
            img_color[x, y, 0] = 255
        if img_gray[x, y] <= 63:  # G
```

```
                img_color[x, y, 1] = 254 - 4 * img_gray[x, y]
        elif img_gray[x, y] <= 127:
                img_color[x, y, 1] = 4 * img_gray[x, y] - 254
        elif img_gray[x, y] <= 191:
                img_color[x, y, 1] = 255
        else:
                img_color[x, y, 1] = 1022 - 4 * img_gray[x, y]
        if img_gray[x, y] <= 63:  # B
                img_color[x, y, 2] = 255
        elif img_gray[x, y] <= 127:
                img_color[x, y, 2] = 510 - 4 * img_gray[x, y]
        else:
                img_color[x, y, 2] = 0
# 显示图像
fig, ax = plt.subplots(ncols=2, figsize=(8, 4))
plt.set_cmap(cmap='gray')
ax[0].imshow(img_gray), ax[0].set_title('灰度图像')
ax[1].imshow(img_color), ax[1].set_title('彩色图像')
plt.tight_layout(), plt.show()
```

（a）灰度图像 （b）彩色图像

图4-31 密度分割法

4.5.3 灰度变换法

使用灰度变换法进行伪彩色处理更为灵活，可以将灰度图像变换为具有多种颜色渐变效果的彩色图像。灰度变换装置如图4-32（a）所示，其变换过程为：将原图像像素的灰度值送入具有不同变换特性的红、绿、蓝3个变换器进行灰度变换，再将3个变换器的变换结果作为三基色合成色彩，如分别送到彩色显像管的红、绿、蓝电子枪中以合成某种色彩。可见，只要设计好3个变换器，便可将不同的灰度级变换为不同的色彩。

图4-32（b）所示是常用的一种变换函数。由图4-32（b）可见，若 $f(x,y)=0$，则 $I_B(x,y)=L$，$I_R(x,y)=I_G(x,y)=0$，从而显示蓝色；若 $f(x,y)=L/2$，则 $I_G(x,y)=L$，

$I_R(x,y) = L_B(x,y) = 0$，从而显示绿色；若 $f(x,y) = L$，则 $I_R(x,y) = L$，$I_B(x,y) = I_G(x,y) = 0$，从而显示红色。

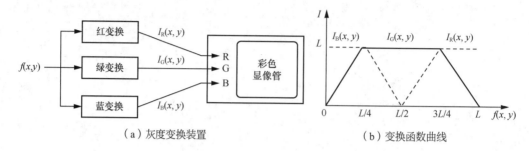

（a）灰度变换装置 （b）变换函数曲线

图4-32 灰度变换过程示意

这一灰度变换函数的特点在于变换后的伪彩色图像更具有一定的物理意义，符合人眼对冷暖色调的感受，因为红色对应暖色调，蓝色对应冷色调。例如，若灰度图像表示的是一个温度场，灰度级的高低代表温度的高低，利用该变换函数映射之后，高温对应的颜色偏红，低温对应的颜色偏蓝。

以下Python程序利用灰度变换法实现了伪彩色处理，结果如图4-33所示。

```python
import cv2
import numpy as np
from matplotlib import pyplot as plt
plt.rcParams['font.sans-serif'] = ['FangSong']
plt.rcParams['axes.unicode_minus'] = False
img_gray = cv2.imread('C:\imdata\liftingbody.png', 0)
M, N = img_gray.shape
L = 256
# 使用双重循环遍历每个像素,并根据其灰度级进行处理,生成伪彩色图像
R, G, B = np.zeros_like(img_gray), np.zeros_like(img_gray), np.zeros_like(img_gray)
for i in range(M):
    for j in range(N):
        if img_gray[i, j] <= L/4:
            R[i, j] = 0
            G[i, j] = 4 * img_gray[i, j]
            B[i, j] = L
        elif img_gray[i, j] <= L/2:
            R[i, j] = 0
            G[i, j] = L
            B[i, j] = -4 * img_gray[i, j] + 2 * L
        elif img_gray[i, j] <= 3 * L/4:
            R[i, j] = 4 * img_gray[i, j] - 2 * L
            G[i, j] = L
            B[i, j] = 0
        else:
            R[i, j] = L
            G[i, j] = -4 * img_gray[i, j] + 4 * L
            B[i, j] = 0
```

```
# 将RGB数组沿第三个轴合并为单个数组
img_color = np.dstack((R, G, B))
# 将OUT数组的值除以256，生成0～1的浮点数，用于显示伪彩色图像
img_color = img_color / 256.0
# 显示图像
fig, ax = plt.subplots(ncols=2, figsize=(8, 4))
plt.set_cmap(cmap='gray')
ax[0].imshow(img_gray), ax[0].set_title('灰度图像')
ax[1].imshow(img_color), ax[1].set_title('彩色图像')
plt.tight_layout(), plt.show()
```

（a）灰度图像　　　　　　　　　　（b）彩色图像

图4-33　灰度变换法

4.5.4　频率域滤波法

频率域滤波法是一种在频率域进行伪彩色处理的技术，其输出色彩与图像的空间频率有关，该方法的作用是为感兴趣的频率成分分配特定的颜色。该方法的实现过程如下：先对灰度图像进行傅里叶变换；再分别送入3个不同的频率滤波器（可为低通滤波器、高通滤波器和带通滤波器），滤掉不同的频率成分之后进行傅里叶逆变换，还可以对其进一步处理，如直方图均衡化等；最后把它们作为三基色合成色彩。例如，为了突出图像中的高频成分，欲将其颜色变为红色，可以将红色通道滤波器设计成高通特性。而且可以结合其他处理办法，如直方图修正等，使其色彩对比度更强。如果要抑制图像中某种频率成分，可以设计一个带阻滤波器，将阻带内所有的频率成分加以抑制。

4.5.5　彩色图像灰度化

彩色图像灰度化是把彩色图像转化为灰度（亮度）图像的过程，即将多通道的彩色图像转

换为单通道的灰度图像的过程。在RGB色彩模型中，如果$R=G=B$，则表示一种灰度颜色，其中，$R=G=B$的值叫灰度值，因此，灰度图像中每个像素只需使用一个字节存放灰度值（又称强度值、亮度值），灰度范围为0～255。如果灰度为255，表示最亮（纯白）；如果灰度为0，表示最暗（纯黑）。

灰度化的优势如下。

（1）相较于彩色图像，灰度图像占据的内存更小，运算速度更快。

（2）将图像灰度化后可以在视觉上增加对比，从而突出目标区域。

灰度化的方式有很多种，可以根据自己的具体需要进行选择，基本分为四大类，分别为γ校正灰度化、平均值灰度化、最大值灰度化、YUV亮度灰度化。

1. γ校正灰度化

γ校正灰度化的公式如下：

$$Gray = \sqrt[2.2]{\frac{R^{2.2}+(1.5G)^{2.2}+(0.6B)^{2.2}}{1+1.5^{2.2}+0.6^{2.2}}} \tag{4-40}$$

式(4-40)中使用的是2.2次方和2.2次方根，RGB颜色值不能简单直接相加，而是必须用2.2次方换算成物理光功率。因为RGB值与功率之间具有的并非简单的线性关系，而是幂函数关系，这个幂函数的指数称为γ值，一般为2.2，而这个换算过程称为γ校正。

2. 平均值灰度化

平均值灰度化是指对R、G、B三通道像素求取平均值作为灰度化之后的灰度值，公式为

$$Gray = \frac{R+G+B}{3} \tag{4-41}$$

3. 最大值灰度化

最大值灰度化是指以R、G、B三通道中最大的像素作为整体像素，公式为

$$Gray = R = G = B = \max([R,G,B]) \tag{4-42}$$

4. YUV亮度灰度化

在YUV颜色空间中，Y分量的物理意义是点的亮度，该值可以反映亮度等级，根据RGB和YUV颜色空间的变化关系可建立亮度Y与R、G、B这3个颜色分量的对应，以这个亮度值表示图像的灰度值。YUV亮度灰度化的公式为

$$Gray = Y = 0.3R + 0.59G + 0.11B \tag{4-43}$$

将彩色图像转化为灰度图像所使用的方法不同，转化成的灰度图像的特点也不同：

（1）使用最大值灰度化法转化成的灰度图像亮度很高。

（2）使用平均值灰度化法转化成的灰度图像比较柔和（暗淡，暗处更暗）。

（3）使用加权平均法转化成的灰度图像的效果最好。

知识拓展（一）　　CLAHE算法及其Python实现

CLAHE的全称为Contrast Limited Adaptive Histogram Equalization，即对比度受限的自适应直方图均衡化。CLAHE算法来自Pizer、Amburn、Austin等人的文章"Adaptive Histogram Equalization and Its Variations"，是直方图均衡化（Histogram Equalization，HE）的一种改进算法。传统的直方图均衡化方法会导致图像的局部对比度增强过度，出现过增强和噪声放大的问题。CLAHE算法通过将图像划分成许多互不重叠的子块，再依据实际情况对每个子块进行直方图修正，改变子块的累积直方图累积分布函数来限制对比度增强的范围，以改善过增强；另外，该算法还通过在相邻子块之间进行插值来消除边界上的伪影问题，这样，CLAHE算法能够在增强图像对比度的同时，保持图像的整体平滑性。

CLAHE算法步骤如下。

（1）针对给出的原图，需要将它分割成大小一样的子块，并且要求这些子块互相相邻但不重叠。

（2）由每个子块所包含的像素信息统计出它们各自的灰度直方图$H(i)$，i表示可能出现的灰度级。

（3）使子块中的灰度级有相等的像素数，子块像素数的平均值N_{Aver}的计算公式如下：

$$N_{\text{Aver}} = \frac{\mu_x \times \mu_y}{L_{\text{Gray}}}$$

其中，μ_x用于表示子块在水平方向上的像素个数；μ_y表示子块在垂直方向上的像素个数；L_{Gray}表示子块中灰度级的个数。

（4）为了保持直方图的总计数相同，被剪裁的像素要求均匀地分配到每个灰度级。剪裁点越高，对比度增强程度越高，剪切值N_{cl}的计算公式如下：

$$N_{\text{cl}} = N_{\text{Aver}} + [\beta \times (\mu_x \times \mu_y - N_{\text{Aver}})]$$

其中，N_{Aver}为子块像素数的平均值；β是剪切因子。

（5）将每个子块直方图中超过N_{cl}值的像素剪切出来，并进行重新分配，分配过程如

图4-34所示，每个灰度级分配到的像素数 N_{Acp} 的计算公式如下：

$$N_{Clip} = \sum_i \{\max[H(i) - N_{cl}, 0]\}$$

$$N_{Acp} = \frac{N_{Clip}}{L_{Gray}}$$

其中，$H(i)$ 表示子块的灰度直方图；N_{Clip} 表示剪切下来的像素总数，剪切之后 N_{Clip} 变为一个分段函数，公式如下：

$$N_{Clip} = \begin{cases} N_{Clip}, H(i) > N_{cl} \\ N_{Clip} - (N_{cl} - H(i)), H(i) + N_{Acp} \geqslant N_{cl} \\ N_{Clip} - N_{Acp}, 其他 \end{cases}$$

如果存在像素没有被分配完的情况，就需要进行循环分配，在分配时，剩余的像素会被均匀分配到小于 N_{cl} 的灰度级中，该操作将一直进行到剩余的像素被完全分配。

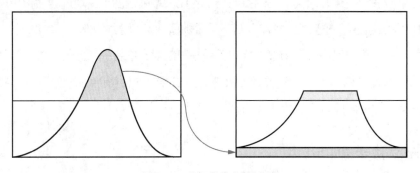

图4-34 剪切像素分配过程

（6）分别对每个子块的新灰度直方图 $H'(i)$ 进行均衡化处理。

（7）为了防止出现块状伪影，每个子块的像素值都是通过周围子块的像素值进行线性插值得到的。在CLAHE中所使用到的是双线性插值，也就是在两个方向各进行一次插值，其原理如图4-35所示。a、b、c、d点是4个块的中心像素，p是4个块包围的任意像素，我们可以通过双线性插值重新映射得到像素p，在 x 方向进行一次线性插值，公式如下：

$$\begin{cases} f(R_1) = \dfrac{x_2 - x}{x_2 - x_1} f(c) + \dfrac{x - x_1}{x_2 - x_1} f(d) \\ f(R_2) = \dfrac{x_2 - x}{x_2 - x_1} f(a) + \dfrac{x - x_1}{x_2 - x_1} f(b) \end{cases}$$

在 y 方向上再进行一次线性插值，公式如下：

$$f(P) = \frac{y_2 - y}{y_2 - y_1} f(R_1) + \frac{y - y_1}{y_2 - y_1} f(R_2)$$

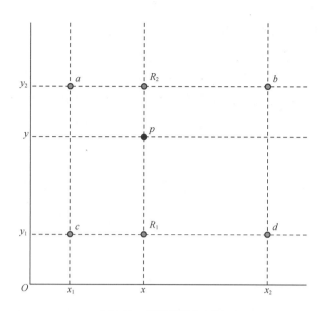

图4-35　双线性插值原理

以下Python程序对彩色图像实现了CLAHE图像增强。利用cv2库封装好的createCLAHE()函数实现图像增强，颜色对比度设置为2，分成8×8个子块。运行程序结果如图4-36所示。

```python
import cv2
import matplotlib.pyplot as plt
image = cv2.imread(r"C:\imdata\\10.bmp", cv2.IMREAD_COLOR)
b, g, r = cv2.split(image)
clahe = cv2.createCLAHE(clipLimit=2.0, tileGridSize=(8, 8))
b = clahe.apply(b)
g = clahe.apply(g)
r = clahe.apply(r)
image_clahe = cv2.merge([b, g, r])
fig, ax = plt.subplots(ncols=2, figsize=(8, 4))
ax[0].imshow(image), ax[0].set_title('原图')
ax[1].imshow(image_clahe), ax[1].set_title('CLAHE增强后的图像')
plt.show()
```

（a）原图　　　　　　　　　　　　（b）CLAHE增强后的图像

图4-36　CLAHE图像增强

在OpenCV中，调用函数createCLAHE()实现对比度受限的局部直方图均衡化。它将整幅图像分成许多子块，然后对每个子块进行均衡化。该函数的原型如下所示：

```
cv2.createCLAHE([, clipLimit[, tileGridSize]])
```

其中，clipLimit参数表示颜色对比度的阈值，它是可选参数，默认值为8；tileGridSize参数表示局部直方图均衡化的模板（邻域）大小，它是可选参数，默认值为(8, 8)。

知识拓展（二）　自适应中值滤波及其Python实现

中值滤波的思想是比较一定邻域内的像素值的大小，取其中值作为这个邻域的中心像素新的值。假设对一邻域内的所有像素从小到大进行排序，如果存在孤立的噪声，比如椒盐噪声（椒噪声灰度值较小，呈现的效果是小黑点；盐噪声灰度值较大，呈现的效果是小白点），那么在这个按从小到大的顺序排序的序列中，那些孤立的噪声一定会分布在两边（要么很小，要么很大），使用这种方法取出的中值点可以很好地保留像素信息，而滤掉了噪声的影响。中值滤波器受滤波窗口大小的影响较大，用于消除噪声和保护图像细节信息，这两者会存在冲突。如果滤波窗口较小，则能较好地保护图像中的一些细节信息，但对噪声的过滤效果就会打折扣；反之，如果滤波窗口较大则能较好地消除噪声，但会对图像造成一定的模糊效果，从而丢失图像的一部分细节信息。另外，如果滤波窗口内的噪声点的个数大于整个窗口内像素的个数，则中值滤波就不能很好地过滤掉噪声。因此对中值滤波进行了改进，提出了一种自适应中值滤波方法。

自适应中值滤波（Adaptive Median Filtering）是一种非线性滤波算法，主要针对图像中的椒盐噪声。与其他滤波算法不同的是，自适应中值滤波器是根据图像局部特性来动态调整滤波器的尺寸和选择滤波器中值的方法。自适应中值滤波器主要有3个作用：

（1）滤除椒盐噪声；

（2）平滑其他非脉冲噪声；

（3）尽可能地保护图像细节信息，避免图像边缘的细化或者粗化。

自适应中值滤波算法主要包含以下两个环节。

第一个环节，计算$X_1 = Z_{med} - Z_{min}$与$X_2 = Z_{med} - Z_{max}$的值，如果$X_1 > 0$且$X_2 < 0$则跳转到第二个环节，否则，增大窗口的尺寸，如果增大后窗口的尺寸小于或等于S_{max}，则继续计算X_1与X_2，否则，直接输出Z_{med}。

第二个环节，计算$Y_1 = Z_{xy} - Z_{min}$与$Y_2 = Z_{xy} - Z_{max}$的值，如果$Y_1 > 0$且$Y_2 < 0$，则输出Z_{xy}，否则输出Z_{med}。

其中，Z_{min}表示当前像素点邻域灰度值的最小值，Z_{med}表示当前像素点邻域灰度值的中值，Z_{max}表示当前像素点邻域灰度值的最大值，Z_{xy}表示当前像素点的灰度值，S_{max}表示最大滤波窗口。

具体来说，自适应中值滤波器会根据滤波器窗口内的像素灰度值的范围来判断是否存在噪声。如果存在噪声，滤波器会扩大尺寸，重新计算滤波器中值，并将其作为输出像素的灰度值；如果不存在噪声，滤波器会保持原来的尺寸和滤波器中值。自适应中值滤波器算法的步骤如下。

（1）设定滤波器窗口的初始尺寸和滤波器中值的初始值；

（2）遍历图像的每个像素，以当前像素为中心构建滤波器窗口；

（3）按照灰度值对滤波器窗内的像素进行排序；

（4）判断滤波器窗口内的像素灰度值范围是否超过预设阈值，如果超过则执行下一步，否则将滤波器中值作为输出像素的灰度值；

（5）扩大滤波器窗口的尺寸，并重新计算滤波器中值；

（6）重复步骤（3）～（5），直到滤波器窗口的尺寸达到最大值；

（7）将滤波器中值作为输出像素的灰度值。

通过自适应中值滤波器动态调整滤波器尺寸和滤波器中值的方法可以更好地适应不同图像区域的噪声特性，提高图像去噪的效果；同时，自适应中值滤波器还可以保留图像细节信息，相较于经典中值滤波算法，不易造成图像的模糊。通过自适应中值滤波器的使用，图像处理的结果将更加准确和可靠。

以下Python程序对灰度图像进行了中值滤波处理和自适应中值滤波处理。首先对图像添加椒盐噪声（为了体现两种滤波方法的对比效果，设置高密度的椒盐噪声）；然后分别采用中值滤波法和自适应中值滤波法，结果如图4-37所示。

```python
import cv2
import numpy as np
import matplotlib.pyplot as plt
# 添加椒盐噪声
def add_noise(imarray, probility=0.3):
    height, width = imarray.shape[:2]
    for i in range(height):
        for j in range(width):
            # 随机加盐或加椒
            if np.random.random(1) < probility:
                if np.random.random(1) < 0.5:
                    imarray[i, j] = 0
                else:
                    imarray[i, j] = 255
```

```python
        return imarray
# 中值滤波法,ksize表示滤波窗口大小
def median_blur(image, ksize=3):
    rows, cols = image.shape
    half = ksize // 2
    start_search_row = half
    end_search_row = rows - half - 1
    start_search_col = half
    end_search_col = cols - half - 1
    dst = np.zeros((rows, cols), dtype=np.uint8)
    # 中值滤波处理
    for y in range(start_search_row, end_search_row):
        for x in range(start_search_col, end_search_col):
            window = []
            for i in range(y - half, y + half + 1):
                for j in range(x - half, x + half + 1):
                    window.append(image[i][j])
            # 取中间值
            window = np.sort(window, axis=None)
            if len(window) % 2 == 1:
                median_value = window[len(window) // 2]
            else:
                median_value = int((window[len(window) // 2] + window[len(window)
                // 2 + 1]) / 2)
            dst[y][x] = median_value
    return dst
# 自适应中值滤波法
def auto_median_blur(img):
    # 图像边缘扩展: 为保证边缘的像素点可以被采集到,必须对原图进行像素扩展
    # 一般设置的最大滤波窗口为7,所以只需要向上、下、左、右各扩展3个像素即可采集到边缘像素
    n_max = 3
    m, n = img.shape[:2]
    img_new = np.zeros((m + 2 * n_max, n + 2 * n_max), dtype=np.uint8)
    # 将原图覆盖在img_new的正中间
    img_new[n_max: (m + n_max), n_max: (n + n_max)] = img.copy()
    # 向外扩展,即把边缘的像素向外复制
    # 扩展上边界
    img_new[0: n_max, n_max: n + n_max] = img[0: n_max, 0: n].copy()
    # 扩展右边界
    img_new[0: m + n_max, n + n_max: n + 2 * n_max] = img_new[0: m+n_max, n: n +
    n_max].copy()
    # 扩展下边界
    img_new[m + n_max: m + 2 * n_max, n_max: n + 2 * n_max] = img_new[m: m + n_
    max, n_max: n + 2 * n_max].copy()
    # 扩展左边界
    img_new[0: m + 2 * n_max, 0: n_max] = img_new[0: m + 2 * n_max, n_max: 2 * n_
    max].copy()
    re = img_new.copy()
    # 得到不是噪声点的中值
    for i in range(n_max, m+n_max+1):
```

```
        for j in range(n_max, n+n_max+1):
            # 初始向外扩展1像素，即滤波窗口大小为3
            r = 1
            # 当滤波窗口小于或等于7(向外扩展元素小于4像素)时
            while r < n_max:
                w = img_new[i - r-1:i + r, j - r-1: j + r].copy()
                # 取最小灰度值和最大灰度值
                i_min, i_max = np.min(w), np.max(w)
                # 取中值
                window = np.sort(w, axis=None)
                if len(window) % 2 == 1:
                    i_med = window[len(window) // 2]

                else:
                    i_med = int((window[len(window) // 2] + window[len(window) //
                        2 + 1]) / 2)
                # 如果当前窗口中值不是噪声点，就用此次的中值作为替换值；否则扩大窗口，继续判断，
寻找不是噪声点的中值
                if i_min < i_med < i_max:
                    break
                else:
                    r = r + 1
            # 如果当前像素不是噪声，原值输出；否则输出邻域中值
            if i_min < img_new[i, j] < i_max:
                re[i, j] = img_new[i, j].copy()
            else:
                re[i, j] = i_med
    return re
# 读取图像
img = cv2.imread('C:\imdata\\cameraman.tif', 0)
img_add_noise = add_noise(img.copy())
median_img = median_blur(img_add_noise.copy())
auto_median_img = auto_median_blur(img_add_noise.copy())
# 显示图像
fig, ax = plt.subplots(ncols=2, nrows=2, figsize=(8, 4))
plt.set_cmap(cmap='gray')
ax[0, 0].imshow(img), ax[0, 0].set_title('原图')
ax[0, 1].imshow(img_add_noise), ax[0, 1].set_title('加入椒盐噪声')
ax[1, 0].imshow(median_img), ax[1, 0].set_title('中值滤波')
ax[1, 1].imshow(auto_median_img), ax[1, 1].set_title('自适应中值滤波')
plt.tight_layout(), plt.show()
plt.show()
```

（a）原图

（b）加入椒盐噪声

（c）中值滤波

（d）自适应中值滤波

图4-37　中值滤波和自适应中值滤波

第5章

图像的频率域处理

当空间域的方法不再适用时，频率域处理提供了另一种视角。本章将引导读者进入图像处理的频率域，探讨图像频谱的特性以及如何通过频率域滤波器进行图像增强。本章将介绍傅里叶变换的基础知识，以及如何利用傅里叶变换在频率域中进行图像的平滑和锐化处理。我们将讨论频率域滤波器的设计原理，包括理想低通滤波器、高斯低通滤波器等各种高通滤波器。此外，本章还将介绍频率域滤波在图像去噪、边缘增强和特征提取中的应用，使读者能够深入理解图像处理的深层次机制。

5.1 引言

图像增强处理的方法可分为空间域处理方法和频率域处理方法两大类。频率域处理方法是在图像的频率域中进行的。从图像频谱角度来看，图像缓慢变化的部分在频率域中表现为低频，而图像迅速变化的部分在频率域中表现为高频。例如，图像的边缘、灰度跳跃以及噪声等灰度变化剧烈的部分代表图像的高频分量，而灰度变化缓慢的平坦区域或某个目标区域一般代表图像的低频分量。因此，可以在频率域通过低通滤波来减弱或消除高频分量而不影响低频分量，从而实现图像平滑；也可以在频率域通过高通滤波来减弱或消除低频分量而不影响高频分量，从而实现图像锐化。总之，图像频率域处理的一般方法是先通过正交变换将空间域图像转变到频率域，然后通过频率域滤波的方法增强人们感兴趣的频率分量，最后对滤波后的频谱进行正交逆变换，即可得到增强后的空间域图像。本章首先介绍图像的傅里叶变换基础知识和频率域滤波基础，然后介绍频率域低通滤波器和频率域高通滤波器等内容。

5.2 傅里叶变换基础知识

傅里叶变换是非常重要的数学分析工具，同时也是一种非常重要的信号处理方法，在图像处理领域，它是应用得最为广泛的正交变换，有许多在工程上具有重要意义的独特性质。快速傅里叶变换是傅里叶变换的快速算法。傅里叶变换是线性系统分析的有力工具，在数字图像处理与分析中，图像增强、图像复原、图像编码压缩、图像分析与描述等每一种处理手段和方法都可以应用傅里叶变换。

5.2.1 连续傅里叶变换

1. 一维连续傅里叶变换

一般情况下，实函数 $f(x)$ 在经过傅里叶变换之后得到的变换函数 $F(u)$ 是一个复函数。傅里叶变换是一个线性积分变换，因此应讨论积分变换本身的存在性问题。傅里叶变换在数学上的定义是严密的，它需要满足如下狄利克雷条件：

（1）具有有限个间断点；

（2）具有有限个极值点；

（3）绝对可积。

只要函数满足上述条件，其傅里叶变换与逆变换一定是存在的。图像数字化信号或相关图像信号一般都被截为有限延续且有界的信号（函数），因此，常用的图像信号和函数都存在傅里叶变换。如果已知 $F(u)$，则其反变换（傅里叶逆变换）为 $f(x)$。一维傅里叶变换定义为

$$\mathscr{F}\left[f(x)\right]=F(u)=\int_{-\infty}^{+\infty}f(x)\mathrm{e}^{-\mathrm{j}2\pi ux}\mathrm{d}x \tag{5-1}$$

$$\mathscr{F}^{-1}\left[F(u)\right]=f(x)=\int_{-\infty}^{+\infty}F(u)\mathrm{e}^{\mathrm{j}2\pi ux}\mathrm{d}u \tag{5-2}$$

式(5-1)和式(5-2)中，$\mathrm{j}=\sqrt{-1}$；x 为时域变量；u 为频率域变量。

函数 $f(x)$ 和 $F(u)$ 称为傅里叶变换对。对任意一个函数 $f(x)$，其傅里叶变换 $F(u)$ 是唯一的；反之，对任意一个函数 $F(u)$，其傅里叶逆变换 $f(x)$ 也是唯一的。

2．二维连续傅里叶变换

以上一维傅里叶变换可以推广到二维场景。如果二维函数 $f(x,y)$ 满足狄利克雷条件，则它的二维傅里叶变换对为

$$\mathscr{F}\left[f(x,y)\right]=F(u,v)=\int_{-\infty}^{+\infty}\int_{-\infty}^{+\infty}f(x,y)\mathrm{e}^{-\mathrm{j}2\pi(ux+vy)}\mathrm{d}x\mathrm{d}y \tag{5-3}$$

$$\mathscr{F}^{-1}\left[F(u,v)\right]=f(x,y)=\int_{-\infty}^{+\infty}\int_{-\infty}^{+\infty}F(u,v)\mathrm{e}^{\mathrm{j}2\pi(ux+vy)}\mathrm{d}u\mathrm{d}v \tag{5-4}$$

式(5-3)和式(5-4)中，x、y 为时域变量；u、v 为频率域变量。

5.2.2 离散傅里叶变换

离散傅里叶变换（Discrete Fourier Transfrom，DFT）是指对离散序列进行傅里叶变换。因为计算机能处理的数据为数字量（或离散量），而且二维数字图像已经将连续图像离散化为像素点，连续图像的傅里叶变换在计算机上无法直接实现，所以为了能在计算机上实现数字图像的傅里叶变换，必须将连续图像（模拟图像）数字化。

1．一维离散傅里叶变换

以 Δx 为采样间隔，从 $-\infty \sim \infty$ 对 $f(x)$ 进行等间隔采样，可将连续函数离散化。在一般情况下，若以某个起点 x_0 开始的采样值是所关注的值，则称该起点 x_0 的采样值为离散序列的第1

个采样值，其余采样点以此类推，即 $x_0 + \Delta x$ 点的采样值为第2个采样值， $x_0 + 2\Delta x$ 点的采样值为第3个采样值…… $x_0 + (N-1)\Delta x$ 点处的采样值为第 N 个采样值。这样就得到了具有 N 个采样值的离散序列。将 N 个采样值序列排列如下：

$$f(x_0), f(x_0 + \Delta x), f(x_0 + 2\Delta x), \cdots, f(x_0 + (N-1)\Delta x)$$

上述序列也可以表示为

$$f(x_0 + n\Delta x), n = 0, 1, 2, \cdots, N-1$$

由于 x_0 是一个确定的起点时刻， Δx 是采样间隔，这两个量都是常量，上述序列的表达式中只有 n 是变量，因此，离散序列可以直接表示为 $f(n)$ ，即

$$f(n) = f(x_0 + n\Delta x), n = 0, 1, 2, \cdots, N-1 \tag{5-5}$$

为了和数字图像的其他表示方法一致，可以用 x 代替 n ，即序列可以表示为

$$f(x) = f(x_0 + x\Delta x), x = 0, 1, 2, \cdots, N-1 \tag{5-6}$$

由此可得一维离散序列 $f(x)$ （ $x = 0, 1, 2, \cdots, N-1$ ）的傅里叶变换定义为

$$F(u) = \sum_{x=0}^{N-1} f(x) e^{-j\frac{2\pi u x}{N}}, u = 0, 1, 2, \cdots, N-1 \tag{5-7}$$

式(5-7)中：

$$F(u) = F(u_0 + u\Delta u), u = 0, 1, 2, \cdots, N-1 \tag{5-8}$$

若已知频率序列 $F(u)$ （ $u = 0, 1, 2, 3, \cdots, N-1$ ），则离散序列 $F(u)$ 的傅里叶逆变换定义为

$$f(x) = \frac{1}{N} \sum_{u=0}^{N-1} F(u) e^{j\frac{2\pi u x}{N}}, x = 0, 1, 2, \cdots, N-1 \tag{5-9}$$

式(5-9)中， $f(x)$ 和 $F(u)$ 称为傅里叶变换对； Δx 和 Δu 分别为空间域采样间隔和频率域采样间隔，两者之间满足：

$$\Delta x = \frac{1}{N\Delta u} \tag{5-10}$$

令

$$W = e^{-j\frac{2\pi}{N}} \tag{5-11}$$

离散傅里叶变换可以写为如下形式。

正变换：

$$F(u) = \sum_{x=0}^{N-1} f(x) W_N^{ux}, u = 0, 1, 2, \cdots, N-1 \tag{5-12}$$

逆变换：

$$f(x) = \sum_{u=0}^{N-1} F(u) W_N^{ux}, x = 0, 1, 2, \cdots, N-1 \tag{5-13}$$

根据欧拉公式，傅里叶变换可以写为

$$F(u) = \sum_{x=0}^{N-1} f(x)[\cos\frac{2\pi ux}{N} - \mathrm{j}\sin\frac{2\pi ux}{N}], u = 0,1,2,\cdots,N-1 \tag{5-14}$$

2. 二维离散傅里叶变换

根据一维离散傅里叶变换和二维连续傅里叶变换定义可知，对于一个具有 $M \times N$ 个样本的二维离散序列 $f(x,y)$（$x = 0,1,2,\cdots,M-1; y = 0,1,2,\cdots,N-1$），其傅里叶变换为

$$F(u,v) = \sum_{x=0}^{M-1}\sum_{y=0}^{N-1} f(x,y)\mathrm{e}^{-\mathrm{j}2\pi(\frac{ux}{M}+\frac{vy}{N})}, u = 0,1,2,\cdots,M-1; v = 0,1,2,\cdots,N-1 \tag{5-15}$$

$$F(u,v) = F(u_0 + u\Delta u, v_0 + v\Delta v), u = 0,1,2,\cdots,M-1; \quad v = 0,1,2,\cdots,N-1 \tag{5-16}$$

若已知频率二维序列 $F(u,v)$（$u = 0,1,2,\cdots,M-1; \quad v = 0,1,2,\cdots,N-1$），则二维离散序列 $F(u,v)$ 的傅里叶逆变换定义为

$$f(x,y) = \frac{1}{MN}\sum_{u=0}^{M-1}\sum_{v=0}^{N-1} F(u,v)\mathrm{e}^{-\mathrm{j}2\pi(\frac{ux}{M}+\frac{vy}{N})}, x = 0,1,2,\cdots,M-1; y = 0,1,2,\cdots,N-1 \tag{5-17}$$

式(5-17)中，u 是对应于 x 轴的空间频率分量；v 是对应于 y 轴的空间频率分量。$f(x,y)$ 和 $F(u,v)$ 称为傅里叶变换对，Δx、Δy 和 Δu、Δv 分别为空间域采样间隔和频率域采样间隔，两者之间满足：

$$\begin{cases} \Delta x = \dfrac{1}{M\Delta u} \\ \Delta y = \dfrac{1}{N\Delta v} \end{cases} \tag{5-18}$$

5.2.3 幅度谱、相位谱、功率谱

一维离散序列 $f(x)$ 的傅里叶变换 $F(u)$ 依然是离散序列，并且通常情况下是复数序列，与连续傅里叶变换相似，$F(u)$ 可以表示为

$$F(u) = R(u) + \mathrm{j}I(u) \tag{5-19}$$

式(5-19)中，序列 $R(u)$ 和 $I(u)$ 分别表示离散序列 $F(u)$ 的实序列和虚序列，序列 $F(u)$ 还可以表示为指数形式，即

$$F(u) = |F(u)|\,\mathrm{e}^{\mathrm{j}\phi(u)} \tag{5-20}$$

式(5-20)中：

$$|F(u)| = [R^2(u) + I^2(u)]^{\frac{1}{2}} \tag{5-21}$$

$$\phi(u) = \arctan\left(\frac{I(u)}{R(u)}\right) \tag{5-22}$$

式(5-21)和式(5-22)中，$|F(u)|$ 称为 $F(u)$ 的模，又称为序列 $f(x)$ 的频谱或傅里叶幅度谱；$\phi(u)$

称为 $F(u)$ 的相角，又称为序列 $f(x)$ 的相位谱。

频谱 $F(u)$ 的平方称为序列 $f(x)$ 的能量谱或功率谱，用 $E(u)$ 表示：

$$E(u) = |F(u)|^2 \tag{5-23}$$

同理，二维离散序列 $f(x,y)$ 的傅里叶变换 $F(u,v)$ 依然是二维离散复数序列，$F(u,v)$ 可以表示为

$$F(u,v) = R(u,v) + jI(u,v) \tag{5-24}$$

式(5-24)中，序列 $R(u,v)$ 和 $I(u,v)$ 分别表示离散序列 $F(u,v)$ 的实序列和虚序列。同样可得二维离散序列 $f(x,y)$ 的傅里叶幅度谱、相位谱和功率谱分别为

$$|F(u,v)| = [R^2(u,v) + I^2(u,v)]^{\frac{1}{2}} \tag{5-25}$$

$$\phi(u,v) = \arctan(\frac{I(u,v)}{R(u,v)}) \tag{5-26}$$

$$E(u,v) = |F(u,v)|^2 \tag{5-27}$$

5.2.4　二维离散傅里叶变换的性质

根据傅里叶变换的定义，二维傅里叶变换具有与一维傅里叶变换相似的特性，如线性、位移、尺度卷积相关等。数字图像处理中需要通过二维离散傅里叶变换的性质来实现图像的变换。下面介绍几点二维离散傅里叶变换的性质。

1.　可分离性

由于离散傅里叶变换正反变换的指数项（变换核）可以分解为只含 u、x 和 v、y 的两个指数项的积，因此二维离散傅里叶变换正反变换运算可以分解为两层一维离散傅里叶变换运算，即

$$F(u,v) = \frac{1}{N}\sum_{x=0}^{N-1}\{\sum_{y=0}^{N-1}f(x,y)e^{-\frac{j2\pi vy}{N}}\}e^{-\frac{j2\pi ux}{N}} \tag{5-28}$$

其中，u、v、x、y 都属于 $\{0, 1, 2, \cdots, N-1\}$，花括号中是一维离散傅里叶变换运算，可以将花括号看成一个函数，花括号外也是一维离散傅里叶变换运算。这一性质就是二维离散傅里叶变换可分离性的含义。

2.　旋转不变性

如果二维离散函数 $f(x,y)$ 的傅里叶变换为 $F(u,v)$，则二维离散傅里叶变换对之间存在旋

转不变性，效果如图5-1所示。考虑到使用极坐标表示二维图形的旋转特性较为方便，为此，将空间域和频率域都改为用极坐标表示。在空间域中直角坐标与极坐标的变换关系为

$$\begin{cases} x = r\cos\theta \\ y = r\sin\theta \end{cases}$$ （5-29）

这样，图像 $f(x,y)$ 可以表示为 $f(r,\theta)$。同样，频率域的 $F(u,v)$ 采用极坐标可以表示为 $F(\rho,\varphi)$。二维离散傅里叶变换存在如下旋转特性：

$$\mathrm{DFT}[f(r,\theta+\theta_0)] = F(\rho,\varphi+\theta_0)$$ （5-30）

即如果 $f(x,y)$ 旋转一个角度 θ_0，则对应的傅里叶变换 $F(u,v)$ 也旋转相同的角度 θ_0，反之亦然：

$$\mathrm{IDFT}[F(\rho,\varphi+\theta_0)] = f(r,\theta+\theta_0)$$ （5-31）

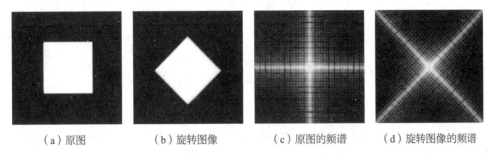

（a）原图　　　　　（b）旋转图像　　　　（c）原图的频谱　　　（d）旋转图像的频谱

图5-1　二维离散傅里叶变换对之间存在旋转不变性

5.2.5　离散图像傅里叶变换的实现

图像是二维信号，如何能够将图像快速进行二维傅里叶变换是一个需要研究的基础问题。根据二维离散傅里叶变换具有可分离性和旋转不变性，在图像的傅里叶变换实现过程中，用两层一维离散傅里叶变换就可以实现二维离散傅里叶变换，即先对图像进行一维的离散傅里叶变换（比如，对 y 坐标进行离散傅里叶变换，得到 $F(x,v)$），然后对图像进行转置运算，再进行另一维的离散傅里叶变换，最后进行转置运算。综上所述，图像的二维离散傅里叶变换算法可以用两个一维离散傅里叶变换算法和两次转置来实现。

$$f(x,y) \rightarrow \Im\text{column}[f(x,y)] = F(u,y) \rightarrow F(u,y)^{\mathrm{T}} \rightarrow \Im\text{row}[F(u,y)^{\mathrm{T}}] = F(u,v)^{\mathrm{T}} \rightarrow F(u,v)$$

二维离散傅里叶变换的反变换流程与二维离散傅里叶变换的正变换流程类似，利用离散傅里叶变换的共轭性质，只需将输入改为 $F^*(u,v)$ 就可以按正变换流程进行反变换。

5.3 频率域滤波基础

5.3.1 频率域滤波和空间域滤波的关系

傅里叶变换可以将图像从空间域变换到频率域，而傅里叶逆变换则可以将图像从频率域逆变换到空间域。这样一来，我们可以利用空间域图像与频率域之间的对应关系，尝试先将空间域卷积滤波变换为频率域滤波，再将频率域滤波处理后的图像逆变换回空间域图像，从而达到图像增强的目的。这样做最主要的优点在于可以利用频率域滤波的直观性特点。

根据著名的卷积定理，两个二维连续函数在空间域中的卷积可由其相应的两个傅里叶变换乘积的逆变换得到；反之，其在频率域中的卷积可由在空间域中乘积的傅里叶变换得到，即

$$f(x,y)*h(x,y) \Leftrightarrow F(u,v)H(u,v)$$
$$f(x,y)h(x,y) \Leftrightarrow F(u,v)*H(u,v)$$

其中，$F(u,v)$ 和 $H(u,v)$ 分别表示 $f(x,y)$ 和 $h(x,y)$ 的傅里叶变换，而符号 $\Leftrightarrow$ 表示傅里叶变换对。这就构成了整个频率域滤波的基础。

5.3.2 数字图像的频谱图

在数字图像的频谱中，图像的能量（低频成分）将集中到频谱中心，图像的边缘、线条等细节信息（高频成分）将分散在频谱边缘，也就是说，频谱中低频成分代表了图像的概貌，高频成分代表了图像的细节。例如，一幅教室内景图像，墙和地面的灰度变化平缓，它们对应的是频谱中靠近中心的分量，当一步步远离频谱中心时，较高的频率分量开始对应图像中变化急剧的灰度级，如墙和地板的交界、噪声、纹理、文字等成分对应的灰度级。图5-2所示是一幅图像及其傅里叶频谱。

图像在频率域进行变换有如下几点意义。

（1）图像在空间域上具有很强的相关性，借助于正交变换，可以将在空间域的复杂计算转换到频率域，从而使其得到简化；图像的变换过程类似于数学上的去相关处理，在空间域中相互交叉难以描述的图像特征，在频率域中往往能够得到更为直观的表示。

（2）借助于频率域特性的分析，可更好地获得图像的各种特性并进行特殊处理；利用频

率成分和图像外表之间的对应关系，一些在空间域中表述困难的增强处理，在频率域中变得非常简单。

（3）理论上可以在频率域中指定滤波器，通过逆变换以其空间域响应作为构建空间滤波器的指导思想；通过频率域试验来选择空间域滤波方法，具体实施可转变到空间域进行。

（a）原图　　　　　　　　　　（b）傅里叶频谱

图5-2　图像及其傅里叶频谱

5.3.3　频率域滤波的基本步骤

根据频率域滤波的基础，进行频率域滤波通常应遵循以下步骤：

（1）计算原图 $f(x,y)$ 的离散傅里叶变换，得到对应的频谱 $F(u,v)$；

（2）将频谱 $F(u,v)$ 的零频点移动到频谱图的中心位置；

（3）计算频率域滤波函数 $H(u,v)$ 与 $F(u,v)$ 的乘积 $G(u,v)$；

（4）将频谱 $G(u,v)$ 的零频点移回到频谱图的左上角；

（5）计算第（4）步计算结果的傅里叶逆变换 $g(u,v)$；

（6）取 $g(u,v)$ 的实部作为最终滤波后的结果图像。

由以上步骤可知，滤波能否取得理想效果的关键在于频率域滤波函数 $H(u,v)$（通常称之为滤波器或滤波器传递函数），它具有允许某些频率成分通过，同时阻止其他频率成分通过的特性。该处理过程可表示为

$$G(u,v) = F(u,v)H(u,v)$$

它在滤波中抑制了或滤除了频谱中某些频率分量，而保护其他一些频率分量不受影响。在此只关心其值为实数的滤波器，滤波过程中$H(u,v)$的每一个实数元素分别乘$F(u,v)$中对应位置的复数元素，从而使$F(u,v)$中元素的实部和虚部等比例变化，并不会改变$F(u,v)$的相位谱，这种滤波器也因此被称为"零相位"滤波器。这样，最终逆变换到空间域中得到的滤波后的结果图像 $g(x,y)$ 在理论上也应该是实函数。

$H(u, v)$和$G(u, v)$的相乘是定义在二维上的。滤波后的图像可以由IDFT（Inverse Discrete Fourier Transform，离散傅里叶逆变换）得到：

$$g(x, y) = \mathcal{F}^{-1}G(u, v)$$

5.4 ▶ 频率域低通滤波器

低通滤波是一种去除噪声的频率域处理方法。对图像而言，边缘、细节、跳跃部分及噪声都是图像的高频分量，而大面积的背景区和缓慢变化部分则是图像的低频分量，用频率域低通滤波法滤除图像的高频分量就能去除噪声，从而使图像平滑。低通滤波的工作原理可用式(5-32)表示：

$$G(u, v) = F(u, v)H(u, v) \tag{5-32}$$

式(5-32)中，$F(u, v)$为含噪声图像的傅里叶变换；$G(u, v)$为平滑后图像的傅里叶变换；$H(u, v)$为低通滤波器传递函数。利用$H(u, v)$使$F(u, v)$的高频分量得到衰减，得到$G(u, v)$后，再经过反变换就能够得到需要的图像$g(x, y)$了。下面介绍几种常用的低通滤波器及其Python实现。

5.4.1 理想低通滤波器及其Python实现

一种圆对称的理想低通滤波器（Ideal Low-Pass Filter，ILPF）的传递函数可用式(5-33)表示，即

$$H(u, v) = \begin{cases} 1, & D(u, v) \leqslant D_0 \\ 0, & D(u, v) > D_0 \end{cases} \tag{5-33}$$

式(5-33)中，D_0为一个规定的非负量，称为理想低通滤波器的截止频率；$D(u, v)$为频率域平面上的(u, v)点到原点的距离，即

$$D(u, v) = \sqrt{u^2 + v^2} \tag{5-34}$$

理想低通滤波器频率特征曲线的截面如图5-3（a）所示，在频率域$u-v$平面上，半径小于D_0的低频区域为通带，其他地方为阻带。理想低通滤波器平滑处理的机理比较简单，它可以彻底滤除D_0以外的高频分量。但是它在通带和阻带转折处太过"陡峭"，即$H(u, v)$在D_0处由1突变到0，而频率域的突变会引起空间域的波动，在空间域图像中产生"振铃"现象，因此经理想低通滤波器平滑处理后的图像的平滑效果下降，在实际使用中有很大的限制。

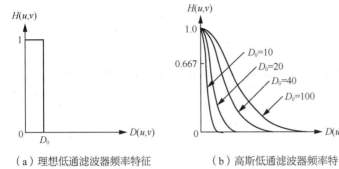
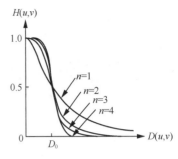

（a）理想低通滤波器频率特征
曲线的截面

（b）高斯低通滤波器频率特
征曲线的截面

（c）巴特沃思低通滤波器频率特
征曲线的截面

图5-3 低通滤波器频率特征曲线

以下Python程序实现了灰度图像的理想低通滤波器。首先将彩色图像转换为灰度图像；接着利用NumPy库fft包的fft2()函数对图像进行二维离散傅里叶变换，并将图像的低频移到中心；然后进行理想低通滤波，只保留低频的信号，删除高频的信号；最后利用NumPy库fft包的ifftshift()函数将低频移动到原来的位置，并对图像进行二维离散傅里叶逆变换，得到理想低通滤波后的图像。结果如图5-4所示。

```python
import numpy as np
from skimage import data, color
from matplotlib import pyplot as plt
plt.rcParams['font.sans-serif'] = ['FangSong']
plt.rcParams['axes.unicode_minus'] = False
img = data.coffee()
# 将彩色图像转换为灰度图像
img_gray = color.rgb2gray(img)
# 对图像进行二维离散傅里叶变换
f1 = np.fft.fft2(img_gray)
# 将图像的低频移到中心
f1_shift = np.fft.fftshift(f1)
# 原图频谱，fft结果是复数，求模之后才是振幅
f_img_gray = np.log(np.abs(f1_shift)+1)
# 实现理想低通滤波器
radius = 20
rows, cols = img_gray.shape
center = int(rows/2), int(cols/2)
mask = np.zeros((rows, cols), np.uint8)
x, y = np.ogrid[:rows, :cols]
mask_area = (x - center[0]) ** 2 + (y - center[1]) ** 2 <= radius * radius
mask[mask_area] = 1
f1_shift *= mask
# 理想低通滤波后的频谱
f_img_low = np.log(np.abs(f1_shift)+1)
# 将低频移动到原来的位置
f_ishift = np.fft.ifftshift(f1_shift)
# 对图像进行二维离散傅里叶逆变换
```

```
img_back = np.fft.ifft2(f_ishift)
img_back = np.abs(img_back)
img_back = (img_back - np.amin(img_back)) / (np.amax(img_back) - np.amin(img_
back))
plt.subplot(221), plt.imshow(img_gray, cmap='gray'), plt.title('原图')
plt.subplot(222), plt.imshow(f_img_gray, cmap='gray'), plt.title('原图频谱')
plt.subplot(223), plt.imshow(img_back, cmap='gray'), plt.title('理想低通滤波后图像')
plt.subplot(224), plt.imshow(f_img_low, cmap='gray'), plt.title('理想低通滤波后频谱')
plt.tight_layout(), plt.show()
```

（a）原图 　　　　　　　　　　　　　（b）原图频谱

（c）理想低通滤波后图像 　　　　　（d）理想低通滤波后频谱

图5-4　理想低通滤波器

NumPy库中的fft模块提供了快速傅里叶变换的功能。在这个模块中，许多函数都是成对存在的，也就是说，许多函数存在对应的逆操作函数，例如，fft()和ifft()函数就是其中的一对。计算一维、二维、N维离散傅里叶变换使用的函数的基本格式如下：

```
fft.fft(a, n=None, axes=None, norm=None)
fft.fft2(a, n=None, axes=None, norm=None)
fft.fftn(a, n=None, axes=None, norm=None)
```

参数说明如下。

a：表示输入数组，可以是实数组或复数数组。

n：可选参数，表示傅里叶变换的长度，如果不指定则默认为a的长度。

axes：可选参数，表示进行傅里叶变换的轴，默认情况下，对于一维数组，进行傅里叶变换的轴为最后一个；对于二维数组，进行傅里叶变换的轴为第二个。

norm：可选参数，表示归一化的方式，如果为None则表示不进行归一化，如果为"ortho"则表示按照奥斯特罗格拉茨基（Ostrogradsky）方式进行归一化。

计算一维、二维、N维离散傅里叶逆变换使用的函数的基本格式如下：

```
fft.ifft(a, n=None, axes=None, norm=None)
fft.ifft2(a, n=None, axes=None, norm=None)
fft.ifftn(a, n=None, axes=None, norm=None)
```

以上函数的参数用法与正变换的参数用法相同。

numpy.fft模块中的fftshift()函数可以将fft()输出中的直流分量移动到频谱的中央。ifftshift()函数则是该函数的逆操作函数。fftshift()函数的基本格式如下：

```
fft.fftshift(x, axes=None)
```

其中，参数x表示输入数组；axes是可选参数，表示要移动的轴，默认为无，表示移动所有轴。该函数的返回值为移位数组。

ifftshift()函数的基本格式如下：

```
fft.ifftshift(x, axes=None)
```

该函数的参数和返回值与fftshift()函数的相同。

5.4.2 高斯低通滤波器及其Python实现

高斯滤波是一种线性平滑滤波，适用于消除高斯噪声，广泛应用于图像处理的减噪过程。高斯滤波是对整幅图像进行加权平均的过程，每一个像素点的值，都由其本身和其邻域内的其他像素值经过加权平均后得到。由于高斯函数的傅里叶变换仍然是高斯函数，高斯低通滤波器（Gaussian Low-Pass Filter，GLPF）的传递函数可用式(5-35)表示：

$$H(u,v) = \mathrm{e}^{\frac{-D^2(u,v)}{2D_0^2}} \tag{5-35}$$

高斯低通滤波器频率特征曲线的截面如图5-3（b）所示，在频率域 $u-v$ 平面上，不同的 D_0 值对应不同的平缓的特征曲线。它在通带和阻带的过渡较为平缓，能够很好地消除在空间域图像中产生的"振铃"现象。

以下Python程序实现了灰度图像的高斯低通滤波器。首先将彩色图像转换为灰度图像；然后对图像进行二维离散傅里叶变换，并将图像的低频移到中心；接着进行高斯低通滤波，只保留低频的信号，删除高频的信号；最后将低频移动到原来的位置，对图像进行二维离散傅里叶逆变换，得到高斯低通滤波后的图像。结果如图5-5所示。

```python
import numpy as np
from skimage import data, color
from matplotlib import pyplot as plt
plt.rcParams['font.sans-serif'] = ['FangSong']
plt.rcParams['axes.unicode_minus'] = False
img_gray = data.coffee()
# 将彩色图像转换为灰度图像
img_gray = color.rgb2gray(img_gray)
# 对图像进行二维离散傅里叶变换
f1 = np.fft.fft2(img_gray)
# 将图像的低频移到中心
f1_shift = np.fft.fftshift(f1)
# 原图频谱
f_img_gray = np.log(np.abs(f1_shift)+1)
# 实现高斯低通滤波器
radius = 20
rows, cols = img_gray.shape
center = int(rows/2), int(cols/2)
mask = np.zeros((rows, cols), np.float32)
for i in range(rows):
    for j in range(cols):
        dist = (i - center[0]) ** 2 + (j - center[1]) ** 2
        mask[i, j] = np.exp(-0.5 * dist / (radius ** 2))
f1_shift *= mask
# 高斯低通滤波后的频谱
f_img_low = np.log(np.abs(f1_shift)+1)
# 将低频移动到原来的位置
f_ishift = np.fft.ifftshift(f1_shift)
# 对图像进行二维离散傅里叶逆变换
img_back = np.fft.ifft2(f_ishift)
img_back = np.abs(img_back)
img_back = (img_back - np.amin(img_back)) / (np.amax(img_back) - np.amin(img_back))
plt.subplot(221), plt.imshow(img_gray, cmap='gray'), plt.title('原图')
plt.subplot(222), plt.imshow(f_img_gray, cmap='gray'), plt.title('原图频谱')
plt.subplot(223), plt.imshow(img_back, cmap='gray'), plt.title('高斯低通滤波后图像')
plt.subplot(224), plt.imshow(f_img_low, cmap='gray'), plt.title('高斯低通滤波后频谱')
plt.tight_layout(), plt.show()
```

（a）原图　　　　　　　　　　　　　　　（b）原图频谱

（c）高斯低通滤波后图像   （d）高斯低通滤波后频谱

图5-5 高斯低通滤波器

5.4.3 巴特沃思低通滤波器及其Python实现

巴特沃思低通滤波器（Butterworth Low-Pass Filter，BLPF）又称为最大平坦滤波器。与理想低通滤波器不同，它的通带与阻带之间没有明显的不连续性，因此它的空间域图像没有产生"振铃"现象，模糊程度降低，一个n阶巴特沃思滤波器的传递函数为

$$H(u,v) = \frac{1}{1 + 0.414[D(u,v)/D_0]^{2n}} \tag{5-36}$$

从图5-3（c）中巴特沃思低通滤波器频率特征曲线的截面可以看出，在它的尾部保留有较多的高频，所以对噪声的平滑效果不如ILPE。一般情况下，常采用滤波器增益下降到$H(u,v)$最大0.707的那一点为低通滤波器的截止频率点。对式(5-36)，当$D(u,v)=D_0$、$n=1$时，$H(u,v) = 0.707$，因此D_0是一阶巴特沃思低通滤波器的截止频率。

以下Python程序实现了灰度图像的巴特沃思低通滤波器。首先将彩色图像转换为灰度图像；然后对图像进行二维离散傅里叶变换，并将图像的低频移到中心；接着进行巴特沃思低通滤波，只保留低频的信号，删除高频的信号；最后将频率移动到原来的位置，对图像进行二维离散傅里叶逆变换，得到巴特沃思低通滤波后的图像。结果如图5-6所示。

```python
import numpy as np
from skimage import data, color
from matplotlib import pyplot as plt
plt.rcParams['font.sans-serif'] = ['FangSong']
plt.rcParams['axes.unicode_minus'] = False
img_gray = data.coffee()
# 将彩色图像转换为灰度图像
img_gray = color.rgb2gray(img_gray)
# 对图像进行二维离散傅里叶变换
f1 = np.fft.fft2(img_gray)
```

```python
# 将图像的低频移到中心
f1_shift = np.fft.fftshift(f1)
# 原图频谱
f_img_gray = np.log(np.abs(f1_shift)+1)
# 实现巴特沃思低通滤波器
D0 = 10  # 截止频率
n = 5  # 阶数
rows, cols = img_gray.shape
crow, ccol = int(rows/2), int(cols/2)  # 计算频谱中心
mask = np.zeros((rows, cols))  # 生成rows行、cols列的矩阵
for i in range(rows):
    for j in range(cols):
        D = np.sqrt((i-crow)**2+(j-ccol)**2)
        mask[i, j] = 1/(1+(D/D0)**(2*n))
f1_shift *= mask
# 巴特沃思低通滤波后的频谱
f_img_low = np.log(np.abs(f1_shift)+1)
# 将频率移动到原来的位置
f_ishift = np.fft.ifftshift(f1_shift)
# 对图像进行二维离散傅里叶逆变换
img_back = np.fft.ifft2(f_ishift)
img_back = np.abs(img_back)
img_back = (img_back - np.amin(img_back)) / (np.amax(img_back) - np.amin(img_back))
plt.tight_layout(), plt.show()
plt.subplot(221), plt.imshow(img_gray, cmap='gray'), plt.title('原图')
plt.subplot(222), plt.imshow(f_img_gray, cmap='gray'), plt.title('原图频谱')
plt.subplot(223), plt.imshow(img_back, cmap='gray'), plt.title('巴特沃思低通滤波后图像')
plt.subplot(224), plt.imshow(f_img_low, cmap='gray'), plt.title('巴特沃思低通滤波后频谱')
plt.tight_layout(), plt.show()
```

（a）原图　　　　　　　　　　　　　　（b）原图频谱

（c）巴特沃思低通滤波后图像　　　　　　　　（d）巴特沃思低通滤波后频谱

图5-6　巴特沃思低通滤波器

5.4.4　指数低通滤波器及其Python实现

指数低通滤波器（Exponential Low-Pass Filter，ELPF）的传递函数 $H(u,v)$ 可表示为

$$H(u,v) = \exp\{-0.347[D(u,v)/D_0]^n\} \qquad (5\text{-}37)$$

当 $D(u,v) = D_0$、$n = 1$ 时，$H(u,v) = 0.707$。由于指数低通滤波器具有比较平滑的过滤带，经此平滑后的图像没有产生"振铃"现象，而与巴特沃思低通滤波器相比它具有更快的衰减特性，指数低通滤波器处理的图像比巴特沃思低通滤波器处理的图像模糊一些。

以下Python程序为灰度图像的指数低通滤波器的核心逻辑实现代码，仅供参考，完整代码略。

```
# 实现指数低通滤波器
radius = 20
rows, cols = img_gray.shape
center = int(rows/2), int(cols/2)
x, y = np.ogrid[:rows, :cols]
D = np.sqrt((x - center[0]) ** 2 + (y - center[1]) ** 2)
mask = np.exp(-(D/radius)**4)
```

5.5　频率域高通滤波器

从频谱的角度分析，图像模糊的实质是其高频分量被衰减，因而可以用高频增强滤波来使图像变得清晰。需注意的是，进行锐化处理的图像必须要有较高的信噪比，否则，锐化处理后的图像的信噪比更低。因为噪声一般是局部的、陡变的、高频成分丰富的部分，锐化有可能使噪声受到比信号更强的增强，所以必须先去除或减轻噪声才能进行锐化处理。

5.5.1　常用的高通滤波器

根据低通滤波器原理可以得到相应的理想高通滤波器、高斯高通滤波器、巴特沃思高通滤波器和指数高通滤波器，具体方法如下。

在频率域中用1减去低通滤波器传递函数，会得到对应的高通滤波器传递函数：

$$H_{\mathrm{HP}}(u,v) = 1 - H_{\mathrm{LP}}(u,v) \tag{5-38}$$

式(5-38)中，H_{HP}是高通滤波器的传递函数，$H_{\mathrm{LP}}(u,v)$是低通滤波器的传递函数。

（1）根据理想低通滤波器可得理想高通滤波器（Ideal High-Pass Filter，IHPF）的传递函数为

$$H(u,v) = \begin{cases} 1, & D(u,v) \leqslant D_0 \\ 0, & D(u,v) > D_0 \end{cases} \tag{5-39}$$

式(5-39)中，$D(u,v)$是到$P \times Q$频率矩形中心的距离。

以下Python程序实现了灰度图像的理想高通滤波器。首先将彩色图像转换为灰度图像；然后对图像进行二维离散傅里叶变换，并将图像的低频移到中心；接着进行理想高通滤波，只保留高频的信号，删除低频的信号；最后将低频移动到原来的位置，对图像进行二维离散傅里叶逆变换，得到理想高通滤波后的图像。图像滤波前后结果如图5-7所示。

```python
import numpy as np
from skimage import data, color
from matplotlib import pyplot as plt
plt.rcParams['font.sans-serif'] = ['FangSong']
plt.rcParams['axes.unicode_minus'] = False
# 读入图像
img = data.coffee()
# 将彩色图像转换为灰度图像
img_gray = color.rgb2gray(img)
# 对图像进行二维离散傅里叶变换
f1 = np.fft.fft2(img_gray)
# 将图像的低频移到中心
f1_shift = np.fft.fftshift(f1)
# 原图频谱,fft结果是复数,求模之后才是振幅
f_img_gray = np.log(np.abs(f1_shift)+1)
# 实现理想高通滤波器
radius = 20
rows, cols = img_gray.shape
center = int(rows/2), int(cols/2)
mask = np.zeros((rows, cols), np.uint8)
x, y = np.ogrid[:rows, :cols]
mask_area = (x-center[0])**2+(y-center[1])**2 > radius*radius
mask[mask_area] = 1
f1_shift *= mask
# 滤波后的频谱
```

```
f_img_high = np.log(np.abs(f1_shift)+1)
# 将低频移动到原来的位置
f_ishift = np.fft.ifftshift(f1_shift)
# 对图像进行二维离散傅里叶逆变换
img_back = np.fft.ifft2(f_ishift)
img_back = np.abs(img_back)
img_back = (img_back - np.amin(img_back)) / (np.amax(img_back) - np.amin(img_
back))
plt.subplot(221), plt.imshow(img_gray, cmap='gray'), plt.title('原图')
plt.subplot(223), plt.imshow(img_back, cmap='gray'), plt.title('理想高通滤波后图像')
plt.tight_layout(), plt.show()
```

 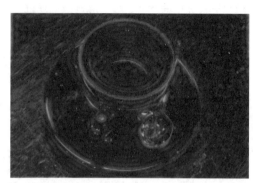

（a）原图　　　　　　　　　　（b）理想高通滤波后图像

图5-7 理想高通滤波器

（2）根据高斯低通滤波器可得高斯高通滤波器（Gaussian High-Pass Filter，GHPF）的传递函数为

$$H(u,v) = 1 - e^{-D^2(u,v)/2D_0^2} \tag{5-40}$$

以下Python程序实现了灰度图像的高斯高通滤波器。首先将彩色图像转换为灰度图像；然后对图像进行二维离散傅里叶变换，并将图像的低频移到中心；接着进行高斯高通滤波，只保留高频的信号，删除低频的信号；最后将信号移动到原来的位置，对图像进行二维离散傅里叶逆变换，得到高斯高通滤波后的图像。图像滤波前后结果如图5-8所示。

```
import numpy as np
from skimage import data, color
from matplotlib import pyplot as plt
plt.rcParams['font.sans-serif'] = ['FangSong']
plt.rcParams['axes.unicode_minus'] = False
# 读入图像
img = data.coffee()
# 将彩色图像转换为灰度图像
img_gray = color.rgb2gray(img)
# 对图像进行二维离散傅里叶变换
f1 = np.fft.fft2(img_gray)
# 将图像的低频移到中心
f1_shift = np.fft.fftshift(f1)
```

```
# 实现高斯高通滤波器
radius = 10
rows, cols = img_gray.shape
center = int(rows/2), int(cols/2)
mask = np.zeros((rows, cols), np.float32)
for i in range(rows):
    for j in range(cols):
        dist = (i-center[0])**2+(j-center[1])**2
        mask[i, j] = 1 - np.exp(-0.5*dist/(radius**2))
f1_shift *= mask
# 将信号移动到原来的位置
f_ishift = np.fft.ifftshift(f1_shift)
# 对图像进行二维离散傅里叶逆变换
img_back = np.fft.ifft2(f_ishift)
img_back = np.abs(img_back)
img_back = (img_back - np.amin(img_back)) / (np.amax(img_back) - np.amin(img_
back))
plt.subplot(121), plt.imshow(img_gray, cmap='gray'), plt.title('原图')
plt.subplot(122), plt.imshow(img_back, cmap='gray'), plt.title('高斯高通滤波后图像')
plt.tight_layout(), plt.show()
```

（a）原图   （b）高斯高通滤波后图像

图5-8　高斯高通滤波器

（3）根据巴特沃思低通滤波器可得巴特沃思高通滤波器（Butterworth High-Pass Filter，BHPF）的传递函数为

$$H(u,v) = \frac{1}{1+[D_0 / D(u,v)]^{2n}} \tag{5-41}$$

（4）根据指数低通滤波器可得指数高通滤波器的传递函数为

$$H(u,v) = \exp\{-0.347[D_0 / D(u,v)]^n\} \tag{5-42}$$

（5）拉普拉斯算子是空间域中图像增强的一种常见方法，在很多应用场景中出现了频率域中的拉普拉斯高通滤波器，该滤波器会突出图像中的灰度急剧变化区域，抑制灰度缓慢变化区域，往往会产生暗色背景下的灰色边缘和不连续图像。将拉普拉斯图像与原图叠加，可以得到保留锐化效果的图像。具体步骤如下。

步骤1：将原图转换为频率域表示。使用快速傅里叶变换将原图从空间域转换到频率域。这一步可以通过对原图应用2D-FFT算法来实现。

步骤2：设计频率域滤波器。在频率域中，拉普拉斯滤波器是一个二阶微分滤波器，可以增强图像的高频成分并突出边缘。拉普拉斯滤波器可以通过以下频率域滤波器函数来定义：

$$H(u,v) = -4\pi(u+v)$$

其中，$H(u,v)$是频率域滤波器的响应，u和v为频率变量。

步骤3：将频率域滤波器与频率域图像相乘。将频率域图像与频率域滤波器的响应进行点乘得到滤波后的频率域图像。

步骤4：将滤波后的频率域图像转换回空间域表示。使用快速傅里叶逆变换将滤波后的频率域图像从频率域转换回空间域。

步骤5：对结果图像进行归一化处理。可以对结果图像进行归一化处理以保证图像的动态范围能够满足需求。

需要注意的是，频率域滤波器的大小应与输入图像的大小相匹配，并且在进行频率域滤波之前，通常需要对输入图像进行零填充以避免频率域混叠。此外，还可以通过应用高斯平滑滤波器对输入图像进行预处理，以降低噪声的影响，并增强滤波后的结果图像的质量。总之，通过以上步骤，可以实现拉普拉斯滤波的频率域处理，从而实现图像的增强和边缘检测效果。

以下Python程序实现了灰度图像的拉普拉斯高通滤波器。首先将彩色图像转换为灰度图像；然后对图像进行二维离散傅里叶变换，并将图像的低频移到中心；接着进行拉普拉斯高通滤波，只保留高频的信号，删除低频的信号；最后将信号移动到原来的位置，对图像进行二维离散傅里叶逆变换，得到拉普拉斯高通滤波后的图像。图像滤波前后结果如图5-9所示。

```python
import numpy as np
from skimage import data, color
from matplotlib import pyplot as plt
plt.rcParams['font.sans-serif'] = ['FangSong']
plt.rcParams['axes.unicode_minus'] = False
# 读入图像
img = data.coffee()
# 将彩色图像转换为灰度图像
img_gray = color.rgb2gray(img)
# 对图像进行二维离散傅里叶变换
f1 = np.fft.fft2(img_gray)
# 将图像的低频移到中心
f1_shift = np.fft.fftshift(f1)
# 实现拉普拉斯高通滤波器
rows, cols = img_gray.shape
for i in range(rows):
    for j in range(cols):
```

```
        f1_shift[i, j] *= -((i - (rows - 1)/2) ** 2 + (j - (cols - 1)/2) ** 2)
# 将信号移动到原来的位置
f_ishift = np.fft.ifftshift(f1_shift)
# 对图像进行二维离散傅里叶逆变换
img_back = np.fft.ifft2(f_ishift)
img_back = np.abs(img_back)
img_back = (img_back - np.amin(img_back)) / (np.amax(img_back) - np.amin(img_
back))
plt.subplot(121), plt.imshow(img_gray, cmap='gray'), plt.title('原图')
plt.subplot(122), plt.imshow(img_back, cmap='gray'), plt.title('拉普拉斯高通滤波后图
像')
plt.tight_layout(), plt.show()
```

（a）原图　　　　　　　　　　　　　　（b）拉普拉斯高通滤波后图像

图5-9　拉普拉斯高通滤波器

5.5.2　同态滤波

同态滤波（Homomorphic Filtering）在数字信号处理中用于处理两个具有相乘或相卷积等关系的信号。它首先通过一种映射（变换），对信号进行变换，使得变换后的信号之间的关系变为相加；然后对相加的信号进行处理。因为对于叠加信号的处理已经积累了较多的经验，这里关键的问题是将原信号"同态"地变换为新信号。所谓同态实际上就是使新信号尽量和原信号具有相同的特性（可以不是线性关系），如频谱的高低对应关系、幅度大小的对应关系等。

图像的同态滤波属于图像的对数频率域处理范畴，其作用是对图像的灰度范围和对比度同时进行调整。在实际中，往往会遇到这样的图像——它的灰度动态范围很大，而感兴趣的部分的灰度级范围又很小，图像的细节没办法辨认，采用一般的灰度级线性变换法很难满足要求。例如，从隧道内向外观看到的图像、在夜间行车对面有强光的情况下获得的图像等，目标后面的背景很亮，而目标本身受到时的光照不足，显得很暗。这样的图像的对比度已经足够大，用一般的直方图修正法、直方图变换法都难以取得较好的处理效果。为此可采用同态滤波法，在

压缩图像整体灰度范围的同时扩张感兴趣部分的灰度范围。同态滤波的基本原理如图5-10所示。

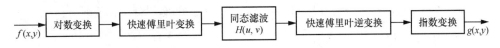

图5-10　同态滤波的基本原理

自然物的图像 $f(x,y)$ 可以用照明函数 $i(x,y)$ 和反射函数 $r(x,y)$ 的乘积表示。照明函数 $i(x,y)$ 用于描述景物的照明情况，与景物无关；反射函数 $r(x,y)$ 用于描述景物的细节，与照明情况无关。一般 $i(x,y)$ 是有限的，而反射函数 $r(x,y)$ 是小于1的，且均为正值，它们的关系为

$$f(x,y) = i(x,y) \cdot r(x,y), \ 0 < i(x,y) < \infty, \ 0 < r(x,y) < 1 \tag{5-43}$$

针对这样的图像，同态滤波的主要过程如下。

首先对图像 $f(x,y)$ 取对数，即进行对数变换，将两个信号的关系由相乘转变成对数相加，便于后续处理。

$$\ln[f(x,y)] = \ln[i(x,y) \cdot r(x,y)] = \ln[i(x,y)] + \ln[r(x,y)] \tag{5-44}$$

对式(5-44)进行傅里叶变换，得

$$F_{\mathrm{L}}(u,v) = F\{\ln[f(x,y)]\} = F\{\ln[i(x,y)] + \ln[r(x,y)]\} = I_{\mathrm{L}}(u,v) + R_{\mathrm{L}}(u,v) \tag{5-45}$$

式(5-45)中的下标"L"表示进行的是目标函数对数的傅里叶变换，以区别于普通的傅里叶变换。由于场景的照明亮度一般是缓慢变化的，所以照明函数的频谱相对集中在低频段；而景物本身具有较多的细节和边缘，所以反射函数的频谱相对集中在高频段。此外，照明函数描述的图像分量变化幅度较大而包含的信息较少，而反射函数描述的景物图像的灰度级较少而包含的信息较多，因此需将其扩展、增强。

将对数图像频谱式(5-45)乘同态滤波函数 $H(u,v)$，也就是

$$H(u,v) = (H_{\mathrm{H}} - H_{\mathrm{L}})\{1 - \exp[-d^2(u,v)/d_0^2]\} + H_{\mathrm{L}} \tag{5-46}$$

H_{H} 和 H_{L} 用于控制滤波强度，$d(u,v)$ 表示二维频率域平面原点到点 (u,v) 的距离。很明显，$H(u,v)$ 的作用是压缩频谱的低频段，扩展频谱的高频段。如前所述，照明函数的频谱以低频为主，反射函数的频谱以高频为主，同态滤波同时作用于这两个函数上的目的是压低照明函数、提升反射函数，从而抑制图像的灰度范围、扩大图像细节的灰度范围。经同态滤波后的图像 $g(x,y)$ 的对数频谱为

$$G_{\mathrm{L}}(u,v) = I_{\mathrm{L}}(u,v)H(u,v) + R_{\mathrm{L}}(u,v)H(u,v) = G_{\mathrm{i}}(u,v) + G_{\mathrm{r}}(u,v) \tag{5-47}$$

接下来，对式(5-47)进行傅里叶逆变换：

$$F^{-1}[G(u,v)] = F^{-1}[I_{\mathrm{L}}(u,v)H(u,v)] + F^{-1}[R_{\mathrm{L}}(u,v)H(u,v)] = \ln[g_{\mathrm{i}}(x,y)] + \ln[g_{\mathrm{r}}(x,y)]$$
$$= \ln[g_{\mathrm{i}}(x,y) \cdot g_{\mathrm{r}}(x,y)] \tag{5-48}$$

最后进行指数变换，得到经同态滤波处理的图像，即

$$g(x,y) = \exp\{\ln[g_i(x,y) \cdot g_r(x,y)]\} = g_i(x,y) \cdot g_r(x,y) \tag{5-49}$$

式(5-49)中，$g_i(x,y)$ 和 $g_r(x,y)$ 分别是同态滤波后图像的新的照射分量和反射分量。此外，可以根据不同图像特性和需要，选用不同的 $H(u,v)$，以获得满意的结果。

图5-11所示是同态滤波的实例。图 5-11（a）是一幅从隧道内向外逆光拍摄的图像，由于隧道外的光线太强，图像中隧道内显得非常暗，看不清楚细节，但是，这幅图像的对比度是足够大的。为了看清隧道内的细节，采用同态滤波对图像进行处理，处理结果如图5-11（b）所示。同态滤波处理在着重提高原来处于暗部的隧道细节部分的同时，较好地兼顾了原来处于亮部的人物和景物部分，处理效果较理想。

（a）原图　　　　　　　　　　　　（b）同态滤波处理结果

图5-11 同态滤波

以下Python程序实现了同态滤波。取得的效果如图5-12所示。

```python
import cv2
import numpy as np
import matplotlib.pyplot as plt
plt.rcParams['font.sans-serif'] = ['FangSong']
plt.rcParams['axes.unicode_minus'] = False
def homomorphicFilter(img):
    rows, cols = img.shape
    # 进行对数变换
    img_log = np.log(1e-3 + img)
    # 高通滤波
    img_log_f = np.fft.fftshift(np.fft.fft2(img_log))
    hp_filter = np.zeros(img_log.shape)
    d0 = max(rows, cols)
    for i in range(rows):
        for j in range(cols):
            # rh = 2 rl = 0.2 c = 0.1
            temp = (i - rows / 2) ** 2 + (j - cols / 2) ** 2
            hp_filter[i, j] = (2 - 0.2) * (1 - np.exp(- 0.1 * temp / (2 * (d0 **
2)))) + 0.2
    f = np.fft.ifftshift(img_log_f * hp_filter)
```

```
# 反运算得到处理后图像
f = np.fft.ifft2(f).real
new_f = np.exp(f) - 1
mi = np.min(new_f)
ma = np.max(new_f)
rang = ma - mi
for i in range(rows):
    for j in range(cols):
        new_f[i, j] = (new_f[i, j] - mi) / rang
return new_f
img = cv2.imread('C:\imdata\car_3.jpg')
r, g, b = cv2.split(img)
img_d_r = homorphicFilter(r)
img_d_g = homorphicFilter(g)
img_d_b = homorphicFilter(b)
new_img = cv2.merge([img_d_r, img_d_g, img_d_b])
# 显示图像
fig, ax = plt.subplots(ncols=2, figsize=(8, 4))
plt.set_cmap(cmap='gray')
ax[0].imshow(img), ax[0].set_title('原图')
ax[1].imshow(new_img), ax[1].set_title('同态滤波后图像')
plt.tight_layout(), plt.show()
```

（a）原图　　　　　　　　　　　　　　（b）同态滤波后图像

图5-12　同态滤波

知识拓展（一）　　Retinex理论及其Python实现

本节介绍以Retinex理论为基础的图像增强方法，此方法通过分析照度估计方法，增强图像的计算原理。

1．Retinex模型

Retinex模型建立在3个假设上：（1）世界本没有颜色，光与物质相互作用产生颜色；

（2）每个单位区域由红、绿、蓝三基色构成；（3）三基色决定每个单位区域的颜色。颜色是由物体反射能力决定的，反射能力是物体的固有属性，和光源没有关系。人眼所观察到的图像I是由反射物体R对入射光L反射得到的，如图5-13所示。(x, y)是像素坐标。

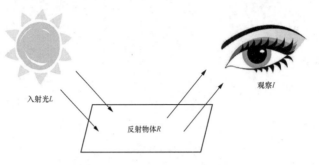

图5-13　Retinex理论的图像模型

Retinex理论的数学表达式如式(5-50)所示。

$$I(x, y) = L(x, y) \bullet R(x, y) \tag{5-50}$$

式(5-50)中，$\bullet$表示组合符号。基于Retinex理论的图像增强技术主要包含两个步骤：估计照度图像和通过计算消除照度影响得到增强图像。有很多基于Retinex理论的增强方法，它们在形式上有所不同，但实质基本一致。基于Retinex理论的增强过程如图5-14所示。

图5-14　基于Retinex理论的增强过程

在图5-14中，LOG表示取对数操作，i是取对数后的输入图像，l是估计的照度图像，r是消除照度影响得到的增强图像，EXP表示反对数操作，R是反对数后的增强图像。

照度图像估计被认为应该无限接近真实光照情况，也是Retinex图像增强方法中的一个重要步骤。

照度信息一般是图像中的低频部分，因此，常用高斯滤波处理后的图像作为估计的照度图像。高斯滤波对输入图像的每一像素，取其周围的像素，分别与滤波模板卷积，计算得到照度值，遍历图像后，形成照度图像。对图像进行逐像素处理，形成滤波模板，根据二维高斯函数计算每个点的权重。

2. 单尺度Retinex算法

Jobson等人提出了基于Retinex理论的单尺度Retinex（Single Scale Retinex，SSR）算法。

SSR算法是一种基于中心环绕函数的中央周边算法，其中的中心环绕函数是高斯函数，利用高斯函数估计照度分量，具体数学表达式如下：

$$\log(R_{SSRi}(x,y)) = \log(I_i(x,y)) - \log(G(x,y,\sigma) * I_i(x,y)) \tag{5-51}$$

式(5-51)中，$G(x,y,\sigma)$ 为高斯环绕函数，"$*$"为卷积运算符，i表示不同的颜色通道，$I_i(x,y)$ 表示原图，$R_{SSRi}(x,y)$ 为反射图像。高斯环绕函数 $G(x,y,\sigma)$ 的公式为

$$G(x,y,\sigma) = \lambda \exp(\frac{-(x^2+y^2)}{\sigma^2}) \tag{5-52}$$

$G(x,y,\sigma)$ 还应满足：

$$\iint G(x,y,\sigma)\mathrm{d}x\mathrm{d}y = 1 \tag{5-53}$$

式(5-52)中 λ 为一个系数，其值由式(5-53)确定；σ 是高斯环绕尺度，它决定了卷积运算时邻域的大小。σ 值越小，中心像素受到其邻域内像素值的干扰越大，图像中的一些细节能够很好地加强，但是图像局部会出现光圈；反之，σ 值越大，图像在色彩上能够具有很好的保真度，但细节保留能力较差。所以SSR算法一般需要在图像色彩保真度和图像细节保留能力之间进行选择，不能同时保留这两个尺度的优势。

同时因为在计算过程中使用对数运算，会使一些图像的像素值为负数，不在[0, 255]范围内。这种情况下，直接对图像求反对数的结果并不好，需要采用一个补偿过程，可以将输出的图像的数值变换到[0, 255]范围内。补偿过程的表达式为

$$R'(x,y) = 255 \times \frac{R(x,y) - R_{min}}{R_{max} - R_{min}} \tag{5-54}$$

式(5-54)中，$R'(x,y)$ 为经过变换后的像素，R_{max} 和 R_{min} 分别为最大像素和最小像素，$R(x,y)$ 为最终的增强图像。

以下Python程序采用SSR算法进行彩色图像增强。首先将图像进行对数变换；然后将对数变换后图像进行高斯模糊；接下来利用原图和模糊之后的对数图像进行差分运算；最后进行反对数变换求出增强后的图像R。将R数据放大到0～255，即SSR算法增强后的图像。结果如图5-15所示。

```python
import cv2
import numpy as np
import matplotlib.pyplot as plt
# 去0值
def replace_zero(data):
    min_nonzero = min(data[np.nonzero(data)])  # 取data数组里除0外最小的数
    data[data == 0] = min_nonzero  # 把data数组里的0用 min_nonzero 替换掉
    return data
def ssr(src_img):
    # 采用3×3卷积核进行高斯处理
    l_blur = cv2.GaussianBlur(src_img, (3, 3), 0)
```

```python
    l_blur = replace_zero(l_blur)
    # 归一化取对数
    src_img = replace_zero(src_img)
    dst_img = cv2.log(src_img / 255.0)
    dst_l_blur = cv2.log(l_blur / 255.0)
    # 乘法   L(x,y)=S(x,y)*G(x,y)
    dst_l = cv2.multiply(dst_img, dst_l_blur)
    # 减法   log(R(x,y))=log(S(x,y))-log(L(x,y))
    log_r = cv2.subtract(dst_img, dst_l)
    # 放大到0~255
    dst_r = cv2.normalize(log_r, None, 0, 255, cv2.NORM_MINMAX)
    # 取整
    log_uint8 = cv2.convertScaleAbs(dst_r)
    return log_uint8
def ssr_image(image):
    # 拆分3个通道
    b_gray, g_gray, r_gray = cv2.split(image)
    # 分别对每一个通道进行SSR运算
    b_gray = ssr(b_gray)
    g_gray = ssr(g_gray)
    r_gray = ssr(r_gray)
    # 通道合并
    result = cv2.merge([b_gray, g_gray, r_gray])
    return result
img = cv2.imread('C:\imdata\\4.bmp')
img_ssr = ssr_image(img)
fig, ax = plt.subplots(ncols=2, figsize=(8, 4))
plt.set_cmap(cmap='gray')
ax[0].imshow(img), ax[0].set_title('原图')
ax[1].imshow(img_ssr), ax[1].set_title('SSR算法增强后图像')
plt.show()
```

（a）原图　　　　　　　　　　　（b）SSR算法增强后图像

图5-15　采用SSR算法进行彩色图像增强

3. 多尺度Retinex算法

使用SSR算法需要一个合适的σ，σ过大或过小都会导致图像处理结果存在一定的缺陷，为解决这一问题，Rahman等人在SSR算法的基础上提出了MSR（Multi-Scale Retinex，多尺度Retinex）算法。

MSR算法是多个SSR算法的线性加权融合，能够将不同高斯环绕函数的优点结合在一起。MSR算法的表达式为

$$\log(R_{\text{MSRi}}(x,y)) = \sum_{j=1}^{N} W_j(\log(I_i(x,y)) - \log(G_j(x,y,\sigma) * I_i(x,y))) \tag{5-55}$$

$$G_j(x,y,\sigma) = \lambda \exp(\frac{-(x^2+y^2)}{\sigma^2}) \tag{5-56}$$

$$\sum_{j=1}^{N} W_j = 1 \tag{5-57}$$

在式(5-55)中，$R_i(x,y)$表示不同颜色通道的反射图像；$G_j(x,y,\sigma)$表示不同高斯环绕函数，对应式(5-56)；W_j表示不同尺度的加权值，其所有的加权值应满足式(5-57)。N一般等于3，对应R、G、B这3个颜色通道。

以下Python程序采用MSR算法进行彩色图像增强。对原图从R、G、B这3个维度分别进行3次不同sigma参数的SSR操作。选择1、10、100作为高斯模糊sigma参数。对3次的SSR操作结果加权求平均，然后把3个维度合并，得到R。将R数据从0~1放大到0~255，即MSR算法增强后的图像。结果如图5-16所示。

```python
import cv2
import numpy as np
import matplotlib.pyplot as plt
# 去0值
def replace_zero(data):
    min_nonzero = min(data[np.nonzero(data)])
    data[data == 0] = min_nonzero
    return data
def msr(img, scales):
    # 设置不同SSR算法的权重
    weight = 1 / 3.0
    # 执行SSR算法的次数
    scales_size = len(scales)
    h, w = img.shape[:2]
    log_r = np.zeros((h, w), dtype=np.float32)
    for i in range(scales_size):
        img = replace_zero(img)
        # 高斯环绕函数
        l_blur = cv2.GaussianBlur(img, (scales[i], scales[i]), 0)
        l_blur = replace_zero(l_blur)
        # 归一化取对数
```

```
        dst_img = cv2.log(img/255.0)
        dst_l_blur = cv2.log(l_blur/255.0)
        # 乘法   L(x,y)=S(x,y)*G(x,y)
        dst_l = cv2.multiply(dst_img, dst_l_blur)
        log_r += weight * cv2.subtract(dst_img, dst_l)
        # 将R数据从0～1放大到0～255
        dst_r = cv2.normalize(log_r, None, 0, 255, cv2.NORM_MINMAX)
        # 取整
        log_uint8 = cv2.convertScaleAbs(dst_r)
        return log_uint8
def msr_image(image):
    # 高斯模糊sigma参数
    scales = [1, 10, 100]
    # 拆分通道 r、g、b
    b_gray, g_gray, r_gray = cv2.split(image)
    b_gray = msr(b_gray, scales)
    g_gray = msr(g_gray, scales)
    r_gray = msr(r_gray, scales)
    result = cv2.merge([b_gray, g_gray, r_gray])
    return result
img = cv2.imread('C:\imdata\\4.bmp')
img_msr = msr_image(img)
fig, ax = plt.subplots(ncols=2, figsize=(8, 4))
plt.set_cmap(cmap='gray')
ax[0].imshow(img), ax[0].set_title('原图')
ax[1].imshow(img_msr), ax[1].set_title('MSR算法增强后图像')
plt.show()
```

（a）原图　　　　　　　　　　（b）MSR算法增强后图像

图5-16　采用MSR算法进行彩色图像增强

4. 带色彩恢复的多尺度Retinex算法

以下Python程序采用MSRCR（Multi-Scale Retinex with Color Restoration，带色彩恢复的多尺度Retinex）算法进行彩色图像增强。在通道层面，对原图求和，作为各个通道的归一化因子，将权重矩阵归一化，并转换到对数域，得到图像颜色增益，然后将MSR算法结果按照权重矩阵与颜色增益重新组合（连乘）。让颜色恢复后的图像乘图像像素值改变范围的增益，加图像像素值改变范围的偏移量，通过色阶自动平衡得到最终结果。结果如图5-17所示。

```python
import cv2
import numpy as np
import matplotlib.pyplot as plt
# 去0值
def replace_zero(data):
    min_nonzero = min(data[np.nonzero(data)])
    data[data == 0] = min_nonzero
    return data
def single_scale_retinex(img, sigma):
    retinex = np.log10(img) - np.log10(cv2.GaussianBlur(img, (0, 0), sigma))
    return retinex
def multi_scale_retinex(img, sigma_list):
    retinex = np.zeros_like(img)
    for sigma in sigma_list:
        retinex += single_scale_retinex(img, sigma)
    retinex = retinex / len(sigma_list)
    return retinex
# 计算色彩恢复因子
def color_restoration(img, alpha, beta):
    img_sum = np.sum(img, axis=2, keepdims=True)  # 按通道求和
    color_restoration = beta * (np.log10(alpha * img) - np.log10(img_sum))
    return color_restoration
# 色阶自动平衡
# low_clip和high_clip是经验值，人为设定
def simplest_color_balance(img, low_clip, high_clip):
    # 计算像素点总数
    total = img.shape[0] * img.shape[1]
    for i in range(img.shape[2]):  # 维度
        unique, counts = np.unique(img[:, :, i], return_counts=True)
        current = 0
        # 按百分比去除最小和最大的部分
        for u, c in zip(unique, counts):
            if float(current) / total < low_clip:
                low_val = u
            if float(current) / total < high_clip:
                high_val = u
            current += c
        img[:, :, i] = np.maximum(np.minimum(img[:, :, i], high_val), low_val)
    return img
def msrcr(img, sigma_list, G, b, alpha, beta, low_clip, high_clip):
    img = np.float64(replace_zero(img))
    # 求MSR
    img_retinex = multi_scale_retinex(img, sigma_list)
    # 计算色彩恢复因子Ci
    img_color = color_restoration(img, alpha, beta)
```

```
# 求MSRCR,改变增益和偏移量
img_msrcr = G * (img_retinex * img_color + b)
# 直接线性量化
for i in range(img_msrcr.shape[2]):
    img_msrcr[:, :, i] = (img_msrcr[:, :, i] - np.min(img_msrcr[:, :, i])) /
    (np.max(img_msrcr[:, :, i]) - np.min(img_msrcr[:, :, i])) * 255
# 限定范围取整,小于0的都替换为0
img_msrcr = np.uint8(np.minimum(np.maximum(img_msrcr, 0), 255))
# 色阶自动平衡
img_msrcr = simplest_color_balance(img_msrcr, low_clip, high_clip)
return img_msrcr
img = cv2.imread('C:\imdata\\3.bmp')
img_msrcr = msrcr(img,[15, 80, 200], 5, 25, 125, 46, 0.01, 0.99)
fig, ax = plt.subplots(ncols=2, figsize=(8, 4))
ax[0].imshow(img), ax[0].set_title('原图')
ax[1].imshow(img_msrcr), ax[1].set_title('MSRCR算法增强后图像')
plt.show()
```

（a）原图　　　　　　　　　　　　（b）MSRCR算法增强后图像

图5-17　采用MSRCR算法进行彩色图像增强

5. 带色彩保护的多尺度Retinex算法

以下Python程序采用MSRCP（Multi-Scale Retinex with Chromactity Preservation，带色彩保护的多尺度Retinex）算法进行图像增强。首先得到MSR结果，然后进行线性处理和自动色阶平衡，接下来把数据根据原始的RGB的比例映射到每个通道，最后整合并输出图像。结果如图5-18所示。

```
import cv2
import numpy as np
import matplotlib.pyplot as plt
# 去0值
def replace_zero(data):
    min_nonzero = min(data[np.nonzero(data)])
    data[data == 0] = min_nonzero
```

```
        return data
def single_scale_retinex(img, sigma):
        retinex = np.log10(img) - np.log10(cv2.GaussianBlur(img, (0, 0), sigma))
        return retinex
def multi_scale_retinex(img, sigma_list):
        retinex = np.zeros_like(img)
        for sigma in sigma_list:
            retinex += single_scale_retinex(img, sigma)
        retinex = retinex / len(sigma_list)
        return retinex
# 色阶自动平衡,其中,low_clip和high_clip是经验值,人为设定
def simplest_color_balance(img, low_clip, high_clip):
    # 计算像素点总数
    total = img.shape[0] * img.shape[1]
    for i in range(img.shape[2]):  # 维度
        unique, counts = np.unique(img[:, :, i], return_counts=True)
        current = 0
        # 按百分比去除最小和最大的部分
        for u, c in zip(unique, counts):
            if float(current) / total < low_clip:
                low_val = u
            if float(current) / total < high_clip:
                high_val = u
            current += c
        img[:, :, i] = np.maximum(np.minimum(img[:, :, i], high_val), low_val)
    return img
def msrcp(img, sigma_list, low_clip, high_clip):
    img = np.float64(replace_zero(img))
    # 求三通道像素点平均值
    intensity = np.sum(img, axis=2) / img.shape[2]
    # 求MSR
    retinex = multi_scale_retinex(intensity, sigma_list)
    # 扩展维度到3维
    intensity = np.expand_dims(intensity, 2)
    retinex = np.expand_dims(retinex, 2)
    intensity1 = simplest_color_balance(retinex, low_clip, high_clip)
    # 直接线性量化
    intensity1 = (intensity1 - np.min(intensity1)) / (np.max(intensity1) -
    np.min(intensity1)) * 255.0 + 1.0
    img_msrcp = np.zeros_like(img)
    # 把数据根据原始的RGB的比例映射到每个通道
    for y in range(img_msrcp.shape[0]):
        for x in range(img_msrcp.shape[1]):
            B = np.max(img[y, x])
            A = np.minimum(256.0 / B, intensity1[y, x, 0] / intensity[y, x, 0])
            img_msrcp[y, x, 0] = A * img[y, x, 0]
            img_msrcp[y, x, 1] = A * img[y, x, 1]
            img_msrcp[y, x, 2] = A * img[y, x, 2]
    img_msrcp = np.uint8(img_msrcp - 1.0)
    return img_msrcp
```

```
img = cv2.imread('C:\imdata\\3.bmp')
img_msrcp = msrcp(img, [1, 10, 100], 0.01, 0.99)
fig, ax = plt.subplots(ncols=2, figsize=(8, 4))
plt.set_cmap(cmap='gray')
ax[0].imshow(img), ax[0].set_title('原图')
ax[1].imshow(img_msrcp), ax[1].set_title('MSRCP算法增强后图像')
plt.show()
```

（a）原图　　　　　　　　　　　（b）MSRCP算法增强后图像

图5-18 采用MSRCP算法进行彩色图像增强

知识拓展（二） 双边滤波器及其Python实现

在图像平滑或降噪处理中，双边滤波器是一种性能优越、应用广泛的滤波器。它对高斯滤波器进行了性能改进。众所周知，像素本身具有幅度和空间位置两种属性。但高斯滤波中只考虑了像素间的空间位置的相关性，没有考虑像素间灰度或颜色的相关性影响。基于此，Tomasi和Manduchi提出了双边滤波器的设计。双边滤波器不仅考虑了像素间的空间位置的影响，还考虑了像素间灰度或颜色的相关性影响，在计算权重的时候考虑得更加完善，计算如式(5-58)所示。

$$\overline{I}(p) = \frac{1}{W_p} \sum_{q \in S} G_{\sigma_s}(\| p - q \|) G_{\sigma_r}(| I(p) - I(q) |) I(q) \tag{5-58}$$

式(5-58)中，S 表示空间上的影响，R 表示像素范围上的影响，W_p 的计算如式(5-59)所示。

$$W_p = \sum_{q \in S} G_{\sigma_s}(\| p - q \|) G_{\sigma_r}(| I(p) - I(q) |) \tag{5-59}$$

求(5-59)中，G_{σ_s} 为图像空间域核，计算方法如式(5-60)所示；G_{σ_r} 为图像像素域核，计算如式(5-61)所示。

$$G_{\sigma_s}(\| p - q \|) = e^{-[(i-m)^2-(j-n)^2]/2\sigma_s^2} \tag{5-60}$$

$$G_{\sigma_r}(|I(p)-I(q)|) = e^{-[I(i,j)-I(m,n)]^2/2\sigma_r^2} \tag{5-61}$$

式(5-61)中，(i,j) 代表的是窗口中心像素值，(m,n) 代表的是窗口中的某个像素值。若像素值变小，空间域权重变大，处理结果相当于模糊；若像素值变大，像素域权重变大。

以下Python程序对灰度图像进行双边滤波处理，结果如图5-19所示。

```
import cv2
import matplotlib.pyplot as plt
# 读取图像
image = cv2.imread('C:\imdata\cameraman.tif')
# 双边滤波
filtered_image = cv2.bilateralFilter(image, 9, 75, 75)
fig, ax = plt.subplots(ncols=2, figsize=(8, 4))
ax[0].imshow(image), ax[0].set_title('原图')
ax[1].imshow(filtered_image), ax[1].set_title('双边滤波后图像')
plt.show()
```

（a）原图　　　　　　　　　　　（b）双边滤波后图像

图5-19　双边滤波

在OpenCV中，实现双边滤波的函数是cv2.bilateralFilter()，该函数的语法是

```
dst = cv2.bilateralFilter(src, d, sigmaColor, sigmaSpace, borderType)
```

参数说明如下。

dst：返回值，表示进行双边滤波后得到的处理结果。

src：需要处理的图像，即原图。它能够有任意数量的通道，各个通道能够进行独立处理。

d：滤波时选取的空间距离参数，这里表示以当前像素点为中心点的直径。如果该值为非正数，则会自动根据参数sigmaSpace计算得到。如果滤波空间较大（d大于5），则滤波速度较慢。因此，在实际应用中，推荐让d的值为5；对于较大噪声的离线滤波，可以选择让d的值为9。

sigmaColor：滤波处理时选取的颜色差值范围，该值决定了周围哪些像素点能够参与到滤波中。与当前像素点的像素差值小于sigmaColor 的像素点，能够参与到当前滤波中。该值越大，就说明周围有越多的像素点可以参与到当前滤波中。当该值为0时，滤波失去意义；当该值为255时，指定直径内的所有点都能够参与当前滤波中。

sigmaSpace：坐标空间中的sigma值。它的值越大，说明有越多的点能够参与到当前滤波中。当d大于0时，无论sigmaSpace的值如何，d都指定邻域大小；当d小于0时，d与 sigmaSpace的值成比例。

borderType：边界样式，该值决定了以何种方式处理边界。一般情况下，不需要考虑该值，直接采用默认值即可。

第6章

6

图像复原

　　图像复原是图像处理中的一个关键环节，旨在恢复图像的原始质量，消除各种原因导致的图像退化。本章将详细介绍图像退化的数学模型，以及如何应用逆滤波、维纳滤波等图像复原技术来恢复图像的细节和质量。我们将探讨如何建立退化模型，并通过逆过程恢复图像。本章内容不仅包括理论基础，还有实际的Python实现示例，使读者能够深入理解图像复原的原理和应用。通过本章的学习，读者将掌握如何从退化的图像中恢复出高质量的图像，为图像分析和理解提供更准确的数据。

6.1 引言

　　图像复原，又称为图像恢复，是数字图像处理技术中的重要组成部分之一，也是数字图像处理中的经典问题之一。图像复原的目的是尽可能地减少或去除在图像的获取、处理、存储、传输等过程中出现的图像质量下降（退化），恢复降质图像的本来面目。要达到这一目的就必须弄清楚图像降质的原因，分析导致图像降质的主要因素，建立相应的数学模型，并沿着使图像降质的逆过程来恢复图像。

　　图像复原与图像增强有相似的地方，它们都是为了改善图像。但是又有着明显的不同。图像复原试图利用退化过程的先验知识使已退化的图像恢复本来面目，即根据退化的原因，沿着逆过程来恢复图像。从图像质量评价的角度来看，图像增强的作用是提高图像的可理解性，而增强图像的目的是提高视感质量。图像增强的过程本质上是一个探索的过程，利用人的心理状态和视觉系统去控制图像质量，直到对视感效果感到满意为止。

　　建立图像降质过程的逆过程的数学模型，是图像复原的主要任务。由于经过逆过程的数学模型的运算，难以恢复全真的景物图像，所以，图像复原需要有一个质量标准，这个质量标准用于衡量接近全真景物图像的程度，或对原图像的估计到达最佳的程度。

　　在具体应用中，成像过程的每一个环节都有可能引起图像降质。典型的引起图像降质的因素包括光学系统的像差、光学成像的衍射、成像系统的非线性畸变、摄像感光元件的非线性、成像过程的相对运动、大气的湍流效应和环境或设备引入的随机噪声等。由于引起图像降质的因素众多，而且性质不同，因此，图像复原的方法、技术也各不相同。

　　图像复原处理可以在空间域进行，如利用矩阵对角化方法、最小二乘法等；图像复原处理也可以在频率域进行，如利用逆滤波方法、维纳滤波方法等。在给定降质模型条件下，可以在复原过程中不设置约束条件，形成无约束条件的图像复原方法，如逆滤波方法、维纳滤波方法等；也可以在复原过程中设置约束条件，形成有约束条件的图像复原方法，如有约束维纳滤波方法、有约束最小二乘法等；除了上述的线性复原方法外，还可以采用非线性图像复原方法，如最大复原方法、最大后验概率复原方法等。

6.2 图像退化原因与复原技术基础

6.2.1 图像降质的数学模型

图像复原是图像降质过程的逆过程，故图像复原的关键是建立退化模型。原始图像 $f(x,y)$ 经过某个退化系统处理后的输出是一幅退化图像。为了讨论方便，一般把噪声引起的退化（即噪声对图像的影响）作为加性噪声考虑，这与许多实际应用情况一致，比如图像数字化时的量化噪声、随机噪声等可以作为加性噪声。

原始图像 $f(x,y)$ 经过一个退化算子或退化系统 $H(x,y)$ 的作用，和噪声 $n(x,y)$ 进行叠加，形成退化图像 $g(x,y)$。图6-1所示为图像退化过程中输入和输出的关系。图6-1中，$H(x,y)$ 概括了退化系统的物理过程，它就是所要寻找的退化模型。

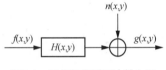

图6-1　图像退化过程中输入和
输出的关系

数字图像的图像复原问题可看作根据退化图像 $g(x,y)$ 和退化系统 $H(x,y)$ 的形式，沿着逆过程求解 $f(x,y)$，或者说逆向地寻找原始图像的最佳近似估计。图像退化的过程可以用数学表达式写成如下的形式：

$$g(x,y) = H[f(x,y)] + n(x,y) \tag{6-1}$$

式(6-1)中，$n(x,y)$ 为噪声，是一种统计性质的信息。在实际应用中，往往假设噪声是白噪声，即它的频谱为常数，且与图像无关。

在图像复原处理中，尽管非线性、时间变化和空间变化的系统模型更具有普遍性和准确性，更与复杂的退化环境相接近，但它给实际处理工作带来巨大的困难——常常找不到解或者很难用计算机来处理。因此，在图像复原处理中，往往用线性空间不变系统模型来进行近似处理。这种近似的优点使得线性系统中的许多理论可直接用于解决图像复原问题，同时不失可用性。

连续图像退化的数学模型如下。

一幅连续图像 $f(x,y)$ 可以认为是由一系列点源组成的。因此，$f(x,y)$ 可以通过点源函数的卷积来表示，即

$$f(x,y) = \int_{-\infty}^{\infty} \int_{-\infty}^{\infty} f(\alpha,\beta)\delta(x-\alpha, y-\beta)\,\mathrm{d}\alpha\,\mathrm{d}\beta \tag{6-2}$$

式(6-2)中，δ 为点源函数，表示空间上的点脉冲。

在不考虑噪声的一般情况下，连续图像经退化系统 H 处理后的输出为

$$g(x,y) = H[f(x,y)] \tag{6-3}$$

把式(6-2)代入式(6-3)得

$$g(x,y) = H[f(x,y)] = H\left[\int_{-\infty}^{\infty}\int_{-\infty}^{\infty} f(\alpha,\beta)\delta(x-\alpha,y-\beta)\,\mathrm{d}\alpha\,\mathrm{d}\beta\right] \tag{6-4}$$

在线性空间不变系统中，退化系统 H 具有如下性质。

1. 性质1：线性

设 $f_1(x,y)$ 和 $f_2(x,y)$ 为两幅输入图像，k_1 和 k_2 为常数，则

$$H[k_1 f_1(x,y) + k_2 f_2(x,y)] = k_1 H[f_1(x,y)] + k_2 H[f_2(x,y)] \tag{6-5}$$

由性质1还可推出下面两个结论。

（1）若 $k_1 = k_2 = 1$，则式(6-5)变为

$$H[f_1(x,y) + f_2(x,y)] = H[f_1(x,y)] + H[f_2(x,y)] \tag{6-6}$$

（2）若 $f_2(x,y) = 0$，则式(6-5)变为

$$H[k_1 f_1(x,y)] = k_1 H[f_1(x,y)] \tag{6-7}$$

2. 性质2：空间不变性

如果对任意 $f(x,y)$ 以及 α 和 β，有

$$H[f(x-\alpha,y-\beta)] = g(x-\alpha,y-\beta) \tag{6-8}$$

对于线性空间不变系统，输入图像经退化系统 H 处理后的输出为

$$\begin{aligned}
g(x,y) &= H[f(x,y)] = H\left[\int_{-\infty}^{\infty}\int_{-\infty}^{\infty} f(\alpha,\beta)\delta(x-\alpha,y-\beta)\,\mathrm{d}\alpha\,\mathrm{d}\beta\right] \\
&= \int_{-\infty}^{\infty}\int_{-\infty}^{\infty} f(\alpha,\beta) H[\delta(x-\alpha,y-\beta)]\,\mathrm{d}\alpha\,\mathrm{d}\beta \\
&= \int_{-\infty}^{\infty}\int_{-\infty}^{\infty} f(\alpha,\beta) h(x-\alpha,y-\beta)\,\mathrm{d}\alpha\,\mathrm{d}\beta
\end{aligned} \tag{6-9}$$

式(6-9)中，$h(x-\alpha,y-\beta)$ 为该退化系统的点扩展函数，或称为系统的冲激响应函数。它表示系统对坐标 (α,β) 处的冲激函数 $\delta(x-\alpha,y-\beta)$ 的响应。也就是说，只要系统对冲激函数的响应为已知的，就可以清楚图像退化是如何形成的，因为任一输入 $f(\alpha,\beta)$ 的响应都可以通过式(6-9)计算出来。

此时，退化系统的输出是输入图像信号 $f(x,y)$ 与点扩展函数 $h(x,y)$ 的卷积：

$$g(x,y) = \int_{-\infty}^{\infty}\int_{-\infty}^{\infty} f(\alpha,\beta) h(x-\alpha,y-\beta)\,\mathrm{d}\alpha\,\mathrm{d}\beta = f(x,y)*h(x,y) \tag{6-10}$$

图像退化除了受到成像系统本身的影响外，有时还要受到噪声的影响。假设噪声 $n(x,y)$ 是加性白噪声，这时式(6-10)可写成：

$$g(x,y) = \int_{-\infty}^{\infty} \int_{-\infty}^{\infty} f(\alpha,\beta) h(x-\alpha, y-\beta) \, d\alpha \, d\beta + n(x,y)$$

$$= f(x,y) * h(x,y) + n(x,y)$$

(6-11)

在频率域上，式(6-11)可以写成：

$$G(U,V) = F(u,v) H(u,v) + N(u,v)$$

(6-12)

式(6-12)中，$G(u,v)$、$F(u,v)$、$N(u,v)$ 分别是退化图像 $g(x,y)$、原始图像 $f(x,y)$、噪声 $n(x,y)$ 的傅里叶变换。$H(u,v)$ 是退化系统的点扩展函数 $h(x,y)$ 的傅里叶变换，称为退化系统在频率域上的传递函数。

式(6-11)和式(6-12)就是连续函数的退化模型。可见，图像复原实际上是已知 $g(x,y)$ 求 $f(x,y)$ 的问题或已知 $G(u,v)$ 求 $F(u,v)$ 的问题，它们的不同之处在于一个是在空间域中进行的，一个是在频率域中进行的。

显然，进行图像复原的关键问题是寻找退化系统在空间域上的点扩展函数 $h(x,y)$，或者退化系统在频率域上的传递函数 $H(u,v)$。一般来说，传递函数比较容易求得。因此，在进行图像复原之前，一般应设法求得完全的或近似的退化系统的传递函数，要想得到 $h(x,y)$，只需对 $H(u,v)$ 求傅里叶逆变换即可。

6.2.2 离散图像退化的数学模型

1. 一维离散退化模型

设 $f(x)$ 为具有 A 个采样值的离散输入函数，$h(x)$ 为具有 B 个采样值的退化系统的点扩展函数，则经退化系统处理后的离散输出函数 $g(x)$ 为输入函数 $f(x)$ 和冲激响应函数 $h(x)$ 的卷积，即

$$g(x) = f(x) * h(x)$$

为了避免上述卷积过程所产生的各个周期重叠（设每个采样函数的周期为 M），分别对 $f(x)$ 和 $h(x)$ 用添零延伸的方法扩展成周期 $M = A + B - 1$ 的周期函数，即

$$f_e(x) = \begin{cases} f(x), & 0 \leqslant x \leqslant A-1 \\ 0, & A \leqslant x \leqslant M-1 \end{cases}$$

$$h_e(x) = \begin{cases} h(x), & 0 \leqslant x \leqslant B-1 \\ 0, & B \leqslant x \leqslant M-1 \end{cases}$$

(6-13)

输出为

$$g_e(x) = f_e(x) * h_e(x) = \sum_{m=0}^{M-1} f_e(m) h_e(x-m)$$

(6-14)

式(6-14)中，$x = 0, 1, 2, \cdots, M-1$。

因为 $f_e(x)$ 和 $h_e(x)$ 已扩展成周期函数，所以 $g_e(x)$ 也是周期函数，用矩阵表示为

$$
\begin{bmatrix}
g(0) \\
g(1) \\
g(2) \\
\vdots \\
g(M-1)
\end{bmatrix}
=
\begin{bmatrix}
h_e(0) & h_e(-1) & \cdots & h_e(-M+1) \\
h_e(1) & h_e(0) & \cdots & h_e(-M+2) \\
h_e(2) & h_e(1) & \cdots & h_e(-M+3) \\
\vdots & \vdots & \vdots & \vdots \\
h_e(M-1) & h_e(M-2) & \cdots & h_e(0)
\end{bmatrix}
\begin{bmatrix}
f_e(0) \\
f_e(1) \\
f_e(2) \\
\vdots \\
f_e(M-1)
\end{bmatrix}
\tag{6-15}
$$

式(6-15)写成更简洁的形式为

$$g = Hf \tag{6-16}$$

式(6-16)中，g、f 都是 M 维列向量；H 是 $M \times M$ 阶矩阵，矩阵中的每一行元素均相同，只是每行以循环方式右移一位，因此矩阵 H 是循环矩阵。循环矩阵相加或相乘得到的还是循环矩阵。

2. 二维离散模型

设输入的数字图像 $f(x,y)$ 大小为 $A \times B$，点扩展函数 $h(x,y)$ 被均匀采样为 $C \times D$ 大小。为避免交叠误差，仍用添零扩展的方法，将它们扩展成有 $M = A+C-1$ 和 $N = B+D-1$ 个元素的周期函数，即

$$
\begin{aligned}
f_e(x,y) &= \begin{cases} f(x,y), & 0 \leqslant x \leqslant A-1 \text{且} 0 \leqslant y \leqslant B-1 \\ 0, & \text{其他} \end{cases} \\
h_e(x,y) &= \begin{cases} h(x,y), & 0 \leqslant x \leqslant C-1 \text{且} 0 \leqslant y \leqslant D-1 \\ 0, & \text{其他} \end{cases}
\end{aligned}
\tag{6-17}
$$

则输出的降质数字图像为

$$g_e(x,y) = \sum_{m=0}^{M-1}\sum_{n=0}^{N-1} f_e(m,n)h_e(x-m,y-n) = f(x,y)*h(x,y) \tag{6-18}$$

式(6-18)中，$x = 0, 1, 2, \cdots, M-1$；$y = 0, 1, 2, \cdots, N-1$。

式(6-18)的二维离散退化模型同样可以用式(6-16)所示的矩阵形式表示，即

$$g = Hf$$

式中，g、f 为 $MN \times 1$ 维列向量；H 为 $MN \times MN$ 维矩阵。

若把噪声考虑进去，则离散图像退化模型为

$$g_e(x,y) = \sum_{m=0}^{M-1}\sum_{n=0}^{N-1} f_e(m,n)h_e(x-m,y-n) + n_e(x,y) \tag{6-19}$$

写成矩阵形式为

$$g = Hf + n \tag{6-20}$$

上述线性空间不变退化模型表明，在给定 $g(x,y)$，并且知道退化系统的点扩展函数

$h(x,y)$ 和噪声 $n(x,y)$ 的情况下，可估计出原图 $f(x,y)$ 。

假设 $M=N=512$ ，相应矩阵 $\boldsymbol{H}$ 的大小为 $MN \times MN = 262144^2$ ，这意味着要解出 $f(x,y)$ 需要解262144个联立方程组，其计算量十分惊人。考虑到矩阵 $\boldsymbol{H}$ 为循环矩阵，因此可利用循环矩阵的性质简化运算，对此本书不进行进一步讨论。

6.3 ▶ 逆滤波复原

6.3.1 逆滤波复原原理

由式(6-20)可得

$$n = g - Hf \tag{6-21}$$

逆滤波法是指在对 **n** 没有先验知识的情况下，依据最优准则，寻找一个 $\hat{f}$ ，使得 $\boldsymbol{H}\hat{f}$ 在最小二乘方误差的意义下最接近 **g** ，即要使 **n** 的模或范数（Norm）最小：

$$\|n\|^2 = n^{\mathrm{T}}n = \left\| g - H\hat{f} \right\|^2 = \left(g - H\hat{f} \right)^{\mathrm{T}} \left(g - H\hat{f} \right) \tag{6-22}$$

求式(6-22)的最小值：

$$L\left(\hat{f}\right) = \left\| g - H\hat{f} \right\|^2 \tag{6-23}$$

如果在求最小值的过程中，不做任何约束，则称这种复原为无约束复原。

由极值条件：

$$\frac{\partial L\left(\hat{f}\right)}{\partial \hat{f}} = 0 \Rightarrow \boldsymbol{H}^{\mathrm{T}} \left(g - H\hat{f} \right) = 0 \tag{6-24}$$

解出 $\hat{f}$ 为

$$\hat{f} = \left(\boldsymbol{H}^{\mathrm{T}}\boldsymbol{H} \right)^{-1} \boldsymbol{H}^{\mathrm{T}} g = \boldsymbol{H}^{-1} g \tag{6-25}$$

对式(6-25)进行傅里叶变换，得

$$F(u,v) = G(u,v)/H(u,v) \tag{6-26}$$

可见，如果知道 $g(x,y)$ 和 $h(x,y)$ ，也就可以知道 $G(u,v)$ 和 $H(u,v)$ 。根据式(6-26)，即可得出 $F(u,v)$ ，再经过傅里叶逆变换就能求出 $f(x,y)$ 。

以下Python程序实现了逆滤波复原。先通过自定义函数motion_process()仿真运动模糊；再利用make_blurred()函数对图像进行运动模糊处理，增加指定的滤波；最后利用inverse()函数，根据增加滤波的方式，反向删除指定的滤波，实现图像的逆滤波复原。结果如图6-2所示。

```python
import cv2
import math
import numpy as np
from numpy import fft
import matplotlib.pyplot as plt
plt.rcParams['font.sans-serif'] = ['FangSong']
plt.rcParams['axes.unicode_minus'] = False
def motion_process(image_size):
    psf = np.zeros(image_size)
    motion_angle = 60
    center_position = (image_size[0] - 1) / 2
    slope_tan = math.tan(motion_angle * math.pi / 180)
    slope_cot = 1 / slope_tan
    if slope_tan <= 1:
        for i in range(15):
            offset = round(i * slope_tan)
            psf[int(center_position + offset), int(center_position - offset)] = 1
        return psf / psf.sum()
    else:
        for i in range(15):
            offset = round(i * slope_cot)
            psf[int(center_position - offset), int(center_position + offset)] = 1
        return psf / psf.sum()
def make_blurred(input, psf, eps):
    input_fft = fft.fft2(input)  # 进行二维傅里叶变换
    psf_fft = fft.fft2(psf) + eps
    blurred = fft.ifft2(input_fft * psf_fft)
    blurred = np.abs(fft.fftshift(blurred))
    return blurred
def inverse(input, psf, eps):
    input_fft = fft.fft2(input)
    psf_fft = fft.fft2(psf) + eps  # 噪声功率,这是已知的,考虑epsilon
    result = fft.ifft2(input_fft / psf_fft)  # 计算二维傅里叶逆变换
    result = np.abs(fft.fftshift(result))
    return result
image_gray = cv2.imread('C:\imdata\\rice.png', 0)
# 运动模糊处理
psf = motion_process(image_gray.shape)
eps = 1e-3
blurred = np.abs(make_blurred(image_gray, psf, eps))
# 对添加运动模糊的图像进行逆滤波复原
result_inverse = inverse(blurred, psf, eps)
# 显示图像
plt.set_cmap(cmap='gray')
plt.subplot(131), plt.imshow(image_gray), plt.title('原图')
plt.subplot(132), plt.imshow(blurred), plt.title('添加运动模糊')
plt.subplot(133), plt.imshow(result_inverse), plt.title('逆滤波复原后图像')
plt.tight_layout(), plt.show()
```

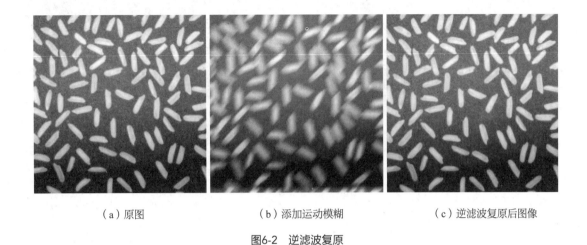

（a）原图　　　　　　　　　（b）添加运动模糊　　　　　　　（c）逆滤波复原后图像

图6-2 逆滤波复原

6.3.2 病态性及其改进

逆滤波是一种无约束的图像复原方法。通过式(6-26)进行图像复原时，由于 $H(u,v)$ 在分母上，当在 $u-v$ 平面上 $H(u,v)$ 很小或等于0（即出现了零点）时，就会导致不稳定解出现，因此，即使没有噪声，一般也不可能精确地复原 $f(x,y)$。如果考虑噪声项 $N(x,y)$，则出现零点时，噪声项将被放大，零点的影响将会更大，对复原的结果起主导地位，这就是无约束图像复原模型的病态性。它意味着退化图像中，小的噪声干扰在 $H(u,v)$ 很小的那些频谱上，对恢复图像将产生很大的影响。由简单的光学分析可知，在超出光学系统的绕射极限时，$H(u,v)$ 将很小或等于0，因此对多数图像直接采用逆滤波复原会遇到上述求解方程的病态性。为了克服这种病态性，一方面，可利用后面所讲的有约束图像复原方法；另一方面，可利用噪声一般在高频范围衰减速度较慢，而信号的频谱随频率升高下降较快的性质，在复原时，只限制在频谱坐标离原点不太远的有限区域内运行，而且关注信噪比高的那些频率的位置。Nathan在进行图像的逆滤波复原时采用的是限定恢复转移函数最大值的方法，其采用的 $H(u,v)$ 和恢复函数 $M(u,v)$ 如图6-3所示。

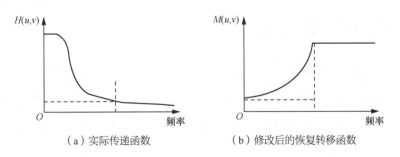

（a）实际传递函数　　　　　　　（b）修改后的恢复转移函数

图6-3 逆滤波复原

实际上，为了避免 $H(u,v)$ 值太小，可以采用的一种改进方法是在 $H(u,v)=0$ 的那些频谱点及其附近，人为地设置 $H^{-1}(u,v)$ 的值，使得在这些频谱点附近的 $N(u,v)/H(u,v)$ 不会对 $\hat{f}(u,v)$ 产生太大的影响。图6-4给出了 $H(u,v)$、$H^{-1}(u,v)$ 应用这种改进的滤波特性或恢复转移函数的一维波形，从中可以看出它与正常滤波的差别。

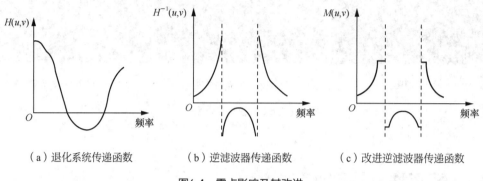

（a）退化系统传递函数　　（b）逆滤波器传递函数　　（c）改进逆滤波器传递函数

图6-4　零点影响及其改进

可以采用的另一种改进方法是考虑到退化系统的传递函数 $H(u,v)$ 带宽比噪声的带宽要窄得多，其频率特性具有低通性质，取恢复转移函数 $M(u,v)$ 为

$$M(u,v)=\begin{cases}\dfrac{1}{H(u,v)}, & u^2+v^2<\omega_0^2 \\ 1, & u^2+v^2\geqslant\omega_0^2\end{cases} \tag{6-27}$$

式(6-27)中，ω_0 为截止频率，选取原则是将 $H(u,v)$ 为0的点除去。这种改进方法的缺点是复原后图像的振铃效果较明显。

6.4 ▶ 维纳滤波复原

6.4.1　有约束的复原方法

无约束复原是指除了使准则函数 $L\left(\hat{f}\right)=\left\|\boldsymbol{g}-\boldsymbol{H}\,\hat{\boldsymbol{f}}\right\|^2$ 最小外，再无其他的约束条件。因此，只需了解退化系统的传递函数或点扩展函数，便能利用前述方法进行复原。但是由于传递数存在病态性问题，复原只能局限在靠近原点的有限区域内进行，因此无约束图像复原具有相当大的局限性。

最小二乘类约束复原是指除了要了解退化系统的传递函数之外，还要知道某些噪声的统计特性或噪声与图像的相关情况。根据所了解噪声的先验知识的不同，采用不同的约束条件，从而得到不同的图像复原技术。在最小二乘类约束复原中，要设法寻找一个最优估计 $\hat{f}$，使得形式为 $\left\| \boldsymbol{Q}\hat{f} \right\|^2 = \|\boldsymbol{n}\|^2$ 的函数最小化。求这类函数的最小化，常采用拉格朗日乘子算法，也就是说，要寻找一个 $\hat{f}$ 使得准则函数：

$$J\left(\hat{f}\right) = \left\| \boldsymbol{Q}\hat{f} \right\|^2 + a\left(\left\| \boldsymbol{g} - \boldsymbol{H}\hat{f} \right\|^2 - \|\boldsymbol{n}\|^2 \right) \tag{6-28}$$

取最小值。

式(6-28)中，$\boldsymbol{Q}$ 为 $\hat{f}$ 的线性算子；a 为一常数，称为拉格朗日乘子。对式(6-28)求导：

$$\frac{\partial J\left(\hat{f}\right)}{\partial \hat{f}} = 0$$

$$\boldsymbol{Q}^{\mathrm{T}}\boldsymbol{Q}\hat{f} - a\boldsymbol{H}^{\mathrm{T}}\left(\boldsymbol{g} - \boldsymbol{H}\hat{f} \right) = 0$$

求解 $\hat{f}$ 得

$$\hat{f} = \left(\boldsymbol{H}^{\mathrm{T}}\boldsymbol{H} + \gamma \boldsymbol{Q}^{\mathrm{T}}\boldsymbol{Q} \right)^{-1}\boldsymbol{H}^{\mathrm{T}}\boldsymbol{g} \tag{6-29}$$

式(6-29)中，$\gamma = 1/a$，该常数必须调整到约束被满足为止。求解式(6-29)的关键是选择一个合适的变换矩阵 $\boldsymbol{Q}$。选择形式不同的 $\boldsymbol{Q}$，可得到不同类型的有约束最小二乘类图像复原方法。如果用图像 $\boldsymbol{f}$ 和噪声 $\boldsymbol{n}$ 的相关矩阵 $\boldsymbol{R}_{\mathrm{f}}$ 和 $\boldsymbol{R}_{\mathrm{n}}$ 表示 $\boldsymbol{Q}$，这种图像复原方法即维纳滤波复原方法。如果选用拉普拉斯算子形式，则可推导出有约束最小平方恢复方法。

6.4.2　维纳滤波

在一般情况下，图像信号可近似为平稳随机过程，维纳滤波将原图 $\boldsymbol{f}$ 和对原图的估计 $\hat{f}$ 看作随机变量。假设 $\boldsymbol{R}_{\mathrm{f}}$ 和 $\boldsymbol{R}_{\mathrm{n}}$ 为 $\boldsymbol{f}$ 和 $\boldsymbol{n}$ 的自相关矩阵，其定义为

$$\boldsymbol{R}_{\mathrm{f}} = E\left\{ \boldsymbol{f}\boldsymbol{f}^{\mathrm{T}} \right\}$$
$$\boldsymbol{R}_{\mathrm{n}} = E\left\{ \boldsymbol{n}\boldsymbol{n}^{\mathrm{T}} \right\} \tag{6-30}$$

式(6-30)中，$E\{\bullet\}$ 代表数学期望运算。

$\boldsymbol{R}_{\mathrm{f}}$ 和 $\boldsymbol{R}_{\mathrm{n}}$ 均为实对称矩阵，在大多数图像中，邻近的像素点是高度相关的，而距离较远的像素之间相关性较弱。通常，$\boldsymbol{f}$ 和 $\boldsymbol{n}$ 的元素之间的相关性不会延伸到 20～30 个像素的距离之外。因此，一般来说，自相关矩阵在主对角线附近有一个非零元素带，而在右上角和左上角的区域

内的元素将为0。如果像素之间的相关性是像素之间距离的函数，可将R_f和R_n近似为分块循环矩阵。因而，用循环矩阵的对角化，f和n的自相关矩阵可写成：

$$R_f = WAW^{-1}$$
$$R_n = WBW^{-1}$$

(6-31)

式(6-31)中，W为一个$MN \times MN$矩阵，包含$M \times M$个$N \times N$的块。M、N含义见二维离散模型部分。

W的第(i,m)个分块为

$$W(i,m) = \exp\left(j\frac{2\pi}{M}im\right)W_N i, \quad m = 0, 1, \cdots, M-1$$

(6-32)

式(6-32)中，W_N为一个$N \times N$矩阵，其第(k,n)个位置的元素为

$$W_N(k,n) = \exp\left(j\frac{2\pi}{N}kn\right), \quad k,n = 0, 1, \cdots, N-1$$

式(6-31)中，A和B的元素分别为R_f和R_n中的自相关元素的傅里叶变换。这些自相关元素的傅里叶变换分别被定义为$f_e(x,y)$和$n_e(x,y)$的谱密度$S_f(u,v)$和$S_n(u,v)$。

定义$Q^T Q = R_f^{-1} R_n$，代入式(6-29)，得

$$\hat{f} = \left(H^T H + \gamma R_f^{-1} R_n\right)^{-1} H^T g$$

(6-33)

进一步可推导出：

$$\hat{f} = \left(WD^* DW^{-1} + \gamma WA^{-1}BW^{-1}\right)^{-1} WD^* W^{-1} g$$

(6-34)

式(6-34)中，D为对角矩阵；D^*为D的共轭矩阵。D的对角元素与$h_e(x,y)$中的傅里叶变换有关：

$$D(k,i) = \begin{cases} MN \cdot H([k/N], k \bmod N), & i = k \\ 0, & i \neq k \end{cases}$$

$$H(u,v) = \frac{1}{MN}\sum\sum h_e(x,y)\exp\left[-j2\pi(ux/M + vy/N)\right]$$

对式(6-34)再进行矩阵变换：

$$W^{-1}\hat{f} = \left(D^* D + \gamma A^{-1}B\right)^{-1} D^* W^{-1} g$$

假设$M = N$，则

$$\hat{F}(u,v) = \left[\frac{H^*(u,v)}{|H(u,v)|^2 + \gamma\left[S_n(u,v)/S_f(u,v)\right]}\right]G(u,v)$$

$$= \left[\frac{1}{H(u,v)} \cdot \frac{|H(u,v)|^2}{|H(u,v)|^2 + \gamma\left[S_n(u,v)/S_f(u,v)\right]}\right]G(u,v)$$

(6-35)

式(6-35)中，$|H(u,v)|^2 = H^*(u,v)H(u,v)$，$u$、$v$的取值范围均为$0, 1, 2, \cdots, N-1$。

对式(6-35)进行如下分析。

（1）如果 $\gamma = 1$，称之为维纳滤波器。注意，当 $\gamma = 1$ 时，并不是在约束条件下得到的最佳解，即并不一定满足 $\left\| \boldsymbol{g} - \boldsymbol{H}\hat{\boldsymbol{f}} \right\|^2 = \left\| \boldsymbol{n} \right\|^2$。若 γ 为变数，此式为参变维纳滤波器。

使用参变维纳滤波器时，$H(u,v)$ 由点扩展函数确定，当噪声是白噪声时，$S_n(u,v)$ 为常数，可通过计算一幅噪声图像的功率谱 $S_g(u,v)$ 求解。$S_f(u,v)$ 可通过 $S_g(u,v) = \left| H(u,v) \right|^2 S_f(u,v) + S_n(u,v)$ 求得。

（2）当无噪声影响时，$S_n(u,v) = 0$，称之为理想的反向滤波器。反向滤波器可看成维纳滤波器的一种特殊情况。

（3）若不知道噪声的统计性质，即 $S_f(u,v)$ 和 $S_n(u,v)$ 未知，式(6-35)可以用下式近似：

$$\hat{F}(u,v) \approx \left[\frac{H^*(u,v)}{\left| H(u,v) \right|^2 + K} \right] G(u,v)$$

式中，K 表示噪声对信号的频谱密度之比。

以下Python程序实现了维纳滤波复原。先通过自定义函数motion_process()仿真运动模糊；再利用make_blurred()函数对图像进行运动模糊处理，增加指定的滤波；最后利用wiener()函数，进行维纳滤波图像复原处理。处理前后结果如图6-5所示。

```python
import cv2
import math
import numpy as np
from numpy import fft
import matplotlib.pyplot as plt
plt.rcParams['font.sans-serif'] = ['FangSong']
plt.rcParams['axes.unicode_minus'] = False
def motion_process(image_size):
    motion_angle = 60
    psf = np.zeros(image_size)
    center_position = (image_size[0] - 1) / 2
    slope_tan = math.tan(motion_angle * math.pi / 180)
    slope_cot = 1 / slope_tan
    if slope_tan <= 1:
        for i in range(15):
            offset = round(i * slope_tan)
            psf[int(center_position + offset), int(center_position - offset)] = 1
        return psf / psf.sum()    # 对点扩散函数进行亮度归一化
    else:
        for i in range(15):
            offset = round(i * slope_cot)
            psf[int(center_position - offset), int(center_position + offset)] = 1
        return psf / psf.sum()
def make_blurred(input, psf, eps):
```

```
    input_fft = fft.fft2(input)
    psf_fft = fft.fft2(psf) + eps
    blurred = fft.ifft2(input_fft * psf_fft)
    blurred = np.abs(fft.fftshift(blurred))
    return blurred
# 维纳滤波,K=0.01
def wiener(input, psf, eps, K=0.01):
    input_fft = fft.fft2(input)
    psf_fft = fft.fft2(psf) + eps
    psf_fft_1 = np.conj(psf_fft) / (np.abs(psf_fft) ** 2 + K)
    result = fft.ifft2(input_fft * psf_fft_1)
    result = np.abs(fft.fftshift(result))
    return result


image = cv2.imread('C:\imdata\\rice.png')
image_gray = cv2.cvtColor(image, cv2.COLOR_BGR2GRAY)
# 进行运动模糊处理
psf = motion_process(image_gray.shape)
eps = 1e-3
blurred = np.abs(make_blurred(image_gray, psf, eps))
# 对添加运动模糊的图像进行维纳滤波图像复原处理
result_wiener = wiener(blurred, psf, eps)
# 显示图像
plt.set_cmap(cmap='gray')
plt.subplot(131), plt.imshow(image_gray), plt.title('原图')
plt.subplot(132), plt.imshow(blurred), plt.title('添加运动模糊')
plt.subplot(133), plt.imshow(result_wiener), plt.title('维纳滤波复原处理后图像')
plt.tight_layout(), plt.show()
```

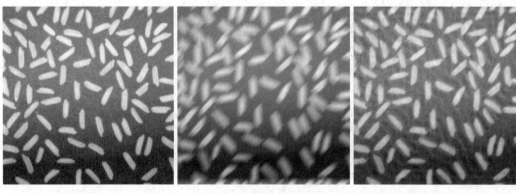

　　　（a）原图　　　　　　　　　（b）添加运动模糊　　　　　（c）维纳滤波复原处理后图像

图6-5　维纳滤波复原

第7章

图像分割

　　图像分割是图像处理领域中的一项关键技术，它将图像划分为多个具有独特属性的区域或对象。本章将全面介绍图像分割的基本原理和技术，包括基于阈值的分割、基于区域的分割、基于边缘的分割等方法。我们将讨论这些分割技术的优势和局限性，并展示如何结合图像的纹理、颜色、形状等特征进行有效的图像分割。本章将通过丰富的实例和案例分析，使读者掌握将图像分解为有意义区域的技能，为进一步的图像分析和理解打下坚实的基础。通过本章的学习，读者将能够应用图像分割技术解决实际问题，如目标检测、场景理解、医学图像分析等。

7.1 引言

数字图像处理可以分为3个层次，即低层次图像处理、较高层次图像分析、更高层次图像理解与识别。无论是图像处理、图像分析还是图像理解与识别，一般都建立在图像分割的基础上，图像分割是实现这三者的关键步骤。图像分割是指将图像中有意义的特征或应用所需要的特征信息提取出来，从而将图像分解成一些具有某种特征的单元，这些单元被称为图像基元。相对于整幅图像来说，图像基元更容易被快速处理。本章主要介绍图像分割的基本原理和主要技术。本章首先对图像分割的定义和分类进行简要的说明，然后分别介绍常见的基于阈值的图像分割方法、基于区域的图像分割方法、基于边缘的图像分割方法。

7.1.1 图像分割的定义

在对图像的研究和应用中，人们往往仅对图像中的某些部分感兴趣。这些人们感兴趣的部分常被称为目标或对象，它们一般对应图像中特定的、具有独特性质的区域。这里的区域是指相互连通的、有一致属性的像素的集合，是将图像模型化和对图像进行高层理解的基础。为了辨识和分析目标，需要将这些区域分离、提取出来，在此基础上才有可能对目标进行进一步分析。图像分割一般是指通过对图像不同特征（如边缘、纹理、颜色、亮度等）的分析，达到将图像分割成各具特性的、互不重叠的区域并提取出感兴趣的目标的技术和过程。

图像分割是由图像处理到图像分析的关键步骤。一方面，图像分割是目标表达的基础，对特征测量有重要的影响。另一方面，图像分割及基于图像分割的目标表达、特征提取和参数测量等，都将原图转化为更抽象、更紧凑的形式，使得更高层的图像分析、理解与识别成为可能。图像分割可以用数学语言进行较为严格的描述。

假设一幅图像中所有像素的集合为 F，有关一致性的假设为 $P(\cdot)$。把 F 划分为 n 个满足下述4项条件的子集 $\{S_1, S_2, S_3, \cdots, S_n\}$（$S_i$ 是连通区域）的过程定义为图像分割。

（1）$\bigcup_{j=1}^{n} S_j = F$，表示完全分割，图像中的所有像素必须归属于其中一个区域。

（2）$S_i \bigcap S_j = \varnothing$，$i \neq j$，表示分割出的不同区域不相交。

（3）$P(S_j) = \text{true}$，$\forall j$，表示分割出的每个区域的像素具有一致性。

（4）$P(S_i \bigcap S_j) = \text{false}$，$i \neq j$，表示分割出的不同区域的像素不具有一致性。

上述关于图像分割的定义是一种比较通用的参考描述，图像分割至今尚未有一个严格公认的定义。这是因为有关图像分割的理论、技术和应用在不断发展，还有很多问题尚待认识和解决。至今还没有具有普适性的分割方法和通用的分割效果评价标准，分割的好坏必须结合具体应用来评判。总体而言，一种好的图像分割方法应该尽可能具备以下特性。

（1）有效性：对各种分割问题有效的准则，能将感兴趣的区域或目标分割出来。

（2）整体性：能得到感兴趣的区域的封闭边界，该边界不具有断点和离散点。

（3）精确性：得到的边界与实际期望的区域边界很贴近。

（4）稳定性：分割结果受噪声影响很小。

在不同的应用场合下，应根据实际需求及图像特点选择适当的分割方法。

7.1.2 图像分割的分类

对图像分割方法的研究已有几十年的历史，目前基于各种理论已提出了上千种分割方法。尽管人们在图像分割方面做了许多研究工作，但由于尚无通用分割理论，这些分割方法大都是针对具体问题的，并没有一种适合于所有图像的通用的分割方法。但图像分割方法正朝着更快速、更精确的方向发展，通过结合各种新理论和新技术将不断取得突破和进展。

图像分割必须根据具体图像和不同应用目的采用合适的分割方法。在已有的图像分割方法中，最常用的是基于阈值的图像分割方法、基于区域的图像分割方法和基于边缘的图像分割方法。

（1）基于阈值的图像分割方法是一种常用的并行区域技术，它是图像分割方法中应用最多的一类。基于阈值的图像分割方法实际上是使输入图像基于某一阈值的门限值变换为输出图像的，因此阈值的选取对分割的效果至关重要。

（2）基于区域的图像分割方法以相似性原则作为分割的依据，即根据图像的灰度色彩变换关系或组织结构等方面的特征相似性来划分图像的子区域，并将各像素划归到相应物体或区域的像素聚类方法，也称区域法。

（3）基于边缘的图像分割方法涉及的边缘检测是图像分割的一种重要途径，即检测灰度级或者结构具有突变的地方，边缘表明一个区域的终结，也是另一个区域开始的地方。在图像中，不同的目标具有不同的灰度，边界处一般有明显的边缘，利用这个特征可以对图像进行分割。

此外，还有一些基于特定理论的分割方法。从数学角度来看，图像分割是将数字图像划分成互不相交的区域的过程，图像分割过程也是标记过程，即给属于同一区域的像素赋予相同的编号。这些分割方法是互补的，在一些场合适合采用一种分割方法，而在另一些场合则适合采用另一种分割方法，有时还要将这些分割方法有机地结合起来，以求得到更好的分割效果。图像分割从不同的角度或按不同的特征进行分类，存在多种分类方法，现列举如下。

根据分割过程中运算策略的不同，图像分割可分为并行分割方法和串行分割方法两大类。

根据实现技术的不同，图像分割可分为基于图像直方图的分割方法（阈值分割、聚类等）、基于边缘的分割方法（边缘检测等）、基于区域的图像分割方法（区域生长等）三大类。

根据应用要求的不同，图像分割可分为粗分割和细分割两大类。

根据分割对象属性的不同，图像分割可分为灰度图像分割和彩色图像分割两大类。

根据是否借助一定区域内像素灰度变换模式，图像分割可分为纹理图像分割和非纹理图像分割两大类。

根据分割对象状态的不同，图像分割可分为静态图像分割和动态图像分割两大类。

7.2 基于阈值的图像分割方法

7.2.1 阈值分割概述

基于阈值的图像分割方法是最常用的一种图像分割方法，其特点是操作简单，且分割结果是一系列连续区域。灰度图像的阈值分割一般基于如下假设。

图像目标或背景内部的相邻像素的灰度值是高度相关的；目标与背景之间的边界两侧像素的灰度值差别较大；图像目标与背景的灰度分布都是单峰的。如果图像目标与背景对应的两个单峰大小接近、方差较小且均值相差较大，则该图像的直方图具有双峰性质（也称为"双峰一谷"特性或"峰-谷"特性）。阈值分割常可以有效分割具有双峰性质的图像。

阈值分割过程如下：首先确定一个阈值 T，对于图像中的每一像素，若其灰度值大于 T，则将其置为目标点（值为1），否则置为背景点（值为0），从而将图像分为目标区域和背景区域。用公式可表示为

$$g(x,y) = \begin{cases} 1, & f(x,y) > T \\ 0, & f(x,y) \leqslant T \end{cases} \tag{7-1}$$

在编程实现时，也可以将目标点置为255，背景点置为0，或者相反。当图像中含有多个目标且灰度差别较大时，可以设置多个阈值实现多阈值分割。多阈值分割可表示为

$$g(x,y)=\begin{cases} 0, & f(x,y)\leqslant T \\ k, & T_k < f(x,y)\leqslant T_{k+1};\ k=1,2,\cdots,\ K-1 \\ 255, & f(x,y)>T_K \end{cases} \tag{7-2}$$

式(7-2)中，T_k 为一系列分割阈值；k 为赋予每个目标区域的编号；K 为阈值个数。

阈值分割的关键是如何确定适合的阈值，不同的阈值对应的处理结果差异很大，会影响特征测量与分析等后续过程。确定阈值的方法有多种，可分为不同类型。如果选取的阈值仅与各像素的灰度值有关，则称该阈值为全局阈值。如果选取的阈值与像素本身及其局部性质（如邻域的平均灰度值）有关，则称该阈值为局部阈值。如果选取的阈值不仅与像素的局部性质有关，还与像素的位置有关，则称该阈值为动态阈值或自适应阈值。阈值一般可用式(7-3)表示：

$$T = T\big[x,y,f(x,y),p(x,y)\big] \tag{7-3}$$

式(7-3)中，$f(x,y)$ 是点 (x,y) 处的像素灰度值；$p(x,y)$ 是该像素邻域的某种局部性质。

当图像目标和背景之间的灰度对比较强时，阈值选取较为容易。然而，实际上，由于不良的光照条件或过多图像噪声的影响，图像目标与背景之间的灰度对比往往不够明显，此时阈值选取并不容易。一般需要对图像进行预处理，如先进行图像平滑，去除噪声，再确定阈值以进行分割。

对于比较简单的图像，物体和背景本身的灰度较均匀，而且两者之间的灰度差别较大，因此比较容易分割。对于一般的图像，情况比较复杂，基于阈值的图像分割通常存在以下两方面的困难。一方面，在图像分割之前，难以确定图像分割区域的数目，或者说要把图像分割成几个部分。另一方面，难以确定阈值，而阈值选择的准确性直接影响到分割的精度以及图像描述分析的正确性。例如对只有暗背景和亮目标这两类对象的灰度图像来说，选取的阈值过高，容易把大量的目标误判为背景；选取的阈值过低，又容易把大量的背景误判为目标。

7.2.2 峰-谷阈值选取法

峰-谷阈值选取法是一种利用图像直方图的双峰性质来确定灰度阈值的方法，如果图像所含的目标区域和背景区域大小可比，而且目标区域和背景区域在灰度上有明显的区别，那么该图像的直方图会呈现"双峰一谷"的形状，其中一个峰值对应于目标的中心灰度，另一个峰值对应于背景的中心灰度。也就是说，在理想图像的直方图中，目标和背景对应不同的峰值，选取位于两个峰值之间的谷值作为阈值，就可以很容易地将目标和背景分开，从而得到分割后的图像。

例如，对于含有细胞的医学图像，细胞的灰度通常比背景的灰度低得多，如图7-1（a）所示；根据经验可以明显地看出该图像的直方图具有两个峰值，则谷值被认为是分割的阈值，如

图7-1（b）所示；基于此阈值划分后得到的结果图像如图7-1（c）所示，可以将原图像中的目标（细胞）基本分割出来。

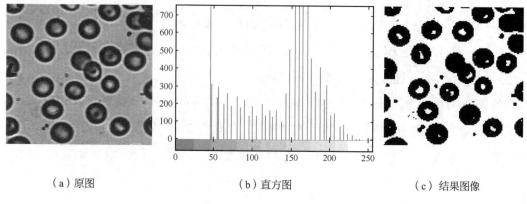

（a）原图   （b）直方图   （c）结果图像

图7-1　峰-谷阈值分割实例

峰-谷阈值选取法的优点是实现简单，当图像中不同类别物体的灰度值相差较大时，这一方法能有效地对图像进行分割。但对于图像中不存在明显灰度峰谷，或目标和背景的灰度值范围有较大重叠的图像，这种分割方法难以获得较好的结果，而且谷值的选取对噪声和灰度的不均匀很敏感。所以，在实际中常常假以其他方法协助进行谷值的选取，如7.2.3节介绍的微分阈值选取法。

7.2.3　微分阈值选取法

在一般情况下，如果将直方图的包络看成一条曲线，则选取直方图阈值（谷值）可采用求极小值的方法。设用 $h(x)$ 表示图像直方图，x 为图像灰度变量，那么极小值应满足：

$$\frac{\partial h(x)}{\partial x} = 0 \; ; \quad \frac{\partial^2 h(x)}{\partial x^2} > 0 \tag{7-4}$$

与这些极小值点对应的灰度值就可以作为图像分割阈值。由于实际图像会受到噪声的影响，其直方图经常出现很多起伏，使得由式(7-4)计算出来的极小值点有可能并非是正确的图像分割阈值，而是对应虚假的谷值。一种有效的解决方法是先对直方图进行平滑处理，如用高斯函数 $g(x,\sigma)$ 和直方图函数进行卷积运算得到相对平滑的直方图，如式(7-5)所示，再用式(7-4)求得阈值。

$$h(x,\sigma) = h(x) * g(x,\sigma) = \frac{1}{\sqrt{2\pi}} \int_{-\infty}^{\infty} h(x-u) \exp(-\frac{u^2}{2\sigma^2}) \mathrm{d}u \tag{7-5}$$

式(7-5)中，σ 为高斯函数的标准差，"*"表示卷积运算，u表示高斯函数的均值。

7.2.4 迭代阈值选取法

迭代阈值选取法的步骤如下。

（1）选择一个初始阈值 T_1。

（2）根据阈值 T_1 将图像分割为 G_1 和 G_2 两部分。G_1 包含所有小于或等于 T_1 的像素值，G_2 包含所有大于 T_1 的像素值。分别求出 G_1 和 G_2 的平均灰度值 μ_1 和 μ_2。

（3）计算新的阈值 $T_2 = (\mu_1 + \mu_2)/2$。

（4）如果 $|T_2 - T_1| \leqslant T_0$（$T_0$ 为预先指定的很小的正数），即迭代过程中前后两次阈值很接近，则终止迭代；如果 $T_1 = T_2$，则重复步骤（2）和步骤（3）。最后得到的 T_2 就是所求的阈值。

预先指定 T_0 的目的是加快迭代速度，如果不关心迭代速度，则可以将其设置为0。当目标与背景的面积相当时，可以将初始阈值 T_1 置为整幅图像的平均灰度值。当目标与背景的面积相差较大时，将初始阈值 T_1 置为最大灰度值与最小灰度值的中间值是更好的选择。

以下Python程序通过遍历迭代得到最优的灰度值全局阈值，并实现了图像的全局阈值分割。首先计算图像的直方图，展示图像灰度值的分布情况；然后通过迭代不断计算最新的平均灰度值，通过平均灰度值计算新的阈值，直到新的阈值和理想阈值之间的差值在一个期望的范围内，则可认为新的阈值是最优的全局阈值；最后利用cv2库的threshold()函数设置阈值，进行基于阈值的图像分割。结果如图7-2所示。

```
import cv2
import numpy as np
from matplotlib import pyplot as plt
plt.rcParams['font.sans-serif'] = ['FangSong']
plt.rcParams['axes.unicode_minus'] = False
img = cv2.imread('C:\imdata\coins.png', 0)
# 计算图像的直方图
hist = cv2.calcHist([img], [0], None, [256], [0, 255])
# 灰度值总和
gray_scale = range(256)
total_gary = np.dot(hist[:, 0], gray_scale)
# 每像素点的平均灰度值
total_pixels = img.shape[0] * img.shape[1]
t = round(total_gary / total_pixels)
# 通过遍历迭代得到最优的全局阈值
delta_t = 1
while True:
    num_g1, sum_g1 = 0, 0
    for i in range(t):
        num_g1 += hist[i, 0]  # G1像素数量
        sum_g1 += hist[i, 0] * i  # G1灰度值总和
```

```
        num_g2, sum_g2 = (total_pixels - num_g1), (total_gary - sum_g1)  # G2像素数
        量,G2灰度值总和
        t1 = round(sum_g1 / num_g1)  # G1平均灰度值
        t2 = round(sum_g2 / num_g2)  # G2平均灰度值
        t_new = round((t1 + t2) / 2)  # 计算新的阈值
        if abs(t - t_new) < delta_t:
            break
        else:
            t = t_new
# 阈值处理
ret, imgBin = cv2.threshold(img, t, 255, cv2.THRESH_BINARY)
plt.figure(figsize=(10, 3))
plt.subplot(131), plt.imshow(img, cmap='gray', vmin=0, vmax=255), plt.title("原图")
plt.subplot(132), plt.plot(hist, 'gray'), plt.title("直方图曲线")
plt.subplot(133), plt.imshow(imgBin, cmap='gray', vmin=0, vmax=255), plt.title("
阈值最优为{}".format(t))
plt.show()
```

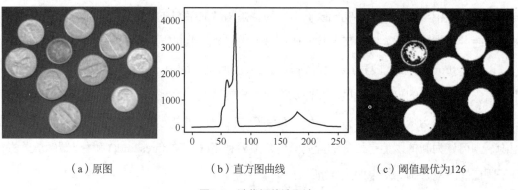

（a）原图　　　　　　（b）直方图曲线　　　　　　（c）阈值最优为126

图7-2　迭代阈值选取法

　　cv2库中与阈值处理相关的函数有普通阈值函数threshold()和自适应阈值函数adaptive
Threshold()。普通阈值函数threshold()的基本格式如下：

```
cv2.threshold (src, thresh, maxval, type[, dst])
```

　　其中，参数src表示原图，thresh表示起始阈值，maxval表示最大阈值，type用于定义如何
处理数据与阈值的关系。type的常见取值如表7-1所示。

表7-1　type的常见取值

选项	像素值大于thresh	其他情况
cv2.THRESH_BINARY	maxval	0
cv2.THRESH_BINARY_INV	0	maxval
cv2.THRESH_TRUNC	thresh	当前灰度值
cv2.THRESH_TOZERO	当前灰度值	0
cv2.THRESH_TOZERO_INV	0	当前灰度值

type的取值还有cv2.THRESH_OTSU和cv2.THRESH_TRIANGLE。其中，cv2.THRESH_OTSU表示使用最小二乘法处理像素点，而cv2.THRESH_TRIANGLE表示使用三角算法处理像素点。

7.2.5　最优阈值法

由于目标与背景的灰度值往往有些部分是相同的，因此用一个全局阈值并不能准确地把它们分开，总会出现分割误差。一部分目标像素被错分为背景像素，一部分背景像素被错分为目标像素。最优阈值法的基本思想就是选择一个阈值，使得像素被错分的概率最小。

假定图像中仅包含两类主要的灰度区域（目标和背景），z 代表灰度值，则 z 可看作一个随机变量，直方图可看作对灰度概率密度函数 $p(z)$ 的估计。$p(z)$ 实际上是目标和背景各自的灰度概率密度函数之和。设 $p_1(z)$ 和 $p_2(z)$ 分别表示背景与目标的灰度概率密度函数，P_1 和 P_2 分别表示背景像素与目标像素出现的概率（ $P_1 + P_2 = 1$ ），则混合灰度概率密度函数 $p(z)$ 为

$$p(z) = P_1 p_1(z) + P_2 p_2(z) \tag{7-6}$$

如图7-3所示，如果设置一个阈值 T ，使得灰度值小于 T 的像素被分为背景像素，而大于 T 的像素被分为目标像素，则把目标像素分割为背景像素的误差概率 $E_1(T)$ 为

$$E_1(T) = \int_{-\infty}^{T} p_2(z)\mathrm{d}z \tag{7-7}$$

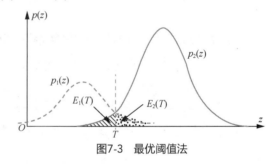

图7-3　最优阈值法

把背景像素分割为目标像素的误差概率 $E_2(T)$ 为

$$E_2(T) = \int_{T}^{\infty} p_1(z)\mathrm{d}z \tag{7-8}$$

总的误差概率 $E(T)$ 为

$$E(T) = P_2 E_1(T) + P_1 E_2(T) \tag{7-9}$$

为了求出使总的误差概率最小的阈值 T ，将 $E(T)$ 对 T 求导并使其导数为0，可得

$$P_1 p_2(T) = P_2 p_1(T) \tag{7-10}$$

由式(7-10)可以看出，当 $P_1 = P_2$ 时，灰度概率密度函数 $p_1(z)$ 与 $p_2(z)$ 的交点对应的灰度值就是所求的最优阈值 T 。在用式(7-10)求解最优阈值时，不仅需要知道目标像素与背景像素的出现概率 P_1 和 P_2 ，还需要知道两者的灰度概率密度函数 $p_1(z)$ 与 $p_2(z)$ 。然而，这些数据往往是未知的，需要进行估计。实际上，对灰度概率密度函数进行估计并不容易，这也正是最优阈

值法的缺点。一般假设目标与背景的灰度均服从高斯分布，从而简化估计。此时，$p(z)$ 为

$$p(z) = \frac{P_1}{\sqrt{2\pi}\sigma_1} e^{\frac{(z-\mu_1)^2}{2\sigma_1^2}} + \frac{P_2}{\sqrt{2\pi}\sigma_2} e^{\frac{(z-\mu_2)^2}{2\sigma_2^2}} \tag{7-11}$$

式(7-11)中，μ_1 和 μ_2 分别是目标与背景的平均灰度值，σ_1 和 σ_2 分别是两者的标准方差。将式(7-11)代入式(7-10)可得

$$AT^2 + BT + C = 0 \tag{7-12}$$

A、B、C 分别为

$$\begin{cases} A = \sigma_1^2 - \sigma_2^2 \\ B = 2\left(\mu_1\sigma_2^2 - \mu_2\sigma_1^2\right) \\ C = \sigma_1^2\mu_2^2 - \sigma_2^2\mu_1^2 + 2\sigma_1^2\sigma_2^2 \ln\left(\frac{\sigma_2 P_1}{\sigma_1 P_2}\right) \end{cases} \tag{7-13}$$

式(7-12)一般有两个解，需要在两个解中确定最优阈值。若 $\sigma_1 = \sigma_2 = \sigma$，则只有一个最优阈值：

$$T = \frac{\mu_1 + \mu_2}{2} + \frac{\sigma^2}{\mu_1 - \mu_2} \ln\left(\frac{P_2}{P_1}\right) \tag{7-14}$$

若目标像素与背景像素出现的概率相等，则目标平均灰度与背景平均灰度的中值就是所求的最优阈值。利用最小均方误差法可以从直方图 $h(z_i)$ 中估计图像的混合灰度概率密度函数：

$$e_{ms} = \frac{1}{n}\sum_{i=1}^{n}\left[p(z_i) - h(z_i)\right]^2 \tag{7-15}$$

最小化上式一般需要数值求解，例如使用共轭梯度法或牛顿法。

7.2.6　最大类间方差法

最大类间方差法是由Otsu于1978年首先提出的一种典型的图像分割方法，也称为Otsu法或大津法。从模式识别的角度看，最优阈值应当产生最优的目标类与背景类的分离性能，此性能用类间方差来表征。最大类间方差法是基于阈值的图像分割方法中常用的自动确定阈值的方法，确定最优阈值的准则是使阈值分割后各个像素类的类间方差最大。最大类间方差法的具体操作如下。

设图像总像素数为 N，灰度级总数为 L，灰度值为 i 的像素数为 N_i。令 $\omega(k)$ 和 $\mu(k)$ 分别表示从灰度级0到灰度级 k 像素的出现概率和平均灰度，它们可分别表示为

$$\omega(k) = \sum_{i=0}^{k}\frac{N_i}{N} \tag{7-16}$$

$$\mu(k) = \sum_{i=0}^{k} \frac{iN_i}{N} \tag{7-17}$$

其中，$\omega(-1) = 0$，$\mu(-1) = 0$。设有 M 个阈值$t_0, t_1, \cdots, t_{M-1}$（$0 \le t_0 < t_1 < \cdots < t_{M-1} \le L-1$；$1 \le M \le L-1$），将图像分成$M+1$个像素类$C_j$（$C_j \in [t_{j-1}+1, \cdots, t_j]$；$j = 0, 1, 2, \cdots, M$；$t_{-1} = -1$；$t_M = L-1$），则$C_j$的出现概率$\omega_j$、平均灰度 μ_j 和方差σ_j^2 为

$$\omega_j = \omega(t_j) - \omega(t_{j-1}) \tag{7-18}$$

$$\mu_j = \frac{\mu(t_j) - \mu(t_{j-1})}{\omega(t_j) - \omega(t_{j-1})} \tag{7-19}$$

$$\sigma_j^2 = \frac{\sum_{i=t_{j-1}+1}^{t_j} (i - \mu_j)^2 \left(\frac{N_i}{N}\right)}{\omega_j} \tag{7-20}$$

图像像素的总出现概率 ω_T 和图像的平均灰度 μ_T 分别如下：

$$\omega_T = \omega(L-1) = \sum_{i=0}^{L-1} \frac{N_i}{N} = \sum_{j=0}^{M} \omega_j = 1 \tag{7-21}$$

$$\mu_T = \mu(L-1) = \sum_{i=0}^{L-1} \frac{iN_i}{N} = \sum_{j=0}^{M} \omega_j \mu_j \tag{7-22}$$

类内方差定义为

$$\sigma_W^2(t_0, t_1, \cdots, t_{M-1}) = \sum_{j=0}^{M} \omega_j \sigma_j^2 \tag{7-23}$$

类间方差定义为

$$\sigma_B^2(t_0, t_1, \cdots, t_{M-1}) = \sum_{j=0}^{M} \omega_j (\mu_j - \mu_T)^2 \tag{7-24}$$

总方差定义为

$$\sigma_T^2(t_0, t_1, \cdots, t_{M-1}) = \sum_{i=0}^{L-1} (i - \mu_T)^2 \frac{N_i}{N} = \sigma_W^2 + \sigma_B^2 \tag{7-25}$$

由于类间方差与类内方差之和（即图像的总方差）是一个常数，因此类间方差最大化准则与类内方差最小化准则是等价的。求出使式(7-23)最小或使式(7-24)最大的阈值组 $t_0, t_1, \ldots, t_{M-1}$，即可将其作为 $M+1$ 类阈值化的最优阈值组。

以下Python程序实现了Otsu最优全局阈值分割，并与固定阈值分割进行效果对比，如图7-4所示。两种分割方法均利用cv2库的threshold()函数进行分割，固定阈值分割的type参数选择"cv2. THRESH_BINARY"，并将thresh参数设置为100灰度值。Otsu最优全局阈值分割的type参数选择"cv2. THRESH_OTSU"即可。对比效果发现，Otsu最优全局阈值分割对细节的处理效果更好，分割效果更清晰。

```
import cv2
from matplotlib import pyplot as plt
plt.rcParams['font.sans-serif'] = ['FangSong']
plt.rcParams['axes.unicode_minus'] = False
image = cv2.imread('C:\imdata\coins.png', 0)
ret, thresh_binary = cv2.threshold(image, 100, 255, cv2.THRESH_BINARY)
ret2, thresh_otsu = cv2.threshold(image, 0, 255, cv2.THRESH_OTSU)
fig, ax = plt.subplots(ncols=3, figsize=(8, 4))
plt.set_cmap(cmap='gray')
ax[0].imshow(image), ax[0].set_title('原图')
ax[1].imshow(thresh_binary), ax[1].set_title('固定阈值(T=100)')
ax[2].imshow(thresh_otsu), ax[2].set_title("Otsu最优全局阈值(T={})".
format(round(ret2)))
plt.tight_layout(), plt.show()
```

 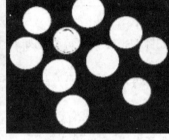 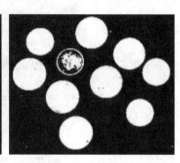

（a）原图　　　　　　　　（b）固定阈值(T=100)　　　　　（c）Otsu最优全局阈值(T=126)

图7-4　Otsu最优全局阈值分割

以下Python程序实现了自适应阈值分割，并与Otsu最优全局阈值分割进行效果对比，如图7-5所示。Otsu最优全局阈值分割方法利用cv2库的threshold()函数进行分割，自适应阈值分割方法利用cv2库的adaptiveThreshold()函数进行分割。根据对比效果发现，自适应阈值分割的模糊图像的处理效果更好，不清晰的米粒图像也可以还原为正常显示图像。

```
import cv2
from matplotlib import pyplot as plt
plt.rcParams['font.sans-serif'] = ['FangSong']
plt.rcParams['axes.unicode_minus'] = False
img = cv2.imread('C:\imdata\\rice.png', 0)
# Otsu最优全局阈值分割
ret1, thresh_otsu = cv2.threshold(img, 0, 255, cv2.THRESH_OTSU)
# 自适应阈值分割
binaryMean = cv2.adaptiveThreshold(img, 255, cv2.ADAPTIVE_THRESH_MEAN_C, cv2.
THRESH_BINARY, 35, -15)
plt.set_cmap(cmap='gray')
plt.subplot(131), plt.imshow(img, vmin=0, vmax=255), plt.title("光照不均匀米粒图像")
plt.subplot(132), plt.imshow(thresh_otsu), plt.title("Otsu最优全局阈值分割")
plt.subplot(133), plt.imshow(binaryMean), plt.title("自适应阈值分割")
plt.tight_layout(), plt.show()
```

（a）光照不均匀米粒图像　　　　　（b）最优全局阈值分割　　　　　（c）自适应阈值分割

图7-5　自适应阈值分割

　　cv2库中的adaptiveThreshold()函数是threshold函数的进阶版本。threshold()只是简单地把图像像素根据阈值区分，这样的二值区分比较粗糙，可能会导致图像的信息与特征完全无法提取，或者漏掉一些关键的信息。自适应阈值分割算法的核心是将图像分割为不同的区域，对每个区域都计算阈值，这样可以更好地处理复杂的图像。自适应阈值函数的基本格式如下：

```
cv2.adaptiveThreshold(src, maxValue, adaptiveMethod, thresholdType, blockSize, C,
dst=None)
```

src：指定灰度化的图像。

maxValue：指定满足条件的像素点需要设置的灰度值。

adaptiveMethod：自适应方法。自适应方法有2种，分别是ADAPTIVE_THRESH_MEAN_C或ADAPTIVE_THRESH_GAUSSIAN_C。

thresholdType：二值化方法，可以设置为THRESH_BINARY或THRESH_BINARY_INV。

blockSize：指定分割计算的区域大小，取奇数。

C：常数，将每个区域计算出的阈值减去这个常数的结果作为这个区域的最终阈值，可以为负数。

dst：输出图像，它是可选参数。

　　adaptiveMethod的选择非常关键。该参数所指定的自适应方法有两种：一种是使用均值的方法，另一种是使用高斯加权和的方法。所谓使用均值的方法是以计算区域像素点灰度值的平均值作为该区域所有像素的灰度值。该方法起到一种平滑或滤波的作用。使用高斯加权和的方法是对区域中心点(x, y)周围的像素根据高斯函数加权计算它们离中心点的距离。

7.3 基于区域的图像分割方法

7.3.1 区域生长算法

1. 基本算法

区域生长也称为区域生成，其基本思想是将一幅图像分成许多小的区域，并将具有相似性质的像素集合起来构成目标区域。具体来说，就是对需要分割的区域，先找一个种子像素作为生长的起始点；然后将种子像素周围邻域中与种子像素具有相同性质或相似性质的像素（根据某种事先确定的生长或相似准则来判断）合并到种子像素所在区域中；最后将这些新像素作为新的种子像素继续进行上述操作，直到再没有满足条件的像素可被包括进来为止。于是在这个过程中，区域生长了，当生长过程结束时，图像分割完成。区域生长的实质就是把具有某种相似性质的像素连通起来，从而构成最终的分割区域。它利用了图像的局部空间信息，可有效地克服其他方法存在的图像分割空间不连续的缺点。

图7-6给出了一个简单的区域生长实例。图7-6（a）中带圆圈的数字"4""8"是两个种子像素点。图7-6（b）所示为采用生长准则为邻近点像素灰度值差的绝对值小于阈值T=3的区域生长结果，整幅图像被较好地分割成两个区域。由图7-6（a）可以看出，在种子像素4周围的邻近像素灰度值为2、3、4、5时，和4的差值小于3；在种子像素8周围的邻近像素灰度值为6、7、8、9时，和8的差值小于3。图7-6（c）所示为采用生长准则为邻近点像素灰度值差的绝对值小于阈值T=2的区域生长结果，其中，灰度值为6、2的像素点按照生长规则不能合并到任何一个种子像素区域中。因此，区域生长的相似性生长准则是非常重要的。

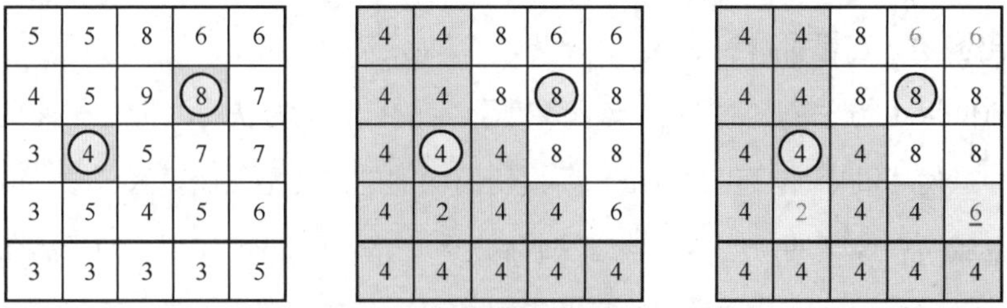

5	5	8	6	6
4	5	9	⑧	7
3	④	5	7	7
3	5	4	5	6
3	3	3	3	5

4	4	8	6	6
4	4	8	⑧	8
4	④	4	8	8
4	2	4	4	6
4	4	4	4	4

4	4	8	6	6
4	4	8	⑧	8
4	④	4	8	8
4	2	4	4	6
4	4	4	4	4

（a）原图   （b）T=3的区域生长结果   （c）T=2的区域生长结果

图7-6　简单的区域生长实例

在以上实例应用区域生长算法来分割图像时，图像中属于某个区域的像素点必须加以标注，最终应该不存在没有被标注的像素点，且一个像素只能有一个标注。在同一区域的像素点必须相连（但区域之间不能重叠），这就意味着可以从现在所处的像素点出发按照4-连通或8-连通的方式到达任何一个邻近的像素点。

2. 改进算法

图7-6所示是最简单的基于区域灰度差的生长算法，但是这种算法得到的分割效果对区域生长起点的选择具有较大的依赖性。为了克服这个问题，现在已出现了多种改进算法。

第一种改进算法为比较简单地参考邻域平均灰度的区域生长算法。在这种算法中，目标像素是否可以"生长"进来，不仅要和种子像素进行比较，而且要和包括种子像素在内的某个邻域的灰度平均值进行比较，如果所考虑的像素与种子像素所在邻域的平均灰度值的差的绝对值小于某个给定的值T，则将所有符合下列条件的像素$f(x,y)$包括进种子像素所在区域，即

$$\max_{R} |f(x,y)-m| < T \tag{7-26}$$

式(7-26)中，m为含有N个像素的图像邻域R的灰度平均值，即

$$m = \frac{1}{N}\sum_{R} f(x,y)$$

第二种改进算法是以灰度分布相似性作为生长准则来决定合并的区域，需要比较邻接小区域的累积直方图并检测其相似性，过程如下。

（1）把图像分成互不重叠的面积合适的小区域。小区域的尺寸对分割的结果具有较大影响：过大时分割的形状不理想，一些小目标会被淹没，难以分割出来；过小时检测分割的可靠性会降低，因为具有相似直方图的图像种类很多。

（2）比较各个邻接小区域的累积直方图，根据灰度分布的相似性进行区域合并，常采用科尔莫戈罗夫-斯米尔诺夫（Kolmogorov-Smirnov）距离检测准则或平滑差分检测准则，如果检测结果小于给定的阈值，则将相应的区域合并。

科尔莫戈罗夫-斯米尔诺夫距离检测准则：

$$\max_{z \in R} |h_1(z)-h_2(z)| < T \tag{7-27}$$

平滑差分检测准则：

$$\sum_{z} |h_1(z)-h_2(z)| < T \tag{7-28}$$

式(7-27)和式(7-28)中，$h_1(z)$和$h_2(z)$分别为邻接的两个区域的累积直方图，T为给定的阈值。

通过重复过程（2）中的操作将各个区域依次合并，直到邻接的区域不满足式(7-27)或式(7-28)，或满足其他设定的终止条件为止。

以下Python程序实现了区域生长图像分割。首先将原始灰度图像转换为黑白两色的二值图

像；然后选择4个种子节点，这里选择的是图像的4个角的像素点，像素点特意选择在几个内部图案的外面，这样取得的图像分割效果更好；在每个种子节点周围选择8个邻域像素点进行判断，相同的像素值赋值为白色，并加入种子节点列表，种子节点周围邻域遍历完则删除种子节点，直到种子节点列表为空，完成图像的区域生长分割。结果如图7-7所示。

```python
import cv2
import numpy as np
from matplotlib import pyplot as plt
plt.rcParams['font.sans-serif'] = ['FangSong']
plt.rcParams['axes.unicode_minus'] = False
img = cv2.imread('C:\imdata\pillsetc.png', 0)
# 灰度图像转换为二值图像
h, w = img.shape
bin_img = np.zeros(shape=(img.shape), dtype=np.uint8)
for i in range(h):
    for j in range(w):
        bin_img[i][j] = 255 if img[i][j] > 127 else 0
out_img = np.zeros(shape=(bin_img.shape), dtype=np.uint8)
# 选择初始4个种子节点
seeds = [(0, 0), (0, 383), (511, 0), (511, 383)]
for seed in seeds:
    x = seed[0]
    y = seed[1]
    out_img[y][x] = 255
# 8个邻域像素点
directs = [(-1, -1), (0, -1), (1, -1), (1, 0), (1, 1), (0, 1), (-1, 1), (-1, 0)]
visited = np.zeros(shape=(bin_img.shape), dtype=np.uint8)
# 开始区域生长分割
while len(seeds):
    seed = seeds.pop(0)
    x = seed[0]
    y = seed[1]
    visited[y][x] = 1
    for direct in directs:
        cur_x = x + direct[0]
        cur_y = y + direct[1]
        # 出界的非法像素点不处理
        if cur_x < 0 or cur_y < 0 or cur_x >= w or cur_y >= h:
            continue
        # 没有访问过且属于同一像素值则设置为白色
        if (not visited[cur_y][cur_x]) and (bin_img[cur_y][cur_x] == bin_img[y][x]):
            out_img[cur_y][cur_x] = 255
            visited[cur_y][cur_x] = 1
            seeds.append((cur_x, cur_y))
plt.set_cmap(cmap='gray')
plt.subplot(131), plt.imshow(img, vmin=0, vmax=255), plt.title("原图")
plt.subplot(132), plt.imshow(bin_img), plt.title("原图的二值图像")
plt.subplot(133), plt.imshow(out_img), plt.title("区域生长分割结果")
plt.tight_layout(), plt.show()
```

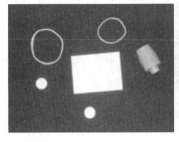  

（a）原图　　　　　　（b）原图的二值图像　　　　（c）区域生长分割结果

图7-7　区域生长图像分割

7.3.2　区域分裂与合并

区域生长算法需要根据先验知识选取种子像素。当无先验知识时，区域生长算法将难以进行。这时，可用区域分裂与合并实现区域检测。该算法的核心思想是：将图像分成若干个子区域，对于任意一个子区域，如果不满足某种一致性准则（一般用灰度均值和方差来度量），则将其继续分裂成若干个子区域，如果满足，则该子区域不再分裂；如果相邻的两个子区域满足某种相似性准则，则将它们合并为一个区域；直到没有可以分裂和合并的子区域为止。常用的一致性准则有以下几种：

（1）区域中灰度最大值与最小值的方差小于某选定值；

（2）两个区域平均灰度之差及方差小于某选定值；

（3）两个区域的纹理特征相同；

（4）两个区域的参数统计检验结果相同；

（5）两个区域的灰度分布函数之差小于某选定值。

通常基于图7-8所示的"四叉树"来表示区域分裂与合并，每次将不满足一致性准则的区域分裂为4个大小相等且互不重叠的子区域。四叉树一般要求图像的大小为 2的整数次幂，即 $M=2^n$。对于 $M\times M$ 大小的图像 $f(x,y)$，它的树状数据结构是从 1×1 到 $M\times M$ 逐次增加的 $n+1$ 个图像构成的图像"序列"。如图7-8所示，序列中第一层是一幅 1×1 的图像（树根是 R 节点），由图像 $f(x,y)$ 所有像素灰度的平均值（实际上是整幅图像的均值）构成。序列中第二层是一幅 2×2 的图像，是将图像 $f(x,y)$ 划分为4个大小相同且互不重叠的正方形区域 $R_1\sim R_4$，各区域的像素灰度平均值分别作为 2×2 图像相应位置上的4个像素的灰度。同样，对已经划分的4个区域再分别进行如上划分，然后求各区域的灰度平均值，将其作为 4×4 图像相应位置上的16个像素的灰度。重复这个过程直到最底层，即图像尺寸变为 $M\times M$ 为止。

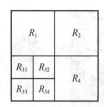 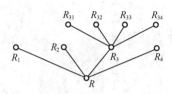

图7-8 区域分裂与合并的"四叉树"表示

7.3.3 四叉树数据结构

采用四叉树数据结构来表示图像的区域分裂与合并的主要优点是可以先在较低分辨率的图像上进行需要的操作,然后根据操作结果决定是否在较高分辨率的图像上进一步处理,从而节省图像分割需要的时间。

下面以简单实例说明区域分裂与合并的过程。

假设:分裂时的一致性准则为若某个子区域的灰度均方差大于1.5,则将其分裂为4个子区域,否则不分裂;合并时的相似性准则为若相邻两个子区域的灰度均值之差不大于2.5,则将它们合并为一个区域。对图7-9(a)进行区域分裂与合并,结果如图7-9(b)~图7-9(e)所示。

首先计算出整幅图像的灰度均方差 $\sigma_R = 2.65$,因不满足一致性准则,故需将其分裂为4个子区域,如图7-9(b)所示。分别计算出4个子块的均值和方差为

$$\mu_{R_1} = 5.5, \ \sigma_{R_1} = 2.25; \ \mu_{R_2} = 7.5, \ \sigma_{R_2} = 1.29;$$
$$\mu_{R_3} = 2.5, \ \sigma_{R_3} = 0.25; \ \mu_{R_4} = 4.25, \ \sigma_{R_4} = 4.6875$$

根据一致性准则判断出 R_2 和 R_3 无须分裂,而 R_1 和 R_4 需要继续分裂,且刚好分裂为单个像素,如图7-9(c)所示。根据相似性准则,先合并同节点下满足一致性准则的相邻子区域,即将 R_{11}、R_{12} 和 R_{13} 合并为一个子区域(记为 G_1),R_{42}、R_{43} 和 R_{44} 合并为一个子区域(记为 G_2),如图7-9(d)所示。最后合并具有相似性、不同节点下的相邻区域,即 R_{14}、R_{41} 和 R_2 合并在一起,G_1、G_2 和 R_3 合并在一起,如图7-9(e)所示。

5	5	8	6
4	8	9	7
2	2	8	3
3	3	3	3

(a)待分割图像

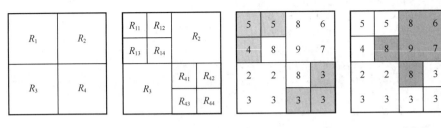

（b）第一次分裂　　（c）第二次分裂　　（d）第一次合并　　（e）第二次合并

图7-9　区域分裂与合并实例

以下Python程序实现了通过区域分裂和合并进行图像分割，每次分裂都将图像分割成4份，检查每份图像内部的像素值是否95%都在均值的标准差内，如果在，则认为图像内部颜色基本相同，不需要再次分割，输出不可分割的图像方框，否则继续将图像分割成4份，直到图像内部颜色基本相同或者长、宽小于5像素。显示出所有不可分割的小方框，即将所有分裂的图像再次合并，得到最终分割完成的图像。处理结果如图7-10所示。

```python
import cv2
import numpy as np
import matplotlib.pyplot as plt
plt.rcParams['font.sans-serif'] = ['FangSong']
plt.rcParams['axes.unicode_minus'] = False
# 判断方框是否需要再次分割为4份
def judge(w0, h0, w, h):
    a = img[h0: h0 + h, w0: w0 + w]
    ave = np.mean(a)
    std = np.std(a, ddof=1)
    count = 0
    total = 0
    for i in range(w0, w0 + w):
        for j in range(h0, h0 + h):
            if abs(img[j, i] - ave) < 1 * std:
                count += 1
            total += 1
    # 合适的点较少，继续进行分割
    if (count / total) < 0.95:
        return True
    else:
        return False
# 将图像根据阈值进行二值化处理,在此默认阈值为125
def draw(w0, h0, w, h):
    for i in range(w0, w0 + w):
        for j in range(h0, h0 + h):
            if img[j, i] > 125:
                img[j, i] = 255
            else:
                img[j, i] = 0
def function(w0, h0, w, h):
```

```
    if judge(w0, h0, w, h) and (min(w, h) > 5):
        function(w0, h0, int(w / 2), int(h / 2))
        function(w0 + int(w / 2), h0, w - int(w / 2), h - int(h / 2))
        function(w0, h0 + int(h / 2), w - int(w / 2), h - int(h / 2))
        function(w0 + int(w / 2), h0 + int(h / 2), w - int(w / 2), h - int(h / 2))
    else:
        draw(w0, h0, w, h)
img = cv2.imread('C:\imdata\coins.png', 0)
img_source = img.copy()
height, width = img.shape
function(0, 0, width, height)
plt.subplot(121), plt.imshow(img_source, cmap='gray'), plt.title('原图')
plt.subplot(122), plt.imshow(img, cmap='gray'), plt.title('区域分裂与合并后图像')
plt.show()
```

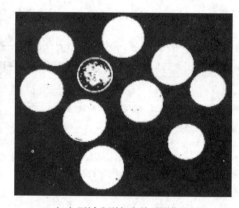

（a）原图　　　　　　　　　　　　　　　（b）区域分裂与合并后图像

图7-10　区域分离与聚合

7.4　基于边缘的图像分割方法

　　图像的边缘是图像最基本的特征，它是灰度不连续的结果。通过计算一阶导数或二阶导数可以方便地检测出图像中每个像素在其邻域内的灰度变化，从而检测出边缘。

　　常见的边缘类型有阶跃型、斜坡型、线状型和屋顶型等，下面对典型的边缘及其相应的一阶导数和二阶导数进行分析。

　　阶跃型边缘：它的一阶导数在图像明暗变换之处是一个脉冲，而在其他位置近似为0。这表明可用一阶导数的幅度值来检测阶跃型边缘的存在，幅度峰值一般对应边缘的中心位置。进一步，二阶导数在一阶导数的上升沿处有一个正脉冲，而在它的下降沿处有一个负脉冲。在这两个脉冲之间有一个过零点，它的位置对应着一阶导数的峰值点，也就是原图像中边缘所在的位置。这表明可以用二阶导数的过零点检测边缘位置，而且可以用二阶导数的正负来判定各个边缘像素是在暗区还是明区。

斜坡型边缘：在灰度斜坡的起点和终点处，其一阶导数均有一个阶跃，在斜坡处为常数，在其他地方为0；其二阶导数在斜坡起点产生一个向上的脉冲，在斜坡终点产生一个向下的脉冲，在其他地方为0，在两个脉冲之间有一个过零点。因此，通过检测一阶导数的极大值，可以确定斜坡型边缘，通过检测二阶导数的过零点，可以确定斜坡型边缘的中心位置。

线状型边缘：在边缘的起点与终点处，其一阶导数均有一个阶跃，分别对应极大值和极小值；在边缘的起点与终点处，其二阶导数都对应一个向上的脉冲，在边缘中心对应一个向下的脉冲，在边缘中心两侧存在两个过零点。因此，检测二阶差分的两个过零点，便可以确定线状型边缘的范围；检测二阶差分的极小值，可以确定线状型边缘的中心位置。

屋顶型边缘：屋顶型边缘的一阶导数和二阶导数与线状型边缘的类似，通过检测其一阶导数的过零点可以确定屋顶的位置。

由上述分析可以得出以下结论：一阶导数的幅度值可用来检测边缘的存在；通过检测二阶导数的过零点可以确定边缘的中心位置；利用二阶导数在过零点附近的符号可以确定边缘像素位于边缘的暗区还是亮区。另外，一阶导数和二阶导数对噪声非常敏感，尤其是二阶导数。因此，在边缘检测之前应进行图像平滑处理，以减弱噪声的影响。在数字图像处理中，常利用差分近似微分来求取导数。边缘检测可借助微分算子（包括梯度算子和拉普拉斯算子），在空间域中通过模板卷积来实现。

基于一阶导数的边缘检测算子包括Roberts算子、Sobel算子、Prewitt算子等，在算法实现过程中，先将算子或模板作为核，与图像中的每个像素点进行卷积和运算，然后选取合适的阈值以提取边缘。拉普拉斯算子是基于二阶导数的边缘检测算子，该算子对噪声敏感。一种改进拉普拉斯算子的方式是先对图像进行平滑处理，再应用二阶导数的边缘检测算子（如LoG算子）。这些边缘检测算子是基于微分方法的，其依据是图像的边缘对应一阶导数的极大值点和二阶导数的过零点。Canny算子是另一类边缘检测算子，它不是通过微分算子检测边缘，而是在满足一定约束条件的情况下推导出边缘。

7.4.1 Roberts算子

图像中景物的边缘总是以强度的突变形式出现的，所以景物边缘包含大量的信息。由于景物的边缘具有十分复杂的形态，因此，最常用的边缘检测方法是梯度检测法。

设 $f(x, y)$ 是图像灰度分布函数，$s(x, y)$ 是图像边缘的梯度值，$\varphi(x, y)$ 是梯度的方向。

$$s(x,y) = \{[f(x+n,y)-f(x,y)]+[f(x,y+n)-f(x,y)]^2\}^{\frac{1}{2}} \qquad (7\text{-}29)$$

$$\varphi(x,y) = \arctan\{[f(x,y+n)-f(x,y)]/[f(x+n,y)-f(x,y)]\} \qquad (7\text{-}30)$$

其中，$n = 1,2,3,\cdots$。

由式(7-29)和式(7-30)可以得到图像在(x,y)点处的梯度大小和方向。可以将式(7-29)改写为

$$g(x,y) = \{[\sqrt{f(x,y)}-\sqrt{f(x+1,y+1)}]^2 + [\sqrt{f(x+1,y)}-\sqrt{f(x,y+1)}]^2\}^{\frac{1}{2}} \qquad （7\text{-}31）$$

$g(x,y)$是Roberts算子。式(7-31)中对$f(x,y)$等的平方根运算使该处理类似于人类视觉系统的处理。事实上，Roberts算子是一种利用局部差分方法寻找边缘的算子，Roberts算子所采用的是对角方向相邻两像素值之差，所以用差分代替一阶偏导，算子形式可表示如下：

$$\begin{cases} \Delta_x f(x,y) = f(x,y)-f(x-1,y-1) \\ \Delta_y f(x,y) = f(x-1,y)-f(x,y-1) \end{cases} \qquad （7\text{-}32）$$

上述算子对应的两个2×2 Roberts算子模板如图7-11所示。实际应用中，图像中的每个像素点都可用这两个模板进行卷积运算，为避免出现负值，在边缘检测时常使用其绝对值。

$$\begin{bmatrix} 1 & 0 \\ 0 & -1 \end{bmatrix} \qquad \begin{bmatrix} 0 & 1 \\ -1 & 0 \end{bmatrix}$$

图7-11　Roberts算子模板

Roberts算子的特点包括各向同性、对噪声敏感、模板尺寸为偶数、中心位置不明显等。

以下Python程序实现了利用Roberts算子对图像进行边缘检测。其中Roberts算子采用skimage库filters包的roberts()函数实现，取得的效果如图7-12所示。

```
import cv2
from skimage import filters
from matplotlib import pyplot as plt
plt.rcParams['font.sans-serif'] = ['FangSong']
plt.rcParams['axes.unicode_minus'] = False
image = cv2.imread('C:\imdata\cameraman.tif', 0)
edge_roberts = filters.roberts(image)
fig, ax = plt.subplots(ncols=2, figsize=(8, 4))
plt.set_cmap(cmap='gray')
ax[0].imshow(image), ax[0].set_title('原图')
ax[1].imshow(edge_roberts), ax[1].set_title('Roberts算子边缘检测结果')
plt.show()
```

（a）原图　　　　　　　　　　（b）Roberts算子边缘检测结果

图7-12　Roberts算子边缘检测

skimage库中通过filters模块进行滤波操作。可以用两种方法对图像进行滤波：一种是平滑滤波，可以用来抑制噪声；另一种是微分算子，可以用来检测边缘和提取特征。Roberts算子、Sobel算子、Scharr算子和Prewitt算子可以用来检测边缘，与它们相关的函数的格式分别为：

```
skimage.filters.roberts (image)
skimage.filters.sobel (img)
skimage.filters.scharr(img)
skimage.filters.prewitt(img)
```

Canny算子可以用于提取边缘特征，但它没有在filters模块中，而是在feature模块中，相关函数的格式为

```
skimage.feature.canny(image,sigma=1.0)
```

可以修改sigma的值来调整效果，sigma越小，提取出的边缘线条越细。

7.4.2　Sobel算子

Sobel算子是由两个卷积核 $g_1(x,y)$ 与 $g_2(x,y)$ 对原图 $f(x,y)$ 进行卷积运算而得到的，其数学表达式为

$$S(x,y) = \mathrm{MAX}[\sum_{m=1}^{M}\sum_{n=1}^{N}f(m,n), g_1(i-m,j-n), \sum_{m=1}^{M}\sum_{n=1}^{N}f(m,n), g_2(i-m,j-n)] \quad (7\text{-}33)$$

实际上，Sobel算子所采用的算法是先进行加权平均，然后进行微分运算。我们可以用差分代替一阶偏导，算子的计算方法如下：

$$\begin{cases} \Delta_x f(x,y) = [f(x-1,y+1)+2f(x,y+1)+f(x+1,y+1)]-[f(x-1,y-1)+2f(x,y-1)+f(x+1,y-1)] \\ \Delta_y f(x,y) = [f(x-1,y-1)+2f(x-1,y)+f(x-1,y+1)]-[f(x+1,y-1)+2f(x+1,y)+f(x+1,y+1)] \end{cases}$$

$$(7\text{-}34)$$

Sobel算子在垂直方向和水平方向的模板如图7-13所示，前者可以检测出图像中水平方向的边缘，后者则可以检测出图像中垂直方向的边缘。实际应用中，图像中的每一个像素点都可以用这两个卷积核进行卷积运算，取其最大值作为输出。运算结果是一幅体现边缘幅度的图像。

$$\begin{bmatrix} -1 & -2 & -1 \\ 0 & 0 & 0 \\ 1 & 2 & 1 \end{bmatrix} \quad \begin{bmatrix} -1 & 0 & 1 \\ -2 & 0 & 2 \\ -1 & 0 & 1 \end{bmatrix}$$

图7-13　Sobel算子模板

Sobel算子的特点包括引入了平均因素，增强了最近像素的影像，噪声抑制效果比Prewitt算子的好。

以下Python程序实现了利用Sobel算子对图像边缘进行检测，并对Sobel算子边缘检测、Sobel算子垂直边缘检测和Sobel算子水平边缘检测这3种处理方法进行了处理效果对比。其中Sobel算子分别采用skimage库filters包的sobel()、sobel_v()、sobel_h()函数实现。结果如图7-14所示。

```python
import cv2
from skimage import filters
from matplotlib import pyplot as plt
plt.rcParams['font.sans-serif'] = ['FangSong']
plt.rcParams['axes.unicode_minus'] = False
image = cv2.imread('C:\imdata\cameraman.tif', 0)
edge_sobel = filters.sobel(image)
edge_sobel_v = filters.sobel_v(image)
edge_sobel_h = filters.sobel_h(image)
fig, ax = plt.subplots(ncols=2, nrows=2, figsize=(8, 4))
plt.set_cmap(cmap='gray')
ax[0, 0].imshow(image), ax[0, 0].set_title('原图')
ax[0, 1].imshow(edge_sobel), ax[0, 1].set_title('Sobel算子边缘检测')
ax[1, 0].imshow(edge_sobel_v), ax[1, 0].set_title('Sobel算子垂直边缘检测')
ax[1, 1].imshow(edge_sobel_h), ax[1, 1].set_title('Sobel算子水平边缘检测')
plt.tight_layout(), plt.show()
```

（a）原图　　　　　　　　　　　（b）Sobel算子边缘检测

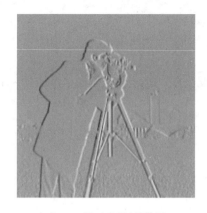 

（c）Sobel算子垂直边缘检测 （d）Sobel算子水平边缘检测

图7-14 Sobel算子边缘检测

7.4.3 Prewitt算子

Prewitt算子是一种利用局部差分平均方法寻找图像边缘的算子，它体现了3对像素点像素值之差的平均概念，因为平均能减少或消除噪声，所以我们可以先求平均，再求差分，即利用所谓的平均差分来求梯度。用差分代替一阶偏导，可得Prewitt算子形式如下：

$$
\begin{cases}
\Delta_x f(x,y) = [f(x+1,y+1)+f(x,y+1)+f(x-1,y+1)]-[f(x+1,y-1)+f(x,y-1)+f(x-1,y-1)] \\
\Delta_y f(x,y) = [f(x-1,y-1)+f(x-1,y)+f(x-1,y+1)]-[f(x+1,y-1)+f(x+1,y)+f(x+1,y+1)]
\end{cases}
$$

$$(7\text{-}35)$$

Prewitt算子的两个模板如图7-15所示，模板的使用方法同Sobel算子的模板的一样，图像中的每个点都可以用这两个卷积核进行卷积运算，取其最大值作为输出。Prewitt算子的运算结果也是一幅体现边缘幅度的图像。

$$
\begin{bmatrix} -1 & -1 & -1 \\ 0 & 0 & 0 \\ 1 & 0 & 1 \end{bmatrix}
\begin{bmatrix} 1 & 0 & -1 \\ 1 & 0 & -1 \\ 1 & 0 & -1 \end{bmatrix}
$$

图7-15 Prewitt算子模板

Prewitt算子的特点包括引入了平均因素，对噪声有抑制作用；操作简便。

以下Python程序实现了利用Prewitt算子对图像边缘进行检测，其中Prewitt算子采用自定义的函数prewitt()实现。取得的效果如图7-16所示。

```python
import cv2
import numpy as np
from skimage import data
from matplotlib import pyplot as plt
```

```
plt.rcParams['font.sans-serif'] = ['FangSong']
plt.rcParams['axes.unicode_minus'] = False
# Prewitt算子
def prewitt(img):
    kernel_x = np.array([[1, 1, 1], [0, 0, 0], [-1, -1, -1]], dtype=int)
    kernel_y = np.array([[-1, 0, 1], [-1, 0, 1], [-1, 0, 1]], dtype=int)
    x = cv2.filter2D(img, cv2.CV_16S, kernel_x)
    y = cv2.filter2D(img, cv2.CV_16S, kernel_y)
    # 图像数据类型转换成uint8
    abs_x = cv2.convertScaleAbs(x)
    abs_y = cv2.convertScaleAbs(y)
    prewitt = cv2.addWeighted(abs_x, 0.5, abs_y, 0.5, 0)
    return prewitt
image = data.chelsea()
# 将彩色图像转换为灰度图像
image_gray = cv2.cvtColor(image, cv2.COLOR_BGR2GRAY)
# Prewitt算子边缘检测
edge_prewitt = prewitt(image_gray)
fig, ax = plt.subplots(ncols=2, nrows=1, figsize=(8, 4))
plt.set_cmap(cmap='gray')
ax[0].imshow(image_gray), ax[0].set_title('原图')
ax[1].imshow(edge_prewitt), ax[1].set_title('Prewitt算子边缘检测')
plt.tight_layout(), plt.show()
```

（a）原图　　　　　　　　　　　（b）Prewitt算子边缘检测

图7-16　Prewitt算子边缘检测

7.4.4　LoG算子

拉普拉斯算子在第4章已经介绍过。然而，拉普拉斯算子一般不直接用于边缘检测，因为它作为一种二阶微分算子对噪声相当敏感，常产生双边缘，且不能检测边缘方向。边缘检测主要利用拉普拉斯算子的过零点性质确定边缘位置，以及根据其值的正负来确定边缘像素位于边缘的暗区还是明区。

高斯-拉普拉斯（Laplacian of Gaussian，LoG）算子把高斯平滑滤波器和拉普拉斯锐化滤波器结合起来实现边缘检测。即先通过高斯平滑抑制噪声，以减轻噪声对拉普拉斯算子的影响；再进行拉普拉斯运算，通过检测其过零点来确定边缘位置。因此，LoG算子是一种性能较好的边缘检测器。二维高斯平滑函数表示如下：

$$h(x, y) = -\exp\left(-\frac{x^2 + y^2}{2\sigma^2}\right) \tag{7-36}$$

式(7-36)中，σ 为高斯分布的均方差，图像被模糊的程度与其成正比。令 $r^2 = x^2 + y^2$，通过对 r 求二阶导数来计算其拉普拉斯值，则有

$$\nabla^2 h(r) = -\left(\frac{r^2 - \sigma^2}{\sigma^4}\right)\exp\left(-\frac{r^2}{2\sigma^2}\right) \tag{7-37}$$

式(7-37)是一个轴对称函数，由于其曲面形状［见图7-17（a）］很像一顶墨西哥草帽，所以又叫墨西哥草帽函数。给定均方差 σ 后，对该函数进行离散化就可以得到相应的LoG算子模板，图7-17（b）所示是常用的5×5模板之一（模板不唯一）。利用LoG算子检测边缘时，可以直接用其模板与图像卷积，也可以先与高斯平滑函数卷积，再与拉普拉斯模板卷积，两者是等价的。由于LoG算子模板一般比较大，用第二种方法可以提高检测速度。Prewitt算子和Sobel算子的检测结果基本相同，而LoG算子则能提取对比度弱的边缘，且边缘定位精度高。

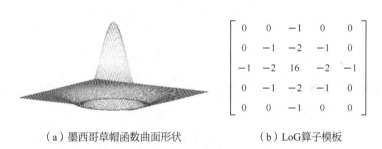

（a）墨西哥草帽函数曲面形状　　　　　（b）LoG算子模板

图7-17　墨西哥草帽函数曲面形状及LoG算子模板

由式(7-37)可以看出，函数在 $r = \sqrt{x^2 + y^2} = \pm\sigma$ 时有过零点，当 $|r| < \sigma$ 时为正值，当 $|r| > \sigma$ 时为负值。该算子的平均值是0，因此当它与图像 $f(x, y)$ 卷积时不会改变图像的整体动态范围，但是会使原图像更加平滑，其平滑程度正比于 σ。因为 $\nabla^2 f$ 的平滑作用能够有效减少噪声对图像的影响，所以在边缘模糊或噪声较大时，利用LoG算子检测的过零点能够提供较为可靠的边缘位置。

7.4.5　Canny算子

Canny算子是一个应用非常普遍且有效的算子。Canny算子的计算过程如下。

（1）用高斯滤波器对图像进行滤波，去除图像中的噪声。平滑后的图像为

$$f'(x,y) = g(x,y) * f(x,y) \tag{7-38}$$

（2）用梯度算子对平滑后的图像进行一阶微分（差分）获得梯度值：

$$\nabla[g(x,y) * f(x,y)] = (\frac{\partial g}{\partial x}, \frac{\partial g}{\partial y})^{\mathrm{T}} * f(x,y) = (J_x, J_y)^{\mathrm{T}} \tag{7-39}$$

梯度幅值：
$$A(x,y) = \sqrt{J^2_x(x,y) + J^2_y(x,y)} \tag{7-40}$$

梯度方向：
$$\theta(x,y) = \arctan\frac{J_x(x,y)}{J_y(x,y)} \tag{7-41}$$

（3）对梯度幅值进行"非极大抑制"。为了简单起见，根据 $\theta(x,y)$ 的值简化定义每个像素梯度的4个方向，水平、右45°、垂直、左45° 4个方向分别用1、2、3、4表示，如图7-18所示。各个区用不同的邻近像素来进行比较，以决定局部极大值。比如，中心像素 A 的梯度方向为4，则把它的梯度值与它的左上和右下相邻像素的梯度值进行比较，观察 A 的梯度的幅值是否是局部极大值。如果不是，就把像素 A 的灰度设为0，这个过程称为非极大抑制，其主要作用是准确定位并控制边界宽度为一个像素。

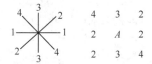

图7-18　梯度方向分区表示

（4）用双阈值算法检测和连接边缘。对通过非极大抑制获得的边缘图像（梯度模值）采用两个阈值 T_1 和 T_2 进行处理，通常 $T_2 \approx 2T_1$，从而可以得到两个值的边缘图像 $A_1(x,y)$ 和 $A_2(x,y)$。由于 $A_2(x,y)$ 是使用高阈值得到的，因此含有很少的虚假轮廓，但是存在间断点（不是闭合曲线）。双阈值算法的作用是在 $A_2(x,y)$ 中把边缘连接成封闭轮廓线，当到达轮廓间断点时该算法就在 $A_1(x,y)$ 的8邻域位置寻找可以连接到轮廓上的像素点，算法不断地在 $A_1(x,y)$ 中收集补充像素点，直到将 $A_2(x,y)$ 连接起来为止。

以下Python程序实现了利用Canny算子对图像边缘进行检测，其中Canny算子采用skimage库feature包的canny()函数实现。取得的效果如图7-19所示。

```python
import cv2
from skimage import data, feature
from matplotlib import pyplot as plt
plt.rcParams['font.sans-serif'] = ['FangSong']
plt.rcParams['axes.unicode_minus'] = False
image = data.chelsea()
image_gray = cv2.cvtColor(image, cv2.COLOR_BGR2GRAY)
edge_canny = feature.canny(image_gray, sigma=0.5)
```

```
fig, ax = plt.subplots(ncols=2, nrows=1, figsize=(8, 4))
plt.set_cmap(cmap='gray')
ax[0].imshow(image_gray), ax[0].set_title('原图')
ax[1].imshow(edge_canny), ax[1].set_title('Canny算子边缘检测')
plt.tight_layout(), plt.show()
```

 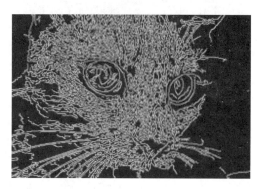

（a）原图　　　　　　　　　　　　　　　　（b）Canny算子边缘检测

图7-19　Canny算子边缘检测

　　以下Python程序进行了多种边缘检测算子效果对比，其中包括Roberts算子、Sobel算子、Prewitt算子、Canny算子、拉普拉斯算子共5种。取得的效果如图7-20所示。

```
import cv2
import numpy as np
from skimage import data
from matplotlib import pyplot as plt
plt.rcParams['font.sans-serif'] = ['FangSong']
plt.rcParams['axes.unicode_minus'] = False
# Roberts算子
def roberts(img):
    kernelx = np.array([[1, 0], [0, -1]], dtype=int)
    kernely = np.array([[0, -1], [1, 0]], dtype=int)
    x = cv2.filter2D(img, cv2.CV_16S, kernelx)
    y = cv2.filter2D(img, cv2.CV_16S, kernely)
    # 图像数据类型转换成uint8
    absX = cv2.convertScaleAbs(x)
    absY = cv2.convertScaleAbs(y)
    Roberts = cv2.addWeighted(absX, 0.5, absY, 0.5, 0)
    return Roberts
#  Prewitt算子
def prewitt(img):
    kernelx = np.array([[1, 1, 1], [0, 0, 0], [-1, -1, -1]], dtype=int)
    kernely = np.array([[-1, 0, 1], [-1, 0, 1], [-1, 0, 1]], dtype=int)
    x = cv2.filter2D(img, cv2.CV_16S, kernelx)
    y = cv2.filter2D(img, cv2.CV_16S, kernely)
    # 图像数据类型转换成uint8
    absX = cv2.convertScaleAbs(x)
    absY = cv2.convertScaleAbs(y)
    prewitt = cv2.addWeighted(absX, 0.5, absY, 0.5, 0)
```

```
        return prewitt
original = data.chelsea()
img = cv2.cvtColor(original, cv2.COLOR_BGR2RGB)
image = cv2.cvtColor(img, cv2.COLOR_BGR2GRAY)
edge_canny = cv2.canny(image, 5, 100)
```
当组合为dx=1、dy=0时求x方向的一阶导数,当组合为dx=0、dy=1时求y方向的一阶导数(如果同时为1,通常得不到想要的结果)
```
edge_sobel = cv2.Sobel(image, -1, 1, 1, ksize=5)
```
-1表示目标图像与原图有相同的通道数
```
edge_laplacian = cv2.Laplacian(image, -1)
```
Prewitt算子
```
edge_prewitt = prewitt(image)
edge_roberts = roberts(image)
fig, ax = plt.subplots(ncols=3, nrows=2, figsize=(8, 4))
plt.set_cmap(cmap='gray')
ax[0, 0].imshow(image), ax[0, 0].set_title('原图')
ax[0, 1].imshow(edge_roberts), ax[0, 1].set_title('Roberts算子边缘检测')
ax[0, 2].imshow(edge_sobel), ax[0, 2].set_title('Sobel算子边缘检测')
ax[1, 0].imshow(edge_prewitt), ax[1, 0].set_title('Prewitt算子边缘检测')
ax[1, 1].imshow(edge_canny), ax[1, 1].set_title('Canny算子边缘检测')
ax[1, 2].imshow(edge_laplacian), ax[1, 2].set_title('拉普拉斯算子边缘检测')
plt.tight_layout(), plt.show()
```

（a）原图

（b）Roberts算子边缘检测

（c）Sobel算子边缘检测

（d）Prewitt算子边缘检测

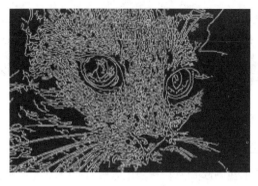

（e）Canny算子边缘检测　　　　　　　　　　　　　（f）拉普拉斯算子边缘检测

图7-20　多种边缘检测算子效果对比

7.4.6　分水岭算法

分水岭算法是经典的图像分割算法，其封闭性好，与其他边缘检测算法有一定的区别。分水岭算法的思想源于地形学，它将图像看作地形学上被水覆盖的自然地貌，图像中的每一个像素的灰度值表示该点的海拔高度，其每一个局部极小值及其影响区域称为集水盆地，两集水盆地的边界则称为分水岭（或理解成图像中区域边缘对应于分水岭，而低梯度的区域内部对应于集水盆地）。通常描述集水盆地有以下两种方法。

一种方法是"雨滴法"：一滴雨水分别从地形表面的不同位置开始下滑，其最终将流向不同的局部海拔高度最低的区域（称为极小区域），那些汇聚到同一个极小区域的雨滴轨迹就形成了一个连通区域，即集水盆地。

另一种方法是"溢流法"：首先在各极小区域的表面打一个小孔，同时让泉水从小孔中涌出，并慢慢淹没极小区域周围的区域，那么各极小区域波及的范围，就是相应的集水盆地。

无论采用哪种方法，不同区域的水流相遇时的界限，就是期望得到的分水岭。 分水岭的计算过程是一个迭代标注过程，具体步骤如下。

（1）把梯度图像中的所有像素按照灰度值进行分类，并设定一个测地距离阈值。

（2）找到灰度值最小的像素点（默认将其标记为灰度值最低点），让阈值从最小值开始增长，这些像素点就是起始点。

（3）水平面在增长的过程中，会碰到周围的邻域像素，测量这些像素到起始点（灰度值最低点）的测地距离，如果小于设定阈值，则将这些像素淹没，否则在这些像素上设置大坝，这样就对这些邻域像素进行了分类。

（4）随着水平面越来越高，会设置更多更高的大坝，直到水平面碰到灰度值的最大值，所有区域都在分水岭上相遇，这些大坝就对整幅图像的像素进行了分区。

用上面的算法对图像进行分水岭运算，由于噪声或其他因素会对图像造成干扰，可能得到密密麻麻的小区域，即图像被分得太细，出现过度分割（Over-Segmented）的情况，这是因为图像中有非常多的局部极小值点，每个点都会自成一个小区域。

这种情况的解决方法如下。

对图像进行高斯平滑操作，抹除很多小的极小值点，这些小区域就会合并。这样就可以不从最小值开始增长，而是将相对较高的灰度值像素作为起始点，从标记处开始淹没像素，则很多小区域都会被合并为一个区域，这称为基于图像标记（Mark）的分水岭算法。

以下用Python程序实现了图像的分水岭算法，处理效果如图7-21所示。

```python
import cv2
import numpy as np
import matplotlib.pyplot as plt
plt.rcParams['font.sans-serif'] = ['FangSong']
plt.rcParams['axes.unicode_minus'] = False
img = cv2.imread('C:\imdata\coins.png', 0)
img = cv2.cvtColor(img, cv2.COLOR_BGR2RGB)
gray = cv2.cvtColor(img, cv2.COLOR_BGR2GRAY)
# 二值化
ret, thresh = cv2.threshold(gray, 0, 255, cv2.THRESH_BINARY_INV+cv2.THRESH_OTSU)
# 去除噪声（否则会出现过度分割的情况）
kernel = np.ones((3, 3), np.uint8)
opening = cv2.morphologyEx(thresh, cv2.MORPH_OPEN, kernel, iterations=2)
# 确定非对象区域
# 进行膨胀操作
sure_bg = cv2.dilate(opening, kernel, iterations=3)
# 确定对象区域
dist_transform = cv2.distanceTransform(opening, 1, 5)
ret, sure_fg = cv2.threshold(dist_transform, 0.7*dist_transform.max(), 255, 0)
# 寻找未知的区域
sure_fg = np.uint8(sure_fg)
# 用非对象区域减去对象区域得到未知区域
unknown = cv2.subtract(sure_bg, sure_fg)
# 为对象区域类别打上标记
ret, markers = cv2.connectedComponents(sure_fg)
# 为所有的标记加1，保证非对象区域的标记是0而不是1
markers = markers + 1
# 现在让所有的未知区域的标记为0
markers[unknown == 255] = 0
# 执行分水岭算法
markers = cv2.watershed(img, markers)
img[markers == -1] = [255, 0, 0]
plt.set_cmap(cmap='gray')
plt.subplot(231), plt.imshow(gray), plt.title('原图')
plt.subplot(232), plt.imshow(opening), plt.title('二值化去噪后')
```

```
plt.subplot(233), plt.imshow(sure_bg), plt.title('非对象区域')
plt.subplot(234), plt.imshow(dist_transform), plt.title('对象区域')
plt.subplot(235), plt.imshow(unknown), plt.title('未知区域')
plt.subplot(236), plt.imshow(img), plt.title('分水岭算法处理后图像')
plt.tight_layout(), plt.show()
```

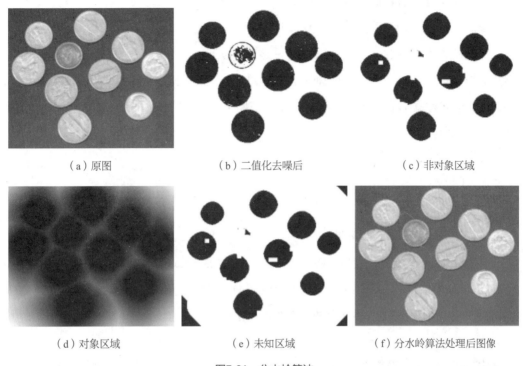

（a）原图　　　　　　　　（b）二值化去噪后　　　　　　　（c）非对象区域

（d）对象区域　　　　　　　（e）未知区域　　　　　　（f）分水岭算法处理后图像

图7-21　分水岭算法

OpenCV库中的morphologyEx()函数是一种形态学变化函数。数学形态学可以理解为一种滤波行为，因此也称为形态学滤波。滤波中用到的滤波器，在形态学中称为结构元素。结构元素往往是由一个特殊的形状（如线条、矩形、圆等）构成的。该函数的基本格式如下：

```
cv2.morphologyEx(src, op, kernel)
```

参数说明如下。

src：表示输入图像。

op：用于指定进行变化的方式。cv2.MORPH_OPEN表示进行开运算，指的是先进行腐蚀操作，再进行膨胀操作；cv2.MORPH_CLOSE表示进行闭合运算，指的是先进行膨胀操作，再进行腐蚀操作。

kernel：表示进行操作的内核方框的大小。

OpenCV可以利用cv2.dilate()函数对图片进行膨胀处理。膨胀操作原理是利用一个kernel，在图像上进行从左到右、从上到下的平移，如果方框中存在白色，那么这个方框内所有的颜色都是白色。该函数的基本格式如下：

数字图像处理技术——基于Python的实现

```
cv2.dilate(src, kernel, iterations)
```

参数说明如下。

src：表示输入图像。

kernel：表示进行操作的内核方框的大小，默认为3×3的矩阵。

iterations：表示膨胀迭代的次数，默认为1。

距离变换的基本含义是计算一幅图像中非零像素点到最近的零像素点的距离，也就是到零像素点的最短距离。最常见的距离变换算法是通过连续的腐蚀操作来实现的，腐蚀操作的停止条件是所有前景像素都被完全腐蚀。cv2库提供了距离变换函数cv2.distanceTransform()，该函数的基本格式为

```
cv2.distanceTransform(src, distanceType, maskSize)
```

参数说明如下。

src：表示输入图像。

distanceType：用于指定距离类型，包括cv2.DIST_L1、cv2.DIST_L2、cv2.DIST_C。

maskSize：用于指定距离变换蒙版的大小，取值包括3、5或CV_DIST_MASK_PRECISE。

cv2.subtract()函数是OpenCV中用于图像减法运算的函数，可以很方便地进行两幅图像之间的减法操作，也可以用来对一幅图像进行常量的减法操作。该函数的基本格式为

```
cv2.subtract(src1, src2, dst=None, mask=None, dtype=None)
```

其中，src1和src2是要进行减法操作的两幅输入图像，可以是大小和类型相同的图像，也可以是大小不同但是通道数相同的图像；dst是函数的输出结果，如果不传入该参数，则会生成一幅和输入图像大小和类型相同的图像作为输出结果；mask参数则可以用来指定一个掩模，以只对指定区域进行减法运算；dtype参数则用来指定输出图像的数据类型，如果不传入该参数，则会自动选择src1、src2中的数据类型中的最大值作为输出图像的数据类型。

cv2库中的connectedComponents()函数可以进行连通域计算。该函数的基本格式为

```
connectedComponents(image, labels=None, connectivity=None, ltype=None)
```

参数说明如下。

image：用于标记的8位单通道图像。

labels：标记的目标图像。

connectivity：用于指定连通方式是4-连通或8-连通。

ltype：用于指定输出图像的标记类型，当前只支持CV_32U和CV_16U。

OpenCV中，可以使用函数cv2.watershed()函数实现分水岭算法。该函数的基本格式如下：

```
cv2.watershed(image, markers)
```

参数说明如下。

image：表示输入图像，必须为8位三通道图像。在对图像进行函数处理之前，必须用正数大致勾勒出图像中期望分割区域，并将未确定的区域标记为0，可以将标注区域理解为进行分水岭算法分割的种子区域。

markers：32位单通道的标注结果，与image大小相等。在markers中，每个像素要么被设置为初期的种子值，要么被设置为–1（表示边界，可以省略）。

知识拓展（一） DoG算法及其Python实现

DoG（Difference of Gaussian，高斯差分）算法是一种图像增强算法，通过DoG算法可以降低模糊图像的模糊程度。模糊图像是通过将原始灰度图像与带有不同标准差的高斯核进行卷积得到的。用高斯核进行高斯模糊只能压制高频信息。从一幅图像中减去另一幅图像可以保留在两幅图像所保持的频带中含有的空间信息。因此，DoG算法相当于一个能够去除除了那些在原图中被保留下来的频率之外的所有其他频率信息的带通滤波器。

1．DoG算法的计算流程

DoG函数先对图像进行高斯滤波，然后用差分算法来测量图像中每个像素值的变化。这个函数的主要原理是选取不同尺寸的高斯核，通过不同尺寸的高斯核对图像进行滤波，不同尺寸的高斯核滤波后得到的结果都会有所不同。对滤波结果的差异进行计算，将生成可以描述图像细节和特征的DoG函数。

在具体图像处理中，DoG算法就是将两幅图像在不同参数下的高斯滤波结果相减，得到DoG图像，具体算法流程如下。

高斯函数定义：$G_{\sigma_1}(x,y) = \dfrac{1}{\sqrt{2\pi\sigma_1^2}}\exp(-\dfrac{x^2+y^2}{2\sigma_1^2})$

图像的两次高斯滤波表示为

$$g_1(x,y) = G_{\sigma_1}(x,y) * f(x,y)$$
$$g_2(x,y) = G_{\sigma_2}(x,y) * f(x,y)$$

将滤波得到的图像相减：

$$g_1(x,y) - g_2(x,y) = G_{\sigma_1}(x,y) * f(x,y) - G_{\sigma_2}(x,y) * f(x,y) = (G_{\sigma_1} - G_{\sigma_2}) * f(x,y)$$
$$= \mathrm{DoG} * f(x,y)$$

得到DoG图像，即

$$\mathrm{DoG} \triangleq G_{\sigma 1} - G_{\sigma_2} = \dfrac{1}{\sqrt{2\pi}}(\dfrac{1}{\sigma_1}e^{-(x^2+y^2)/2\sigma_1^2} - \dfrac{1}{\sigma_2}e^{-(x^2+y^2)/2\sigma_2^2})$$

2．DoG算法的特点

作为一个增强算法，DoG算法可以被用来增加边缘和其他细节的可见性。大部分的边缘锐化算子使用增强高频信号的方法，但是因为随机噪声也是高频信号，所以很多边缘锐化算子也增强了随机噪声，而DoG算法去除的高频信号中通常包含随机噪声，所以这个算法非常适合处理那些有高频噪声的图像。这个算法主要的一个缺点是在调整图像对比度的过程中图像包含的信息量会减少。

3．DoG算法的应用

DoG函数可以用于图像的特征检测、阈值分割、纹理提取和图像增强等领域，具体应用如下：

（1）图像的特征检测。

通过计算DoG函数，可以在不同的尺度下获取图像的特征点。这些特征点可以用于图像的配准、目标跟踪、三维重建等应用。在计算中，通常对函数的零交叉点进行检测，这些点的位置和尺度可以代表图像中重要的细节结构。

（2）图像的阈值分割。

DoG函数的计算结果可以用于图像的二值化。通过选取合适的阈值，可以将图像中的目标与背景分开。同时，DoG函数还可以检测出图像中一些微小的细节结构，从而更好地分离目标和背景。

（3）图像的纹理提取。

DoG函数可以用于提取图像中的纹理信息。在计算中，通过选取合适的高斯核尺寸，可以获取图像中不同尺度的细节结构。这些细节结构可以用于纹理分析、纹理识别等应用。

（4）图像增强。

当DoG算法被用于图像增强时，DoG算法中两个高斯核的半径之比通常为4∶1或5∶1。当两个高斯核的半径比设为大约1.6倍时，DoG可看作高斯拉普拉斯算子的近似。用于近似高斯拉普拉斯算子的两个高斯核的确切大小决定了最后的差分图像的模糊程度。

以下Python程序对灰度图像进行了拉普拉斯算子、LoG算子、DoG算子3种方式的锐化处理。其中拉普拉斯算子采用skimage库filters包的laplace()函数。LoG算子先利用gaussian()函数对图像进行高斯平滑处理，再利用laplace()函数对图像进行拉普拉斯算子锐化处理。DoG算子采用两次不同sigma值的高斯平滑结果作差，得到DoG算子边缘检测结果。结果如图7-22所示。

```python
import cv2
from skimage import filters
import matplotlib.pyplot as plt
plt.rcParams['font.sans-serif'] = ['FangSong']
plt.rcParams['axes.unicode_minus'] = False
img = cv2.imread(r"C:\imdata\cameraman.tif", 0)
# 拉普拉斯算子锐化
img_laplace = filters.laplace(img)
# LoG算子锐化
img_gaussian = filters.gaussian(img, sigma=2)
img_log = filters.laplace(img_gaussian)
# DoG算子锐化
img_gaussian_2 = filters.gaussian(img, sigma=2.5)
img_dog = img_gaussian_2 - img_gaussian
# 显示图像
fig, ax = plt.subplots(ncols=2, nrows=2, figsize=(8, 4))
plt.set_cmap(cmap='gray')
ax[0, 0].imshow(img), ax[0, 0].set_title('原图')
ax[0, 1].imshow(img_laplace), ax[0, 1].set_title('拉普拉斯算子')
ax[1, 0].imshow(img_log), ax[1, 0].set_title('LoG算子')
ax[1, 1].imshow(img_dog), ax[1, 1].set_title('DoG算子')
plt.tight_layout(), plt.show()
```

（a）原图　　　　　　　　　　　（b）拉普拉斯算子

（c）LoG算子　　　　　　　　　　（d）DoG算子

图7-22　对灰度图像进行锐化

知识拓展（二） 基于边缘/区域的图像分割及其Python实现

图像分割是将图像分割成不同的区域或类别，并使这些区域或类别对应于不同的目标或局部目标。每个区域或类别中包含具有相似属性的像素，并且图像中的每个像素都会分配给这些区域或类别之一。一个好的图像分割结果通常指同一类别的像素具有相似的强度值并形成一个连通区域，而相邻的不同类别的像素具有不同的值。这样做的目的是简化改变图像的表示形式，使其更有意义、更易于分析。如果分割实现的效果好，那么图像分析的所有其他阶段都将变得更简单。因此，分割的质量和可靠性可以决定图像分析是否成功。但是，如何正确地分割图像通常是一个非常具有挑战性的问题。

分割方法可以是非上下文的（即不考虑图像中特征和组像素之间的空间关系，只考虑一些全局属性，例如颜色或灰度），也可以是上下文的（利用空间关系，例如，对具有相似灰度的空间封闭像素分组）。在这部分内容中，我们将讨论不同的分割方法，并使用scikit-image、OpenCV-Python（cv2）和SimpleITK库函数演示基于Python的图像分割实现。

首先，导入所需的库，如下面的代码所示：

```
import numpy as np
from skimage.transform import (hough_line, hough_line_peaks, hough_circle,
hough_circle_peaks)
from skimage.draw import circle_perimeter
from skimage.feature import canny
from skimage.data import astronaut
from skimage.io import imread, imsave
from skimage.color import rgb2gray, gray2rgb, label2rgb
from skimage import img_as_float
from skimage.morphology import skeletonize
from skimage import data, img_as_float import matplotlib.pyplot as pylab
from matplotlib import cm
from skimage.filters import sobel, threshold_otsu
from skimage.feature import canny
from skimage.segmentation import felzenszwalb, slic, quickshift, watershed
from skimage.segmentation import mark_boundaries, find_boundaries
```

这里的实例源自scikit-image文档。scikit-image是一个专门用于图像处理的 Python库。该实例演示了如何从背景中分割目标。先使用基于边缘的分割算法，然后使用基于区域的分割算法。它将源自skimage.data的硬币图像作为输入图像，在较幽暗的背景下勾勒出硬币的轮廓。

如下代码实现了显示硬币灰度图像及其强度直方图：

```
coins = data.coins()
```

```
hist = np.histogram(coins, bins=np.arange(0, 256), normed=True)
fig, axes = pylab.subplots(1, 2, figsize=(20, 10))
axes[0].imshow(coins, cmap=pylab.cm.gray, interpolation='nearest')
axes[0].axis('off'), axes[1].plot(hist[1][:-1], hist[0], lw=2)
axes[1].set_title('histogram of gray values')
pylab.show()
```

运行上述代码，输出结果如图7-23所示。

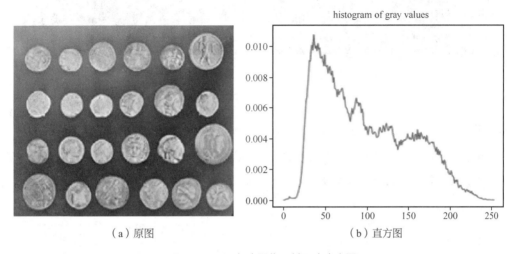

（a）原图　　　　　　　　　　　　　（b）直方图

图7-23　硬币灰度图像及其强度直方图

1. 基于边缘的图像分割

在本例中，使用基于边缘的图像分割方法来描绘硬币的轮廓。首先使用Canny边缘检测器获取特征的边缘，如下面的代码所示：

```
edges = canny(coins, sigma=2)
fig, axes = pylab.subplots(figsize=(10, 6))
axes.imshow(edges, cmap=pylab.cm.gray, interpolation='nearest')
```

运行上述代码，使用Canny边缘检测器得到的硬币轮廓如图7-24所示。然后，使用scipy . ndimage模块中的形态学函数binary_fill_holes()填充这些轮廓，如下面的代码所示：

```
from scipy import ndimage as ndi
fill_coins = ndi.binary_fill_holes(edges)
fig, axes = pylab.subplots(figsize=(10, 6))
axes.imshow(fill_coins, cmap=pylab.cm.gray, interpolation='nearest')
```

运行上述代码，输出硬币的填充轮廓，如图7-25所示。

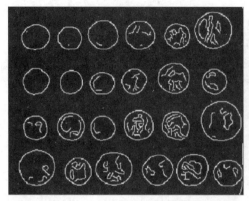 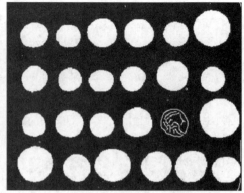

图7-24　使用Canny边缘检测器得到的硬币轮廓　　　　图7-25　硬币的填充轮廓

　　这种基于边缘的图像分割方法并不是很完美，因为没有完全闭合的轮廓没有被正确填充。可以看到，有一枚硬币的轮廓没有被填充。在接下来的步骤中，我们将为有效目标设置最小尺寸，并再次使用形态学函数来删除诸如此类的小的虚假目标。这里使用的是scikit-image形态学模块的remove_small_objects()函数，如下面的代码所示：

```
from skimage import morphology
coins_cleaned = morphology.remove_small_objects(fill_coins, 21)
fig, axes = pylab.subplots(figsize=(10, 6))
axes.imshow(coins_cleaned, cmap=pylab.cm.gray, interpolation='nearest')
```

　　运行上述代码，删除未填充的硬币轮廓，如图7-26所示。

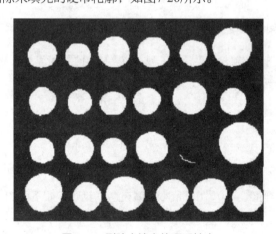

图7-26　删除未填充的硬币轮廓

2. 基于区域的图像分割

　　在本例中，我们使用形态学分水岭算法对同一幅图像应用基于区域的图像分割方法。

　　使用scikit-image中的形态学分水岭算法实现从图像的背景中分离出前景硬币。首先，利用图像的Sobel梯度得到硬币图像的高程图，如下面的代码所示：

```
elevation_map = sobel(coins)
fig, axes = pylab.subplots(figsize=(10,6))
axes.imshow(elevation_map, cmap=pylab.cm.gray, interpolation='nearest')
```

运行上述代码，输出高程图，如图7-27所示。

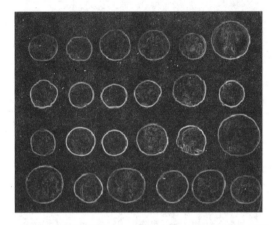

图7-27 利用图像的Sobel梯度得到硬币图像的高程图

然后，基于灰度直方图的极值部分计算背景标记和硬币标记，如下面的代码所示：

```
markers = np.zeros_like(coins)
markers[coins < 30] = 1
markers[coins > 150] = 2
print(np.max(markers), np.min(markers))
fig, axes = pylab.subplots(figsize=(10, 6))
a = axes.imshow(markers, cmap=plt.cm.hot, interpolation='nearest')
plt.colorbar(a)
```

运行上述代码，输出结果如图7-28所示，图中还包括标记数组的热度图。

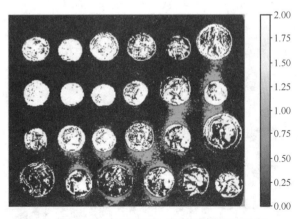

图7-28 背景标记和硬币标记（标记数组的热度图）

最后，利用分水岭变换，从确定的标记点开始注入高程图的区域，如下面的代码所示：

```
segmentation = morphology.watershed(elevation_map, markers)
fig, axes = pylab.subplots(figsize=(10, 6))
```

```
axes.imshow(segmentation, cmap=pylab.cm.gray, interpolation='nearest')
axes.set_title('segmentation'), axes.axis('off'), pylab.show()
```

运行上述代码，输出使用形态学分水岭算法进行分割后所得到的二值图像，如图7-29
所示。

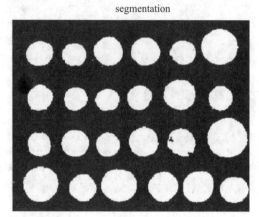

图7-29　使用形态学分水岭算法进行分割后所得到的二值图像

还有一种方法的效果更好，可以将硬币分割并单独标记出来，如下面的代码所示：

```
segmentation = ndi.binary_fill_holes(segmentation - 1)
labeled_coins, _ = ndi.label(segmentation)
image_label_overlay = label2rgb(labeled_coins, image=coins)
fig, axes = pylab.subplots(1, 2, figsize=(20, 6), sharey=True)
axes[0].imshow(coins, cmap=pylab.cm.gray, interpolation='nearest')
axes[0].contour(segmentation, [0.5], linewidths=1.2, colors='y')
axes[1].imshow(image_label_overlay, interpolation='nearest')
for a in axes:
    a.axis('off')
pylab.tight_layout(), pylab.show()
```

运行上述代码，输出被分水岭（等值线）分割后的硬币和标记后的硬币，如图7-30所示。

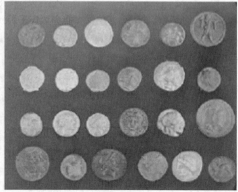

图7-30　被分水岭分割后的硬币和标记后的硬币

知识拓展（三） 图像分割的无监督学习及其Python实现

目前，我们使用的大多数图像分割方法都要求我们通过其特征手动分割图像，我们可以使用无监督的聚类算法完成此任务。下面我们将讨论如何做到这一点。

首先，导入所需的Python库。

```
import numpy as np
import pandas as pd
import matplotlib.pyplot as plt
from mpl_toolkits.mplot3d import Axes3D
from matplotlib import colors
from skimage.color import rgb2gray, rgb2hsv, hsv2rgb
from skimage.io import imread,imshow
from sklearn.cluster import KMeans
```

然后，导入将要使用的图像。

```
dog = imread('beach doggo.PNG')
plt.figure(num=None,figsize=(8.6),dpi=80)
imshow(dog);
```

图像本质上是一个三维矩阵，每个像素包含一个红、绿、蓝通道的值。可以使用pandas库将每个像素存储为单独的数据点。代码如下：

```
def image_to_pandas(image):
    df = pd.DataFrame([image[:,,]flatten()
                    image[:,., 1].flatten()
                    image[:,,2].flatten()]).T
    df.columns =['Red_Channel','Green_Channel','Blue_Channel']
    return df
df_doggo = image_to_pandas(dog)
df_doggo.head(5)
```

这使得图像的操作更加简单，因为更容易将图像视为可以输入机器学习算法中的数据。在实例中，我们将使用K-means算法对图像进行聚类，代码运行结果如图7-31所示。

（a）原图 （b）K-means算法

图7-31 图像聚类

```
plt.figure(num=None,figsize=(8,6),dpi=80)
kmeans = KMeans(n_clusters=4,random_state=42).fit(df_doggo)
result= kmeans.labels_.reshape(dog.shape[0],dog.shape[1])
imshow(result,cmap='viridis')
plt.show()
```

图像被分为4个不同的区域，分别可视化每个区域，效果如图7-32所示。

```
fig,axes = plt.subplots(2,2,figsize=(12,12))
for n,ax in enumerate(axes.flatten()):
    ax.imshow(result==[n],cmap='gray');
    ax.set_axis_off()
fig.tight_layout()
```

图7-32　可视化区域

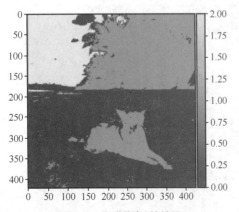

图7-33　集群数为3的结果

该算法根据R、G和B像素值分割图像。该算法是一种完全不受监督的学习算法，它并不关心任何特定集群背后的含义。从图7-32中，我们可以看到第二簇和第四簇都具有狗的突出部分（阴影部分和非阴影部分）。运行4个集群可能使集群数过多，将集群数设置为3，重新运行集群，结果如图7-33所示。

```
fig, axes = plt.subplots(1,3, figsize=(15, 12))
for n, ax in enumerate(axes.flatten()):
    dog = imread(beach_doggo.png')
    dog[:,:, ]=dog[:, , ]*(result==[n])
    dog[:,:,1]=dog[:, ,1]*(result==[n])
    dog[:,:,2]=dog[:, ,2]*(result==[n])
    ax.imshow(dog);
    ax.set_axis_off()
fig.tight_layout()
```

从图7-33中，可以看到狗是一个整体。将每个聚类作为单独的蒙版应用于图像，得到不同簇的效果，如图7-34所示。该算法生成了3个不同的簇，分别是沙子簇、狗簇和天空簇，算法本身对这些簇并不在意，只是它们共享相似的RGB值。

（a）沙子簇   （b）狗簇   （c）天空簇

图7-34 不同簇的效果

最后，将RGB值绘制在3D图形上，对实际显示我们的图像会有所帮助，如图7-35（a）所示。

```
def pixel_plotter(df):
    x_3d = df['Red_Channel']
    y_3d = df['Green_Channel']
    z_3d = df['Blue_Channel']
color_list = list(zip(df['Red Channel'].to_list(),
df['Blue Channel'].to_list(),
df['Green Channel'].to_list()))
norm = colors.Normalize(vmin=0,vmax=1.)
norm.autoscale(color_list)
p_color = norm(color_list).tolist()
fig = plt.figure(figsize=(12,10))
ax_3d = plt.axes(projection='3d')
ax_3d.scatter3D(xs = x_3d, ys = y_3d, zs = z_3d,
c = p_color, alpha = 0.55);
ax_3d.set_xlim3d(,x 3d.max())
ax_3d.set_ylim3d(,y_3d.max())
ax_3d.set_zlim3d(,z_3d.max())
ax_3d.invert_zaxis()
ax_3d.view_init(-165,60)
```

```
pixel_plotter(df_doggo)
```

如果我们将K-means算法应用于该图像，则分割图像的方式将变得非常清晰，如图7-35
（b）所示。

```
df_doggo['cluster'] = result.flatten()
def pixel_plotter_clusters(df):
    x_3d = df['Red Channel']
    y_3d = df['Green Channel']
    z_3d = df['Blue Channel']
fig = plt.figure(figsize=(12,10))
ax_3d = plt.axes(projection='3d')
ax_3d.scatter3D(xs = x_3d, ys = y_3d, zs = z_3d,
c = df['cluster1'], alpha = 0.55);
ax_3d.set_xlim3d(0,x_3d.max())
ax_3d.set_ylim3d(0,y_3d.max())
ax_3d.set_zlim3d(0,z_3d.max())
ax_3d.invert_zaxis()
ax_3d.view_init(-165,60)
pixel_plotter_clusters(df_doggo)
```

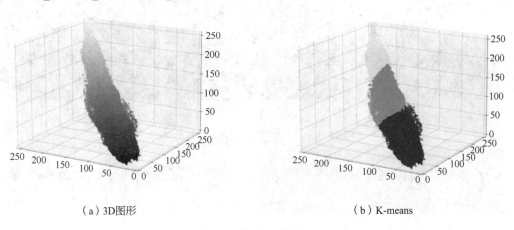

（a）3D图形　　　　　　　　　　　　（b）K-means

图7-35　聚类直观显示

K-means算法是一种流行的无监督学习算法，任何数据科学家都可以轻松使用它。虽然它
很简单，但对图像来说它的功能很强大。

第 8 章

形态学图像处理

数学形态学（Mathematical Morphology）是一门建立在集合论基础之上的图像分析学科，是数学形态学图像处理的基本理论。本章首先介绍数学形态学、集合论基础知识，然后介绍数学形态学的基本运算，包括腐蚀、膨胀、开闭、击中/击不中运算，再以二值形态学为例介绍数学形态学在图像处理中的应用，并以Python为例介绍数学形态学在数字图像处理中的基本应用。

8.1 引言

8.1.1 数学形态学简介

数学形态学诞生于1964年。法国巴黎矿业学院的J.塞拉（J.Serra）及其导师G.马特龙（G.Matheron）在铁矿核的定量岩石学分析及开采价值预测研究中提出"击中/击不中变换"，并首次引入了形态学的表达式，建立了颗粒分析方法，奠定了数学形态学的理论基础。数学形态学是由此衍生的一门建立在集合论基础上的数学理论。20世纪80年代初，有学者将数学形态学应用于图像处理和模式识别领域，形成了一种用于图像分析和处理的新方法。

在数学形态学中，用集合来描述图像目标以及图像各部分之间的关系，并说明目标的结构特点。在形态学图像处理中，除了被处理的目标图像外，还特别设立了一种所谓的"结构元素"（Structure Element），即一种简单的图形工具。数学形态学的基本思想是用具有一定形态的结构元素去量度和提取图像中的对应形状，以达到图像分析和识别的目的。

数学形态学由一组形态学的代数运算子组成，其基本运算如下：

（1）膨胀与腐蚀；

（2）开运算与闭运算；

（3）击中与击不中。

这些基本运算在二值图像和灰度图像中各有特点，基于这些基本运算可推导和组成其他数学形态学的实用算法。

数学形态学是数字图像处理的重要工具，其基本思想及方法适用于图像处理的很多方面，如各种复杂的图像分析及处理，包括图像分割、特征抽取、边缘检测、图像滤波、图像增强和恢复、文字识别、医学图像处理、图像压缩等。在工农业生产中，数学形态学在视觉检测、零部件检测、产品质量检测、食品安全检测、生物医学图像分析和纹理分析等方面取得了非常成功的应用，创造了较好的经济效益和社会效益。从某种意义上讲，数学形态学已经形成了一种新型的数字图像分析方法和理论，并已成为图像工程技术人员进行图像分析的得力助手。

8.1.2　图像位置关系

集合可以用来表示一幅图像。例如，在二值黑白图像中所有黑色像素点的集合就是对这幅图像的完整描述，黑色像素点就是这个集合的元素，代表一个二维变量，可用(x, y)表示。灰度数字图像可以用三维集合来表示。在这种情况下，集合中每个元素的前两个变量用来表示像素点的坐标，第三个变量用来表示离散的灰度值。更高维度的空间集合可以包括图像的其他属性，如第三维z坐标、颜色等。因此，二维图像、三维图像、二值图像或灰度图像等都可以用集合来表示。

对于任一幅n维图像都可用n维欧氏空间$E^{(n)}$中的一个集合来表示。$E^{(n)}$中的集合的全体用R表示。要考察的是R中的一个集合X（图像）和另一个集合B（图像）之间的关系，它们至少符合以下一种关系。

（1）集合B包含于集合X中，表示为$B \subset X$；或集合X包含于集合B中，表示为$X \subset B$。

（2）集合B击中（Hit）集合X，表示为$B \Uparrow X$，即$B \bigcap X \neq \varnothing$。

（3）集合B与集合X相分离，又称B未击中（Miss）X，表示为$B \subset X^c$即$B \bigcap X = \varnothing$。

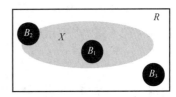

如图8-1所示，B_1、B_2、B_3分别表示上述的包含、击中和分离这3种关系。

图8-1　集合之间的关系

8.1.3　结构元素

结构元素是数学形态学中一个最重要也是最基本的概念。在考察图像时，要设计一种收集图像信息的"探针"，这种探针称为结构元素，它也是一个集合。结构元素通常比待处理的图像简单，在尺寸上常常要小于目标图像，形状可以自定义，如圆形、正方形、线段等。当待处理的图像是二值图像时，结构元素也采用二值图像；当待处理的图像是灰度图像时，结构元素也采用灰度图像。

形态学处理就是在图像中不断移动结构元素，其作用类似于信号处理中的"滤波窗口"或"卷积模板"，主要用于考察图像中各个部分之间的关系，提取有用的信息，进行结构分析和描述。结构元素与目标图像之间相互作用的模式可用形态学运算来表示，使用不同的结构元素和形态学算子可以获得目标图像的大小、形状、连通性、方向等许多重要信息。

图8-2所示为4种结构元素实例，其中圆点代表结构元素像素。

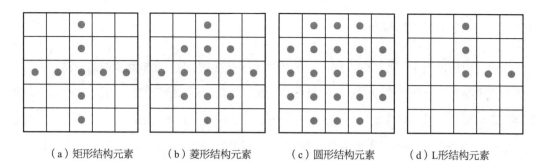

（a）矩形结构元素　　　（b）菱形结构元素　　　（c）圆形结构元素　　　（d）L形结构元素

图8-2　4种结构元素示意

结构元素的选取直接影响形态学运算的效果，因此，要根据具体情况来确定。在一般情况下，结构元素的选取必须考虑以下几个原则。

（1）结构元素必须在几何上比原图像简单且有界。

（2）结构元素的尺寸要相对小于所考察的物体的尺寸。

（3）结构元素的形状最好具有某种凸性，如圆形、十字架形、方形等。对于非凸性子集，由于连接两点的线段大部分位于集合的外面，落在其补集上，因此将非凸性子集作为结构元素将得不到太多有用信息。

8.1.4　形态学运算过程

形态学运算实际上就是输入图像X和结构元素B之间的逻辑运算，其过程类似于卷积运算，如图8-3所示。

结构元素B的参考点必须遍历输入图像X的所有像素，每到达一个像素，结构元素的所有像素和它所对应的图像像素进行特定的形态学运算，运算的结果在输出图像Y上生成一个新的像素。注意，这个新像素的位置、

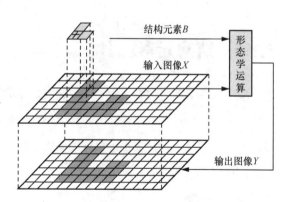

图8-3　形态学运算过程示意

结构元素的参考点的位置和原图像正在处理的像素的位置是一一对应的。

在形态学图像处理过程中，结构元素和图像之间的形态学运算是最为关键的部分，下面予以介绍。

8.2　集合论基础知识

数学形态学具有完备的数学基础——集合论，它为形态学用于图像分析和处理、形态学滤波器的特性分析和系统设计奠定了基础。故本节将在学习数学形态学之前，介绍集合论和数学形态学中的符号和术语。

8.2.1　元素和集合

在数字图像处理的数学形态学运算中，把一幅图像称为一个集合。对于二值图像而言，习惯上认为取值为1的点对应景物，用阴影表示，而取值为0的点对应背景，用白色表示。这类图像的集合是直接表示的。考虑一个所有值为1的点的集合 V，V 与景物图像 A 一一对应。对于图像 A，如果点 a 在 A 的区域以内，则 a 是 A 的元素，记为 $a \in A$，否则记为 $a \notin A$。

对于两幅图像 A 和 B，如果对 B 中的任一个点 b，$b \in B$ 且 $b \in A$，则称 B 包含于 A，记为 $B \subseteq A$。若同时 A 中至少存在一个点 a，$a \in A$ 且 $a \notin B$，则称 B 真包含于 A，记为 $B \subsetneqq A$。

8.2.2　集合的基本运算

为了便于理解，把一些与形态学有关的集合的基本定义简述如下。

（1）集合。把一些可区别的客体，按照某些共同特性加以汇集，有共同特性的客体的全体称为集合，又称为集，例如图像中某物体上像素的全体就可构成一个集合。集合常用大写字母 A、B、C 等表示。如果某种客体不存在，就称这种客体的全体是空集，记为 $\varnothing$。

（2）元素。组成集合的各个客体，称为该集合的元素，又称为集合的成员，例如图像中物体上的像素就是元素。元素常用小写字母 a、b、c 等表示。用 $a \in A$ 表示 a 是集合 A 的元素。任何客体都不是 $\varnothing$ 的元素。

（3）子集。集合 A 包含集合 B 的充要条件是集合 B 的每个元素都是集合 A 的元素，也可以称为集合 B 包含于集合 A，记为 $B \subseteq A$（读作 B 包含于 A）或 $A \supseteq B$（读作 A 包含 B）。此时，称 B 是 A 的子集。如集合 A 与 B 相等，必然有 $B \subseteq A$，同时 $A \subseteq B$。

（4）并集。两个集合 A 和 B 的所有元素组成的集合称为两个集合的并集，记为 $A \cup B$，

即 $A \cup B = \{a \mid a \in A 且 a \in B\}$。

（5）交集。两个图像集合 A 和 B 的公共点组成的集合称为两个集合的交集，记为 $A \cap B$，即 $A \cap B = \{a \mid a \in A 且 a \in B\}$。

（6）补集。对图像 A，在图像 A 区域以外的所有点构成的集合称为 A 的补集，记为 A^c，即 $A^c = \{a \mid a \notin A\}$。例如，在一幅二值图像中，目标的补集就是它的背景。

（7）差集。两个集合 A 和 B 之差为在集合 A 且不在集合 B 中的点集，记为 $A-B$，定义为：$A - B = \{x \mid x \in A, x \notin B\} = A \cap B^c$。

交集、差集、并集和补集运算是集合的最基本运算，如图8-4所示。

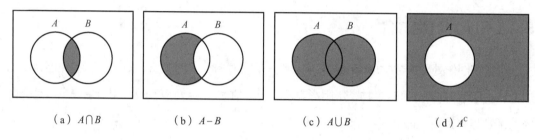

（a）$A \cap B$ （b）$A-B$ （c）$A \cup B$ （d）A^c

图8-4　集合的交集、差集、并集和补集运算

（8）对称集。集合 A 的对称集（又称反射）记为 $\hat{A}$，定义为

$$\hat{A} = \{x \mid x = -a, a \in A\}$$

（9）位移。集合 A 位移了 $x = (x_1, x_2)$，记为 $(A)_x$，定义为

$$(A)_x = \{y \mid y = a + x, a \in A\}$$

8.3　基本形态学运算

二值形态学中的运算对象是集合，但实际运算中，当涉及两个集合时并不把它们看作互相对等的。一般设 A 为图像集合，S 为结构元素，数学形态学运算是用 S 对 A 进行操作。结构元素本身也是一个图像集合，不过通常其尺寸要比目标图像小得多。对结构元素可指定一个原点，将其作为结构元素参与形态学运算的参考点。原点可包含在结构元素中，也可不包含在结构元素中，但运算的结果常不相同。以下用黑点代表值为1的区域，白点代表值为0的区域，运算对值为1的区域进行。

8.3.1　腐蚀

腐蚀是一种最基本的数学形态学运算。对给定的目标图像 X 和结构元素 S，将 S 在图像上移动，则在每一个当前位置 x，$S+x$ 只有3种可能的情形：

（1）$(S+x) \subseteq X$；

（2）$(S+x) \subseteq X^c$；

（3）$(S+x) \cap X$ 和 $(S+x) \cap X^c$ 均不为空集。

第（1）种情形说明 $S+x$ 与 X 相关；第（2）种情形说明 $S+x$ 与 X 不相关；而第（3）种情形说明 $S+x$ 与 X 只是部分相关。因而满足上述3个条件的点的全体构成了结构元素与图像的最大相关点集，称该点集为 S 对 X 的腐蚀（简称腐蚀，也称 X 用 S 腐蚀），记为 $X \ominus S$。

腐蚀也可以用集合的方式定义：

$$E = X \ominus S = \{x \,|\, (x+s) \in X, \forall s \in S\} \tag{8-1}$$

式(8-1)表明，X 用 S 腐蚀的结果是所有使 S 平移 x 后仍在 X 中的 x 的集合。换句话说，用 S 来腐蚀 X 得到的集合是 S 完全包含在 X 中时 S 的原点位置的集合。

腐蚀在数学形态学运算中的作用是消除物体边界点、去除小于结构元素的物体、清除两个物体间的细小连通等。如果结构元素取 3×3 的像素块，腐蚀将使物体的边界沿周边减少1个像素。腐蚀可以把小于结构元素的物体去除，这样选取不同大小的结构元素，就可以在原图像中去掉不同大小的物体。如果两个物体之间有细小的连通，那么当结构元素足够大时，通过腐蚀运算可以将两个物体分开。

下面通过具体实例来进一步理解腐蚀运算的操作过程。

【例8-1】腐蚀运算图解。图8-5所示为腐蚀运算的一个简单实例。其中，图8-5（a）中的实心点部分为图像 X，图8-5（b）中的实心点部分为结构元素 S，而图8-5（c）中的实心点部分为 $X \ominus S$（空心点部分为原属于 X 现腐蚀掉的部分）。可见，腐蚀将图像（区域）缩小了。

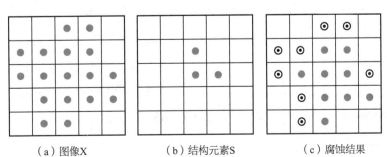

（a）图像X　　　　　（b）结构元素S　　　　　（c）腐蚀结果

图8-5　腐蚀运算示意

如果S包含原点，即$O \in S$，那么$X \ominus S$将是X的一个收缩，即$X \ominus S \subseteq X$（当$O \in S$）；如果S不包含原点，则$X \ominus S \subseteq X$未必成立。如果结构元素S关于原点O是对称的，那么有$S = \hat{S}$，因此$X \ominus S = X \ominus \hat{S}$；但是如果$S$关于原点$O$不是对称的，则$X$用$S$腐蚀的结果与$X$用$\hat{S}$腐蚀的结果是不同的。

利用式(8-1)可直接设计腐蚀变换算法。但有时为了方便，常用腐蚀的另一种表达式为

$$X \ominus S = \left\{ x \middle| (S + x) \bigcap X \neq \varnothing \right\} \tag{8-2}$$

式(8-2)可根据式(8-1)推出，它表示所有平移后与图像背景（X的补集）没有重合的结构元素原点构成的点集。

在计算机上实现腐蚀运算时，可将类似卷积的形态学逻辑运算转化为与计算机相适应的向量运算或位移运算，在实际运算时更为方便。

【例8-2】如图8-6，用向量运算进行腐蚀。将图像的左上角像素设为(0, 0)，结构元素的参考点(0, 0)是S中的空心圆点，则目标集合为X = {(2, 2), (2, 3), (3, 3), (4, 3), (3, 4), (4, 4), (3, 5)}，共7个像素；结构元素为S = {(0, 0), (1, 0), (0, 1)}，共3个像素。用结构元素S腐蚀目标X的向量运算过程如表8-1所示。

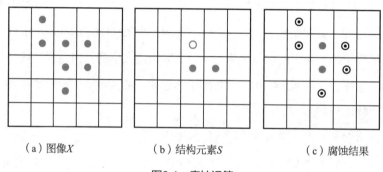

（a）图像X　　　　　　（b）结构元素S　　　　　　（c）腐蚀结果

图8-6　腐蚀运算

表8-1中，第1行为目标集合X的7个点的坐标，第一列为结构元素S的3个点的坐标。第2～4行的第2列表示结构元素S的参考点平移到(2, 2)时，S的3个元素的坐标为(2, 2)、(3, 2)、(2, 3)，显然点(3, 2)不在X集合中。根据腐蚀运算的定义，X集合中的(2, 2)点将被腐蚀掉。类似地，当S的参考点平移到(3, 3)时，即表8-1中第4列，S的3个元素的坐标(3, 3)、(4, 3)、(3, 4)都包含在X中，根据腐蚀运算的定义，X集合中的(3, 3)点不会被腐蚀掉。同理，(3, 4)也予以保留。依此类推，(2, 3)、(4, 3)、(4, 4)、(3, 5)都被腐蚀掉。此例腐蚀后只剩下两个点，即(3, 3)和(3, 4)，如图8-6（c）中黑色点所示。表8-1中最后一行表示$X + S$与X的关系。

表8-1 腐蚀向量运算过程

	$X(2, 2)$	$X(2, 3)$	$X(3, 3)$	$X(4, 3)$	$X(3, 4)$	$X(4, 4)$	$X(3, 5)$
$S(0, 0)$	$(2, 2)$	$(2, 3)$	$(3, 3)$	$(4, 3)$	$(3, 4)$	$(4, 4)$	$(3, 5)$
$S(1, 0)$	$(3, 2)$	$(3, 3)$	$(4, 3)$	$(5, 3)$	$(4, 4)$	$(5, 4)$	$(4, 5)$
$S(0, 1)$	$(2, 3)$	$(2, 4)$	$(3, 4)$	$(4, 4)$	$(3, 5)$	$(4, 5)$	$(3, 6)$
$X+S$	$\notin X$	$\notin X$	$\in X$	$\notin X$	$\in X$	$\notin X$	$\notin X$

表8-1中第2～4行分别表示X中每个元素平移$(0, 0)$、$(-1, 0)$、$(0, -1)$，将此平移后的集合$(X)_{-s}$，再和S比较（"与"运算）后即可得到腐蚀后的集合。将此推广到一般情况，又可以得到腐蚀运算的另一表达式，即

$$E = X \ominus S = \bigcap_{s \in S}(X)_{-s} \tag{8-3}$$

式(8-3)表示结构元素S中所有的s对集合X进行负位移后得到的若干集合与集合X的交集即腐蚀结果，这样的向量运算过程便于计算机编程实现。

以下Python程序实现了灰度图像的腐蚀操作。首先设置卷积核，采用5×5的卷积核；再利用cv2库的erode()函数进行图像腐蚀操作。结果如图8-7所示。

```
import cv2
import numpy as np
import matplotlib.pyplot as plt
plt.rcParams['font.sans-serif'] = ['FangSong']
plt.rcParams['axes.unicode_minus'] = False
img = cv2.imread('C:\imdata\\rice.png', 0)
# 设置卷积核
kernel = np.ones((5, 5), np.uint8)
# 进行图像腐蚀操作
erosion = cv2.erode(img, kernel)
# 显示图像
plt.subplot(121), plt.imshow(img, 'gray'), plt.title('原图')
plt.subplot(122), plt.imshow(erosion, 'gray'), plt.title('腐蚀后图像')
plt.show()
```

 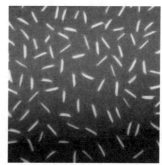

（a）原图　　　　　　（b）腐蚀后图像

图8-7 图像腐蚀操作

cv2库的erode()方法用于对图像进行腐蚀。该函数格式如下：

```
cv2.erode(src, kernel, iterations)
```

其中，src表示的是输入图片，kernel表示的是方框的大小，iterations表示迭代的次数。

8.3.2 膨胀

腐蚀可以看作将图像 X 中每一个与结构元素 S 全等的子集 $S+x$ 收缩为点 x。反之，也可以将 X 中的每一个点 x 扩大为 $S+x$，这就是膨胀运算，记为 $X \oplus S$。用集合语言定义为

$$X \oplus S = \bigcup \{ X+s \mid s \in S \} \qquad (8\text{-}4)$$

与式(8-4)等价的膨胀运算的定义形式为

$$X \oplus S = \bigcup \{ S+x \mid x \in X \} \qquad (8\text{-}5)$$

事实上，还可以利用击中定义膨胀：

$$X \oplus S = \left\{ x \mid (\hat{S}+x) \bigcap X \neq \varnothing \right\} \qquad (8\text{-}6)$$

式(8-6)利用击中输入图像，即用与输入图像交集不为空的原点对称结构元素 S^V 的平移表示膨胀。利用式(8-6)进行膨胀运算的实例如图8-8所示，图8-8（a）所示的实心点部分为集合 X，图8-8（b）所示的实心点部分为结构元素 S，它的反射如图8-8（c）所示，而图8-8（d）所示的实心点与空心点部分（实心点为扩大的部分）合起来为集合 $X \oplus S$。由图8-8可见，膨胀将图像区域扩大了。

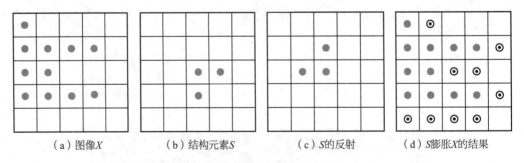

（a）图像 X （b）结构元素 S （c）S 的反射   （d）S 膨胀 X 的结果

图8-8　膨胀运算实例

该实例表明用 S 膨胀 X 的过程是：先对 S 做关于原点的反射，再将其反射平移 x，这里 X 与 S 反射的交集不为空集。换句话说，用 S 来膨胀 X 得到的集合是 $\hat{s}$ 的平移与 X 至少有1个公共的非零元素相交时，S 的原点位置的集合。根据这个解释，式(8-6)也可写成：

$$X \oplus S = \left\{ x \mid (\hat{S}+x) \bigcap X \subseteq X \right\} \qquad (8\text{-}7)$$

腐蚀和膨胀运算与集合运算的关系如下：

$$X \ominus (Y \cap Z) = (X \ominus Y) \cup (X \ominus Z)$$
$$X \oplus (Y \cap Z) = (X \oplus Y) \cap (X \oplus Z)$$
$$(X \cap Y) \ominus Z \supset (X \ominus Z) \cap (Y \ominus Z) \tag{8-8}$$
$$(X \cap Y) \oplus Z = (X \oplus Z) \cap (Y \oplus Z)$$
$$(X \cup Y) \ominus Z = (X \ominus Z) \cup (Y \ominus Z)$$
$$(X \cup Y) \oplus Z \subseteq (X \oplus Z) \cup (Y \oplus Z)$$

由式(8-8)可知，腐蚀和膨胀运算对集合运算的分配律只有在特定情况下才能成立。另外，用腐蚀和膨胀运算还可以实现图像的平移：如果在自定义结构元素时选择不在原点的一个点作为结构元素，则得到的图像形状没有任何改变，只是位置发生了移动。

【例8-3】按照向量运算对图8-9进行膨胀运算。X和S分别表示为表8-2的第一行和第一列，位移的结果放在表中其他的$5 \times 6 = 30$个单元格中，这就是向量运算进行膨胀得到的结果。

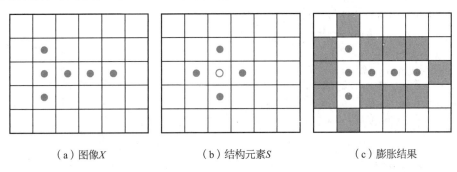

（a）图像X　　　　　　（b）结构元素S　　　　　　（c）膨胀结果

图8-9　膨胀运算

表格内30个单元中有重复的量，其中不重复的量为18个。

$$X \oplus S = \{(1,2),(1,3),(1,4),(2,1),(2,2),(2,3),(2,4),(2,5),(3,2),$$
$$(3,3),(3,4),(4,2),(4,3),(4,4),(5,2),(5,3),(5,4),(6,3)\}$$

这18个像素就是膨胀的结果，把它们"并"起来与图8-9（c）所示的相同。

由膨胀和腐蚀的向量和位移运算可知，它们都可以转化为集合的逻辑运算（与、或、非）。因此图像的形态学处理易于计算机实现并行处理，这也是形态变换分析在图像分析、模式识别、计算机视觉中占突出地位的重要原因之一。

表8-2　膨胀运算

	$X(2,2)$	$X(2,3)$	$X(2,4)$	$X(3,3)$	$X(4,3)$	$X(5,3)$
$S(0,0)$	$(2,2)$	$(2,3)$	$(2,4)$	$(3,3)$	$(4,3)$	$(5,3)$
$S(-1,0)$	$(1,2)$	$(1,3)$	$(1,4)$	$(2,3)$	$(3,3)$	$(4,3)$
$S(1,0)$	$(3,3)$	$(3,4)$	$(3,4)$	$(4,3)$	$(5,3)$	$(6,3)$
$S(0,-1)$	$(2,1)$	$(2,2)$	$(2,3)$	$(3,2)$	$(4,2)$	$(5,2)$
$S(0,1)$	$(2,3)$	$(2,4)$	$(2,5)$	$(3,4)$	$(4,4)$	$(5,4)$

关于结构元素、腐蚀和膨胀形态学运算，有两点有必要提醒读者注意。

以上给出的都是参考点包含在结构元素中的情况，在这些情况下，对膨胀运算来说，总有 $X \subseteq X \oplus S$。对腐蚀运算来说，总有 $X \ominus S \subseteq X$。当参考点不包含在结构元素中，即参考点不属于结构元素的元素时，相应的结果会有所不同：经膨胀运算之后，有些原来属于 X 的元素就不再属于集合 $X \oplus S$，即 $X \not\subset X \oplus S$；而经腐蚀运算之后，集合的元素不一定属于原来的集合 X，有可能出现 $X \ominus S \not\subset X$。

对于膨胀运算，有些文献中规定，在进行膨胀运算前，首先对结构元素 S 进行一次相对于原点的反射（对称集）变换，然后用变换后的结构元素 $\hat{S}$ 对目标 X 进行如前所述的膨胀运算。此对称变换相当于设计一个新的结构元素，对大部分对称性的结构元素没有影响。

以下Python程序实现了灰度图像的膨胀操作。首先设置卷积核，采用5×5的卷积核；再利用cv2库的dilate()函数进行图像膨胀操作。结果如图8-10所示。

```python
import cv2
import numpy as np
import matplotlib.pyplot as plt
plt.rcParams['font.sans-serif'] = ['FangSong']
plt.rcParams['axes.unicode_minus'] = False
img = cv2.imread('C:\imdata\\rice.png', 0)
# 设置卷积核
kernel = np.ones((5, 5), np.uint8)
# 进行图像膨胀操作
dilate = cv2.dilate(img, kernel)
# 显示图像
plt.subplot(121), plt.imshow(img, 'gray'), plt.title('原图')
plt.subplot(122), plt.imshow(dilate, 'gray'), plt.title('膨胀后图像')
plt.show()
```

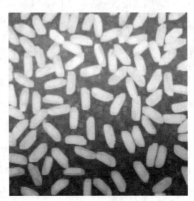

（a）原图　　　　　　　　　　　（b）膨胀后图像

图8-10　图像膨胀操作

cv2库可以利用dilate()函数对图像进行膨胀处理。该函数已在前面章节介绍过，此处略。

8.3.3　开运算和闭运算

1. 基本概念

如果结构元素为圆形，则膨胀操作可填充图像中比结构元素小的孔洞以及图像边缘处小的凹陷部分；而腐蚀操作可以消除图像中的毛刺及细小连接成分，并将图像缩小，从而使其补集扩大。但是，膨胀和腐蚀并非互为逆运算，它们可以结合使用。在腐蚀和膨胀两个基本运算的基础上，可以构造出形态学运算簇，它由膨胀和腐蚀两个运算的复合与集合操作（并、交、补等）组合成的所有运算构成。例如，可使用同一结构元素，先对图像进行腐蚀，然后膨胀其结果，该运算称为开运算；或先对图像进行膨胀，然后腐蚀其结果，该运算称为闭合运算。开运算和闭合运算是形态学运算簇中两种最为重要的运算。

对于图像 X 及结构元素 S，用 $X \circ S$ 表示 S 对图像 X 进行开运算，用 $X \bullet S$ 表示 S 对图像 X 进行闭合运算，它们的定义为

$$X \circ S = (X \ominus S) \oplus S \tag{8-9}$$

$$X \bullet S = (X \oplus S) \ominus S \tag{8-10}$$

由式8-9和式8-10可知，$X \circ S$ 可视为对腐蚀图像 $X \ominus S$ 用膨胀来进行恢复，而 $X \bullet S$ 可视为对膨胀图像 $X \oplus S$ 用腐蚀来进行恢复。不过这一恢复不是信息无损的，即恢复结果通常不等于原图 X。由开运算的定义式，可以推得

$$X \circ S = \bigcup \{ S + x | S + x \subseteq X \} \tag{8-11}$$

由式8-11可知，$X \circ S$ 是由所有 X 的与结构元素 S 全等的子集的并组成的，或者说，对于 $X \circ S$ 中的每一个点 x，均可找到某个包含在 X 中的结构元素 S 的平移 $S + y$，使得 $x \in S + y$，即 x 在 X 的近旁具有不小于 S 的几何结构。而对于 X 中不能被 $X \circ S$ 恢复的点，其近旁的几何结构总比 S 要小。该几何描述说明 $X \circ S$ 是一个基于几何结构的滤波器。当使用圆形结构元素时，开运算对边界进行了平滑，去掉了凸角。在凸角点周围，图像的几何构型无法容纳给定的圆，从而使凸角点周围的点被开运算删除。

由腐蚀和膨胀的对偶性，可知：

$$\begin{cases} \left(X^C \circ S \right)^C = X \bullet S \\ \left(X^C \bullet S \right)^C = X \circ S \end{cases} \tag{8-12}$$

【例8-4】开运算和闭运算实例如图8-11所示。用图8-11（d）所示的一个圆形结构元素对图8-11（a）所示的图像区域进行运算。其中图8-11（b）是用结构元素对图8-11（a）进行腐蚀运算的结果，图8-11（c）是对图8-11（b）进行膨胀运算的结果，也就是对图8-11（a）进行开

运算的结果。类似地，图8-11（e）是用相同的结构元素对图8-11（a）进行膨胀运算的结果，图8-11（f）是对图8-11（e）进行腐蚀运算的结果，也是对图8-11（a）进行闭运算的结果。从图8-11可以看出，开运算一般能平滑图像的轮廓，削弱狭窄的部分，去掉细长的突出、边缘毛刺和孤立斑点。闭运算也可以平滑图像的轮廓，但与开运算不同，闭运算一般融合窄的缺口和细长的弯口，能填补图像的裂缝及破洞，所起的是连通补缺作用，图像的主要结构保持不变。

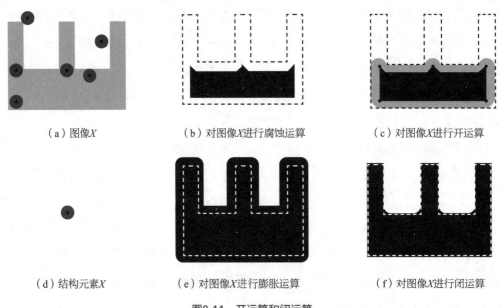

（a）图像X （b）对图像X进行腐蚀运算 （c）对图像X进行开运算

（d）结构元素X （e）对图像X进行膨胀运算 （f）对图像X进行闭运算

图8-11 开运算和闭运算

以下Python程序实现了图像的开运算。首先设置卷积核，采用5×5的卷积核；再利用cv2库的morphologyEx()函数进行图像开运算操作，第二个参数指定运算方式为“cv2.MORPH_OPEN”，即开运算，第三个参数为卷积核信息。结果如图8-12所示。

```
import cv2
import numpy as np
import matplotlib.pyplot as plt
plt.rcParams['font.sans-serif'] = ['FangSong']
plt.rcParams['axes.unicode_minus'] = False
# 读取图片
img = cv2.imread('C:\imdata\circbw.tif', 0)
# 设置卷积核
kernel = np.ones((5, 5), np.uint8)
# 图像开运算
result = cv2.morphologyEx(img, cv2.MORPH_OPEN, kernel)
# 显示图像
plt.subplot(121), plt.imshow(img, 'gray'), plt.title('原图')
plt.subplot(122), plt.imshow(result, 'gray'), plt.title('开运算后图像')
plt.show()
```

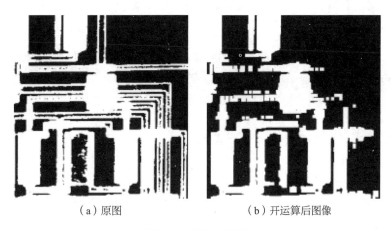

（a）原图　　　　　　　　　（b）开运算后图像

图8-12　图像开运算

　　以下Python程序实现了图像的闭运算。首先设置卷积核，采用5×5的卷积核；再利用cv2库的morphologyEx()函数进行图像闭运算操作，第二个参数指定运算方式为"cv2.MORPH_CLOSE"，即闭运算，第三个参数为卷积核信息。结果如图8-13所示。

```python
import cv2
import numpy as np
import matplotlib.pyplot as plt
plt.rcParams['font.sans-serif'] = ['FangSong']
plt.rcParams['axes.unicode_minus'] = False
# 读取图片
img = cv2.imread('C:\imdata\circbw.tif', 0)
# 设置卷积核
kernel = np.ones((5, 5), np.uint8)
# 图像闭运算
result = cv2.morphologyEx(img, cv2.MORPH_CLOSE, kernel)
# 显示图像
plt.subplot(121), plt.imshow(img, 'gray'), plt.title('原图')
plt.subplot(122), plt.imshow(result, 'gray'), plt.title('闭运算后图像')
plt.show()
```

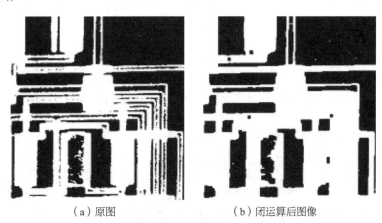

（a）原图　　　　　　　　　（b）闭运算后图像

图8-13　图像闭运算

2. 开闭运算的代数性质

由于开、闭运算是在腐蚀和膨胀运算的基础上定义的，根据腐蚀和膨胀运算的代数性质，可以很容易地得到开闭运算的代数性质。

（1）对偶性：

$$\left(X^C \circ S\right)^C = X \bullet S; \quad \left(X^C \bullet S\right)^C = X \circ S \tag{8-13}$$

（2）扩展性（收缩性）：

$$X \circ S \subseteq X \subseteq X \bullet S \tag{8-14}$$

即开运算恒使原图像缩小，而闭运算恒使原图像放大。

（3）单调性：如果 $X \subseteq Y$，则 $X \bullet S \subseteq Y \bullet S$，$X \circ S \subseteq Y \circ S$；如果 $Y \subseteq Z$，且 $Z \bullet Y = Z$，则 $X \bullet Y \subseteq X \bullet Z$。

根据这一性质可知，结构元素的扩大只有在保证扩大后的结构元素对原结构元素开运算不变的条件下才能保持单调性。

（4）平移不变性：

$$(X+h) \bullet S = (X \bullet S) + h, \quad (X+h) \circ S = (X \circ S) + h$$
$$X \bullet (S+h) = X \bullet S, \quad X \circ (S+h) = X \circ S \tag{8-15}$$

该性质表明开运算和闭运算不受原点是否在结构元素之中的影响。

（5）等幂性：

$$(x \bullet s) \bullet s = x \bullet s, (x \bullet s) \bullet s = x \bullet s \tag{8-16}$$

开、闭运算的等幂性意味着一次滤波即可将所有特定于结构元素的噪声滤除干净，而进行重复的运算不会再有效果。这是一个与中值滤波、线性卷积等经典方法不同的性质。

（6）开运算和闭运算与集合的关系如下。

在操作对象为多幅图像的情况下，可借助集合的性质来进行开运算和闭运算，开运算和闭运算与集合的关系可用下式给出：

$$\left(\bigcup_{i=1}^{n} X_i\right) \circ S \supseteq \bigcup_{i=1}^{n}(X_i \circ S), \quad \left(\bigcap_{i=1}^{n} X_i\right) \circ S \subseteq \bigcap_{i=1}^{n}(X_i \circ S)$$
$$\left(\bigcup_{i=1}^{n} X_i\right) \bullet S \supseteq \bigcup_{i=1}^{n}(X_i \bullet S), \quad \left(\bigcap_{i=1}^{n} X_i\right) \bullet S \subseteq \bigcap_{i=1}^{n}(X_i S) \tag{8-17}$$

上述开运算和闭运算与集合的关系可用语言描述如下。

（1）开运算与并集：并集的开运算包含开运算的并集。

（2）开运算与交集：交集的开运算包含在开运算的交集中。

（3）闭运算与并集：并集的闭运算包含闭运算的并集。

（4）闭运算与交集：交集的闭运算包含在闭运算的交集中。

8.3.4 击中/击不中

一般地，一个物体的结构可以由物体内部各种成分之间的关系来确定。为了研究图像的结构，可以逐个利用各种成分（例如各种结构元素）对其进行检验，判定哪些成分在图像之内，哪些成分在图像之外，从而最终确定图像的结构。击中/击不中变换就是基于该思路提出的。设 X 是被研究的图像，S 是结构元素，而且 S 由两个不相交的部分 S_1 和 S_2 组成，即 $S = S_1 \bigcup S_2$，且 $S_1 \bigcap S_2 = \varnothing$。击中/击不中定义为

$$X \odot S = \left\{ x \middle| S_1 + x \subseteq X, S_2 + x \subseteq X^{\mathrm{C}} \right\} \tag{8-18}$$

由式(8-18)可以看出，X 被 S 击中的结果仍是一幅图像，其中 x 必须同时满足两个条件：S_1 被平移后包含在 X 内；S_2 被 x 平移后不在 X 内。击中/击不中运算还有另外一种表达形式：

$$X \odot S = \left(X \ominus S_1 \right) \bigcap \left(X^{\mathrm{C}} \ominus S_2 \right) \tag{8-19}$$

式(8-19)表明，X 与 S 进行击中/击不中运算的结果等价于 X 被 S_1 腐蚀的图像与 X 的补集被 S_2 腐蚀的图像的交集。图8-14解释了这一过程。可见，击中/击不中运算可借助腐蚀运算实现。在图8-14中，如果 S 中不包含 S_2，则 $X \odot S$ 与 $X \ominus S_1$ 相同，即 X 中包含3个形如 S_1 的结构元素；将 S_2 加入 S 后，相当于对 $X \odot S$ 增加了一个约束条件：不仅要从 X 中找出那些形如 S_1 的点，而且要在 X 的补集中找出形如 S_2 的点，经过求交集运算，最终构成 $X \odot S$。

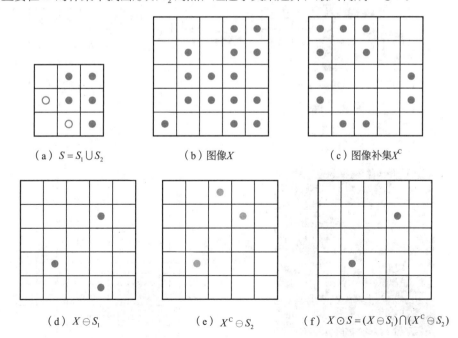

（a）$S = S_1 \bigcup S_2$ （b）图像 X （c）图像补集 X^{C}

（d）$X \ominus S_1$ （e）$X^{\mathrm{C}} \ominus S_2$ （f）$X \odot S = (X \ominus S_1) \bigcap (X^{\mathrm{C}} \ominus S_2)$

图8-14 击中/击不中示意

由此可见，击中/击不中运算相当于一种条件比较严格的模板匹配，它不仅指出被匹配点所应满足的性质（即模板的形状），还指出这些点所不应满足的性质（即对周围环境背景的要求）。因此击中/击不中变换可以用于形状识别和端点定位。

综上所述，第一步用目标作为结构元素对图像中的物体进行腐蚀运算，结果是将图像中所有目标参考点以及比目标大的物体的参考点找出来；第二步用目标补集作为结构元素对图像中物体的补集进行腐蚀运算，结果是将图像中所有目标参考点以及比目标小的物体的参考点找出来；第三步将前两步的结果进行交集运算，只有目标参考点符合要求，因此依据所"击中"的参考点，可以很方便地确定图像中目标的位置。下面一个实例是在图像中寻找水平并列的3个像素组成的特定形状目标。

【例8-5】图8-15（a）所示为包含多目标的二值图像。图8-15（b）所示为结构元素H，即待寻找的特定目标。图8-15（c）所示为第一步用H腐蚀A的结果，用黑色表示，灰色部分表示可能存在的目标。图8-15（d）所示为背景图像A^C（A的补集）。图8-15（e）所示为结构元素M，即目标的背景。图8-15（f）所示为用背景图像A^C（A的补集）腐蚀目标的背景的结果，用黑色表示，灰色部分表示可能存在的目标的背景。图8-15（f）和图8-15（c）所示的交集，即图中圆圈所标注之处，就是要寻找的特定目标的参考位置。

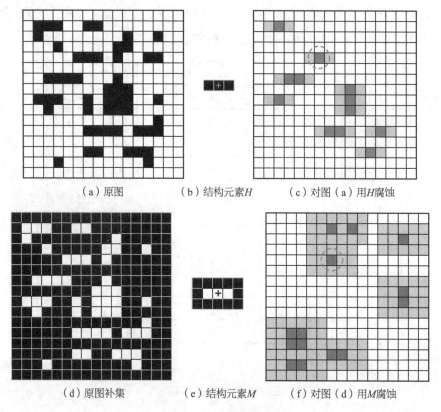

（a）原图　　　　（b）结构元素H　　　（c）对图（a）用H腐蚀

（d）原图补集　　　（e）结构元素M　　　（f）对图（d）用M腐蚀

图8-15　寻找特定形状目标

以下Python程序实现了图像击中/击不中处理，结果如图8-16所示。

```python
import cv2 as cv
import numpy as np
import matplotlib.pyplot as plt
plt.rcParams['font.sans-serif'] = ['FangSong']
plt.rcParams['axes.unicode_minus'] = False
input_image = np.array((
[0, 0, 0, 0, 0, 0, 0, 0],
[0, 255, 255, 255, 0, 0, 0, 255],
[0, 255, 255, 255, 0, 0, 0, 0],
[0, 255, 255, 255, 0, 255, 0, 0],
[0, 0, 255, 0, 0, 0, 0, 0],
[0, 0, 255, 0, 0, 255, 255, 0],
[0, 255, 0, 255, 0, 0, 255, 0],
[0, 255, 255, 255, 0, 0, 0, 0]), dtype="uint8")
kernel = np.array((
[0, 1, 0],
[1, -1, 1],
[0, 1, 0]), dtype="int")
output_image = cv.morphologyEx(input_image, cv.MORPH_HITMISS, kernel)
rate = 50
kernel = (kernel + 1) * 127
kernel = np.uint8(kernel)
kernel = cv.resize(kernel, None, fx=rate, fy=rate, interpolation=cv.INTER_
NEAREST)
fig, ax = plt.subplots(ncols=3, figsize=(8, 4))
plt.set_cmap(cmap='gray')
ax[0].imshow(input_image), ax[0].set_title('原图')
ax[1].imshow(kernel), ax[1].set_title('结构元素')
ax[2].imshow(output_image), ax[2].set_title('寻找结果')
plt.tight_layout(), plt.show()
```

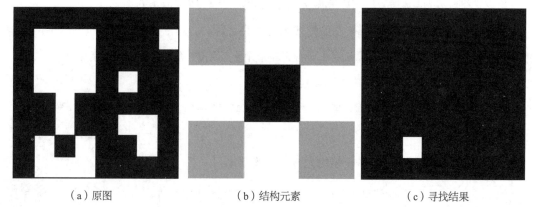

（a）原图　　　　　　　（b）结构元素　　　　　　（c）寻找结果

图8-16　击中/不击中

8.4 数学形态学应用

在二值图像形态学处理中，除了上述的腐蚀、膨胀、开运算和闭运算等基本运算外，还有一些其他的处理方法，如细化、厚化、滤波等，这些方法同样有着广泛的应用，如提取区域的边界线、目标的骨架结构、物体的连接成分等，还可以应用于图像的去噪、平滑等预处理场合。

8.4.1　细化

对目标的细化（Thinning）处理本质上和腐蚀处理类似，都是去除目标中不必要的部分。细化和腐蚀的不同之处在于，细化要求在剪除的过程中，一般不要将一个目标断裂为两个或几个部分，要求始终保持目标的连接状态，最后成为细至一个像素宽的线条。细化后的线图是一种非常有用的特征，是描述图像几何及拓扑性质的重要特征之一，它决定了物体路径的形态。在文字识别、地质构造识别、工业零件识别或图像理解中，先进行细化处理有助于突出形状特点和减少多余的信息。

集合X对结构元素B的细化用$X \otimes B$表示，根据击中与否运算定义可知：

$$Y = X \otimes B = X - (X \Uparrow B) = X \bigcap (X \Uparrow B)^c \qquad (8\text{-}20)$$

可见，细化实际上就是从X中去掉被B击中的结果，当然B是被认为不重要的部分。

实际上很难准确选定B，一次性达到细化的目的，真正的细化过程是用一系列的结构元素依次对目标进行上述的细化运算，对称细化X的一个更有用的表达基于结构元素序列：

$$\{B\} = \{B_1, B_2, B_3, \cdots, B_n\}$$

上式中，B_i是B_{i-1}的旋转。图8-17所示的是一个结构元素序列，包含8个依次旋转45°的结构单元。

根据这个概念，可以定义基于结构元素序列的细化为

$$Y = (X \otimes \{B\}) = ((\cdots((X \otimes B_1) \otimes B_2) \cdots) \otimes B_n) \qquad (8\text{-}21)$$

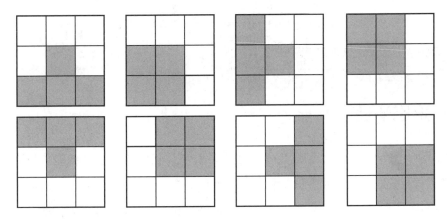

图8-17 结构元素序列

实际上，细化就是先从X中去掉连续被B击中的部分，再把剩余图像中被B击中的部分去掉，如此反复。图8-18（a）所示是灰度原图像，二值化处理后的图像如图8-18（b）所示，细化处理后的图像如图8-18（c）所示，该图像很好地保留了图8-18（b）中的拓扑结构。注意：在二值化处理后的图像中，白色图像为目标。

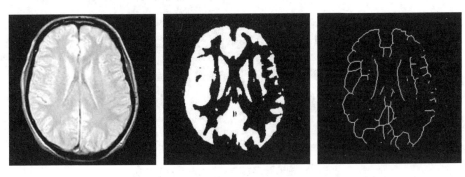

（a）原图　　　　　　（b）二值化处理后的图像　　　　　（c）细化处理后的图像

图8-18 形态学细化处理

8.4.2 厚化

厚化（Thickening）是细化的形态学上的对偶运算，记为$X \odot B$，也可以用击中与否运算表示，即

$$X \odot B = X \cup (X \Uparrow B) \tag{8-22}$$

B是适用于厚化运算的结构元素。实际上，厚化运算就是在X的基础上增加X被击中的结果。如果结构元素B也可以表示成结构元素序列$\{B\} = \{B_1, B_2, B_3, \cdots, B_n\}$，则厚化运算可表示为

$$Y = (X \odot \{B\}) = ((\cdots((X \odot B_1) \odot B_2) \cdots) \odot B_n) \qquad (8\text{-}23)$$

也就是从X中增加连续被B_i击中的结果。

8.4.3　形态滤波

从8.3节所介绍的基本形态和复合形态运算可知，它们都可以改变图像的某些特征，相当于对图像进行滤波处理。同时还可以看到结构元素的形状和大小会直接影响形态滤波的输出效果。不仅形状不同、尺寸不同的结构元素（如各向同性的圆形、十字形，不同朝向的有向线段等）的滤波效果有明显的差异，而且形状相同、尺寸不同的结构元素，其滤波效果也有明显的差异。选择不同形状、不同尺寸的结构元素可以提取图像的不同特征。图8-19展示了一个提取特定方向矢量的形态滤波实例，图8-19（b）所示的结构元素是一个具有特定方向的形态结构，用它对图8-19（a）所示的原图进行腐蚀运算，其结果如图8-19（c）所示，原图众多朝向的形态结构中和结构元素方向一致的目标被保留下来，其他方向的目标则被"滤除"了。

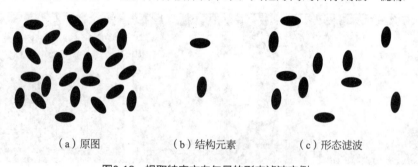

　　　（a）原图　　　　　　　（b）结构元素　　　　　　（c）形态滤波

图8-19　提取特定方向矢量的形态滤波实例

8.4.4　平滑

采集图像时由于各种因素，不可避免地存在噪声，这种噪声在多数情况下是加性噪声。可以通过形态运算进行平滑处理，滤除图像的加性噪声。

还可以通过开运算和闭运算的串行运算来构成形态学去噪滤波器。

【例8-6】图8-20（a）所示是一个被噪声影响的矩形目标。图框外的黑色小块表示噪声，目标中的白色小孔也表示噪声，所有的背景噪声成分的尺寸均小于图8-20（b）所示的结构元素B的尺寸。图8-20（c）所示是原图像X被结构元素腐蚀后的图像，实际上它将目标周围的噪声消除了，而目标内的噪声成分却变大了。因为目标中的空白部分实际上是内部的边界，经腐蚀后会变大。用B对腐蚀结果进行膨胀得到图8-20（d）所示的图像。然后对开运算结果用B进行闭运算，即先膨胀得到图8-20（e），再腐蚀得到图8-20（f），得到的即最终的结果，它将目标内部的噪声孔消除了。由此可见，$(X \circ B) \bullet B$ 可以构成形态学滤波器，能滤除目标内、外比结构元素小的噪声块。

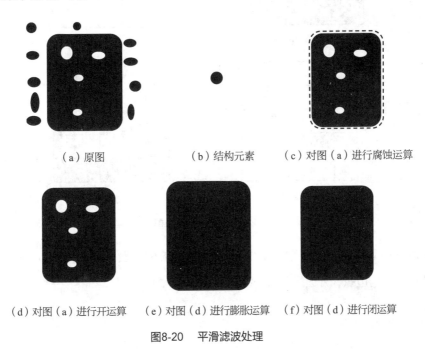

（a）原图 　　　　（b）结构元素 　　（c）对图（a）进行腐蚀运算

（d）对图（a）进行开运算 　（e）对图（d）进行膨胀运算 　（f）对图（d）进行闭运算

图8-20　平滑滤波处理

8.4.5　边缘提取

提取边界或边缘是图像分割的重要组成部分，可以用形态学方法来完成。设目标物体为集合X，提取物体边缘Y的形态学运算分为以下3种。

内边缘：表示的X的边缘是目标的内边缘，也就是说处在边缘上的像素本身是X集合内的元素。计算表达式为$Y = X - (X \bullet B)$。

外边缘：边缘上的像素不属于X集合，而是在X集合外紧贴于X集合的邻域内的元素。显然，X的外边缘即X^c的内边缘。计算表达式为$Y = (X \oplus B) - X$。

双边缘：是内外边缘的并集，此式在形态学中称为形态梯度，也可称为形态梯度边缘。计算表达式为$Y = (X \oplus B) - (X \odot B)$。

【**例8-7**】图8-21所示为边缘提取的简单示意。图8-21（a）所示是原图X，图8-21（b）所示是结构元素B，图8-21（c）所示是用结构元素B腐蚀X后得到的图像$(X \bullet B)$，图8-21（d）所示是由X减去腐蚀的结果$(X \bullet B)$后所提取的边缘Y，即原图像的内边缘。

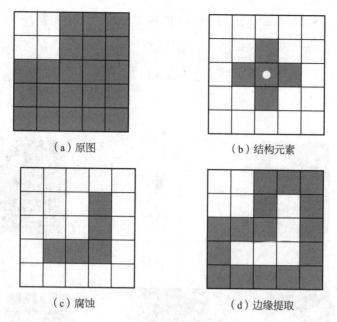

（a）原图　　　　　　　（b）结构元素

（c）腐蚀　　　　　　　（d）边缘提取

图8-21　边缘提取的简单示意

　　以下Python程序实现了图像形态学的边缘提取。首先设置卷积核，采用5×5的卷积核；然后分别计算图像内边缘、外边缘和双边缘。结果如图8-22所示。

```python
import cv2
import numpy as np
import matplotlib.pyplot as plt
plt.rcParams['font.sans-serif'] = ['FangSong']
plt.rcParams['axes.unicode_minus'] = False
img = cv2.imread('C:\imdata\\rice.png', 0)
# 设置卷积核
kernel = np.ones((5, 5), np.uint8)
# 图像腐蚀处理
erode = cv2.erode(img, kernel)
# 计算内边缘
in_edge = img - erode
# 图像膨胀处理
dilate = cv2.dilate(img, kernel)
# 计算外边缘
out_edge = dilate - img
# 计算双边缘
double_edge = in_edge + out_edge
# 显示图像
fig, ax = plt.subplots(ncols=2, nrows=2, figsize=(8, 4))
plt.set_cmap(cmap='gray')
ax[0, 0].imshow(img), ax[0, 0].set_title('原图')
ax[0, 1].imshow(in_edge), ax[0, 1].set_title('内边缘')
ax[1, 0].imshow(out_edge), ax[1, 0].set_title('外边缘')
ax[1, 1].imshow(double_edge), ax[1, 1].set_title('双边缘')
plt.tight_layout(), plt.show()
```

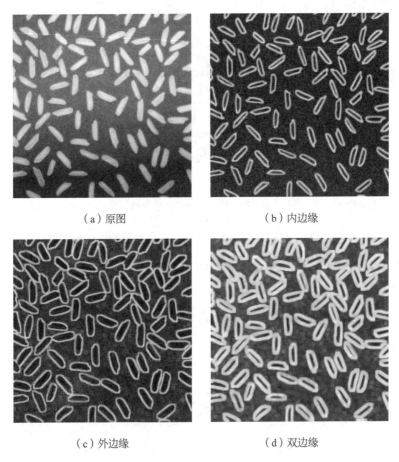

（a）原图　　　　　　　　　　（b）内边缘

（c）外边缘　　　　　　　　　　（d）双边缘

图8-22　边缘提取

8.4.6　区域填充

区域是目标图像边界所包围的部分，边界是目标图像的轮廓线，因此目标图像的区域和其边界可以互求。下面通过具体实例说明区域填充的形态学运算方法。

【例8-8】图8-23（a）所示是目标区域图像A，其边界点用深色表示。目标上的点赋值为1，目标外的点赋值为0。图8-23（c）所示为结构元素B，标志点居中，一般情况下都选取对称的结构元素。图像A的补集是A^c，如图8-23（b）所示，实际上就是区域外面所有的部分。填充过程实际上就是从目标的边界内某一点P开始进行以下迭代运算，即$X_k = (X_{k-1} \oplus B) \bigcap A^c$，$k = 1, 2, 3, \cdots$。

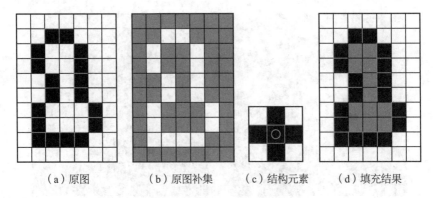

（a）原图　　　　（b）原图补集　　（c）结构元素　　（d）填充结果

图8-23　形态学区域填充示意

其中，$X_0 = P$ 是原图像边界内的一个点，在这一点进行结构元素B的膨胀，将膨胀的结果和A^c进行交集运算，目的是去除不属于A集合的点，留下的点形成X_1，再对X_1进行膨胀，然后和A^c进行交集运算，形成X_2……一直进行，直到形成X_k，即当迭代到$X_k = X_{k-1}$时结束。集合X_k和A^c的交集就包括图像边界线所包围的填充区域及其边界。可见，区域填充算法是一个用结构元素对其不断进行膨胀、求补集和求交集的过程。

知识拓展　高级形态学处理及其Python实现

形态学处理，除了最基本的膨胀、腐蚀、开运算/闭运算、击中/击不中、黑/白帽处理之外，还有一些更高级的运用，如凸包、连通区域标记、删除小块区域等。

1. 凸包运算

凸包（Convex Hull）是计算几何（图形学）中的一个概念。在一个实数向量空间V中，对于给定集合X，所有包含X的凸集的交集S被称为X的凸包。在形态学中，凸包是指一个凸多边形，这个凸多边形将图像中所有的白色像素点都包含在内。

（1）单目标凸包运算

单目标凸包运算中，将图像中所有目标看作一个整体，计算后只得到一个最小凸多边形，则需要使用convex_hull_image()函数。

函数格式：skimage.morphology.convex_hull_image(image)

输入二值图像，输出一幅逻辑二值图像。在凸包内的点为True，在凸包外的点为False。程序如下：

```
import matplotlib.pyplot as plt
from skimage import data,color,morphology
#生成逻辑二值图像
img=color.rgb2gray(data.horse())
img=(img<0.5)*1
chull = morphology.convex_hull_image(img)
#绘制轮廓
fig, axes = plt.subplots(1,2,figsize=(8,8))
ax0, ax1= axes.ravel()
ax0.imshow(img,plt.cm.gray)
ax0.set_title('原图')
ax1.imshow(chull,plt.cm.gray)
ax1.set_title('单目标凸包运算结果')
```

代码运行结果如图8-24所示。

（a）原图   （b）单目标凸包运算结果

图8-24 单目标凸包运算

（2）多目标凸包运算

如果图中有多个目标物体，每一个物体需要计算一个最小凸多边形，则需要使用convex_hull_object()函数。

函数格式：`skimage.morphology.convex_hull_object(image,neighbors=8)`

输入参数image是一幅二值图像，neighbors表示是采用4连通还是8连通（默认为8连通）。

多目标凸包运算程序如下：

```
import matplotlib.pyplot as plt
from skimage import data,color,morphology,feature
#生成二值测试图像
img=color.rgb2gray(data.coins())
#检测Canny边缘,得到二值图像
edgs=feature.canny(img, sigma=3, low_threshold=10, high_threshold=50)
chull = morphology.convex_hull_object(edgs)
#绘制轮廓
fig, axes = plt.subplots(1,2,figsize=(8,8))
```

```
ax0, ax1= axes.ravel()
ax0.imshow(edgs,plt.cm.gray)
ax0.set_title('原图')
ax1.imshow(chull,plt.cm.gray)
ax1.set_title('多目标凸包运算结果')
plt.show()
```

代码运行结果如图8-25所示。

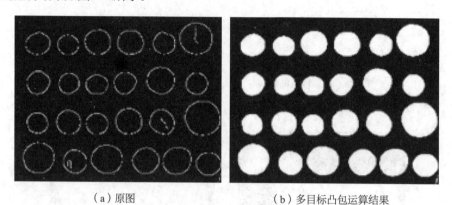

（a）原图　　　　　　　　（b）多目标凸包运算结果

图8-25　多目标凸包运算

2. 连通区域标记

在二值图像中，如果两个像素点相邻且值相同（同为0或同为1），那么就认为这两个像素点在一个相互连通的区域内。而同一个连通区域的所有像素点，都用同一个数值来进行标记，这个过程就叫连通区域标记。在判断两个像素是否相邻时，我们通常采用4连通或8连通。在图像中，最小的单位是像素，每个像素周围有8个邻接像素，常见的邻接关系有2种：4邻接与8邻接。4邻接的点一共有4个，即上、下、左、右的点，如图8-26（a）所示。8邻接的点一共有8个，包括对角线位置的点，如图8-26（b）所示。

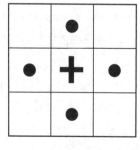 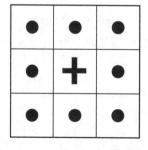

（a）4连通　　　　　　　（b）8连通

图8-26　连通区域标记

在skimage包中，采用measure子模块下的label()函数来实现连通区域标记。

函数格式：skimage.measure.label(image,connectivity=None)

参数中的image表示需要处理的二值图像；connectivity表示连接的模式，1代表4邻接，2代表8邻接，None默认取最高的值。

输出一个标记数组（labels），从0开始标记。

```python
import numpy as np
import scipy.ndimage as ndi
from skimage import measure,color
import matplotlib.pyplot as plt
#编写一个函数来生成原始二值图像
def microstructure(l=256):
    n = 5
    x, y=np.ogrid[0:l, 0:l] #生成网络
    mask = np.zeros((l, l))
    generator = np.random.RandomState(1) #随机数种子
    points = l * generator.rand(2, n**2)
    mask[(points[0]).astype(np.int), (points[1]).astype(np.int)] = 1
    mask = ndi.gaussian_filter(mask, sigma=l/(4.*n)) #高斯滤波
    return mask > mask.mean()
data=microstructure(l=128)*1 #生成测试图像
labels=measure.label(data,connectivity=2) #8连通区域标记
dst=color.label2rgb(labels) #根据不同的标记显示不同的颜色
print('regions number:',labels.max()+1) #显示连通区域块数（从0开始标记）
fig, (ax1, ax2) = plt.subplots(1, 2, figsize=(8, 4))
ax1.imshow(data, plt.cm.gray, interpolation=›nearest›)
ax1.axis('off')
ax2.imshow(dst,interpolation='nearest')
ax2.axis('off')
fig.tight_layout()
plt.show()
```

运行结果如图8-27所示，有10个连通的区域。

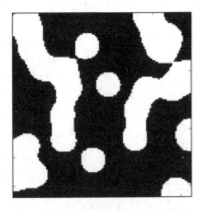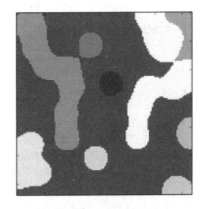

（a）原图　　　　　　　　　　　（b）连通区域

图8-27　连通区域标记

如果想分别对每一个连通区域进行操作，比如计算区域面积、外接框面积、凸包面积等，则需要调用measure子模块的regionprops()函数。该函数格式为

```
skimage.measure.regionprops(label_image)
```

该函数返回所有连通区域的属性列表。常用属性如表8-3所示。

表8-3　连通区域的常用属性

属性名称	类型	描述
area	int	区域内像素点总数
bbox	tuple	边界外接框（min_row、min_col、max_row、max_col）
centroid	array	质心坐标
convex_area	int	凸包内像素点总数
convex_image	ndarray	和边界外接框同大小的凸包
coords	ndarray	区域内像素点坐标
Eccentricity	float	离心率
equivalent_diameter	float	和区域面积相同的圆的直径
euler_number	int	区域欧拉数
extent	float	区域面积和边界外接框面积的比例
filled_area	int	区域和外接框之间填充的像素点总数
perimeter	float	区域周长
label	int	区域标记

3. 删除小块区域

在某些情况下，我们只关心一些大块区域，那些零散的、小块的区域就需要删除，这可以使用morphology子模块的remove_small_objects()函数实现。

函数格式：`skimage.morphology.remove_small_objects(ar,min_size=64,connectivity=1,in_place=False)`

参数说明如下。

`ar`：待操作的bool型数组。
`min_size`：最小连通区域尺寸,小于该尺寸的都将被删除。默认为64。
`connectivity`：邻接模式,1表示4邻接,2表示8邻接。
`in_place`：bool型值,如果为True,表示直接在输入图像中删除小块区域,如果为False，表示进行复制后再删除。默认为False。

以下程序删除了小块区域（在此例中，将面积小于300的小块区域删除），返回删除小块区域之后的二值图像，如图8-28所示。程序如下：

```
import numpy as np
```

```
import scipy.ndimage as ndi
from skimage import morphology
import matplotlib.pyplot as plt
#编写一个函数来生成原始二值图像
def microstructure(l=256):
    n = 5
    x, y = np.ogrid[0:l, 0:l] #生成网络
    mask = np.zeros((l, l))
    generator = np.random.RandomState(1) #随机数种子
    points = l * generator.rand(2, n**2)
    mask[(points[0]).astype(np.int), (points[1]).astype(np.int)] = 1
    mask = ndi.gaussian_filter(mask, sigma=l/(4.*n)) #高斯滤波
    return mask > mask.mean()
data = microstructure(l=128) #生成测试图像
dst=morphology.remove_small_objects(data,min_size=300,connectivity=1)
fig, (ax1, ax2) = plt.subplots(1, 2, figsize=(8, 4))
ax1.imshow(data, plt.cm.gray, interpolation=›nearest›)
ax2.imshow(dst,plt.cm.gray,interpolation='nearest')
fig.tight_layout()
plt.show()
```

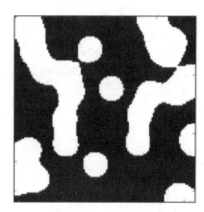

　　（a）原图　　　　　　　　（b）删除了小块区域

图8-28　连通区域标记